# 建筑哲学概论

## Philosophy: Architecture

顾孟潮　著

Gu Mengchao

中国建筑工业出版社

CHINA ARCHITECTURE & BUILDING PRESS

**图书在版编目(CIP)数据**

建筑哲学概论/顾孟潮著. —北京：中国建筑工业出版社，2011.1
ISBN 978-7-112-12834-1

Ⅰ.①建… Ⅱ.①顾… Ⅲ.①建筑学：哲学-概论 Ⅳ.①TU-021

中国版本图书馆 CIP 数据核字(2010)第 264840 号

这是一部填补国内外建筑哲学空白的理论创新著作。本书是作者在多年探索与讲述建筑哲学经验的基础上，针对科研、教学及设计、施工、管理实践的需要，增加了相关的个案实例，作系统深入的论述而成。

全书共有“八论”（导论、本体论、价值论、方法论、信息论、建筑理论、设计哲学论、论钱学森建筑哲学思想。附录部分扼要介绍经典的建筑哲学文献。

本书可作为大专院校建筑学专业师生学习研究建筑哲学的参考书，也可供对建筑哲学有兴趣的广大读者阅读。

*　　*　　*

责任编辑：吴宇江
责任设计：赵明霞
责任校对：陈晶晶　姜小莲

**建筑哲学概论**
Philosophy：Architecture
顾孟潮　著
Gu Mengchao
*
中国建筑工业出版社出版、发行(北京西郊百万庄)
各地新华书店、建筑书店经销
北京天成排版公司制版
世界知识印刷厂印刷
*
开本：787×1092 毫米　1/16　印张：17¼　字数：426 千字
2011 年 10 月第一版　2011 年 10 月第一次印刷
定价：**45.00** 元
ISBN 978-7-112-12834-1
(20083)

# 自　　序：
# 我的建筑哲学思考之路

探寻建筑哲学真谛之路是没有止境的。

《建筑哲学概论》是我力图从哲学层次对建筑本质进行的认知。

在审理这册书稿时，我回顾了自己漫长的建筑哲学思考过程，它是与我同样漫长的建筑职业道路相伴相随的。建筑是一个开放的复杂巨系统，其内容博大精深，并兼有自然科学和社会科学的双重性质，探寻建筑哲学真谛之路就更为艰难曲折了。

建筑师的事业是我从小就神往的事业！

什么是建筑的本质？

建筑在人类文化中的价值是什么？

怎样才能成为成功的建筑师？

这些是我一生都在思考的问题。

我曾在 1965 年 4 月 22 日《人民日报》看到一篇建筑评论文章，题目是“正确的设计思想从实践中来”，这是一篇推动我思考建筑设计革命的哲学命题，也是推动我探索建筑哲学奥秘的发端。

我认定华沙宣言的观念是当代建筑学界的“巨人的肩膀”。我读到第 14 届世界建筑师大会《华沙宣言》时，感到它像一盏明灯照亮了我的建筑哲学思考之路。

华沙宣言用“建筑学是为人类创造生存空间环境的科学和艺术”这样的语言，为建筑学作了科学准确的定位。

站在“巨人的肩膀”上，我对自己以前学习过思考过的建筑理论，包括维特鲁威的“建筑要实用、坚固、美观”的理论，歌德的“建筑是凝固的音乐”的理论，勒·柯布西耶“住宅是住人的机器”的理论，布鲁诺·赛维“空间是建筑的主角”理论等等，进行了重新的思考，力图从建筑哲学的高度认知它们、理解它们。

之后，我开始撰写“建筑哲学概论”讲稿，并在几所高等院校开设建筑哲学课。思考是不会停顿的，近年我一直在思考生态建筑学和建筑生态学的问题。我想未来的世纪是否属于生态建筑学时代？

**作者 2009 年小暑于北京**

# 代前言：
# 走进建筑哲学——访顾孟潮

梅　子

记者最近就建筑哲学问题访问了顾孟潮教授。

顾教授认为，建筑哲学是总哲学在建筑领域中的具体应用。他呼吁我国的高等建筑院校开设建筑哲学课，加强建筑哲学的基本理论研究。他还向建筑界内外和全社会呼吁进行建筑哲学的科学普及工作。

他说，我国高速度的城市化进程需要建筑哲学；作为支柱产业的建筑行业的发展需要建筑哲学；作为建筑学科基本理论的发展也需要建筑哲学；作为城市与建筑的专业管理同样需要建筑哲学。

**问**：顾先生，您是我国建筑界较早进行建筑哲学理论研究的学者，多年来您一直孜孜不倦地研究这方面的学问，我想问的是，建筑哲学为什么会对您有这样巨大的吸引力？

**答**：哲学是管世界观、人生观的。世界观的转变是根本的转变。建筑观念的转变对建筑学科的建设与发展也是起着根本性的作用的，转变建筑观念就必须研究建筑哲学，即研究建筑的本质、建筑的价值观、建筑的方法论等等。

不少朋友曾问我为什么这样热心于建筑理论的研究，搞什么建筑哲学。我说，这是我的兴趣，我的兴趣在于研究建筑理论，我认为，建筑作品和建筑理论有着不同的作用。一个好的建筑作品的出现当然是一件好事情，人们能看得见，用得上。但建筑师要继续提高，必须认真总结经验，把认识提高到理论层面上来。建筑作品解决的是具体问题，建筑理论解决的是带有普遍性的问题，如果说建筑作品是在一个点上起作用，那么，建筑理论则是在很大的面上起作用。好的理论是一面旗帜，它会使一大批人成长起来。所以，在建筑领域，不但需要建设物质大厦的人，而且同样需要构筑理论大厦的人，尽管由于种种原因，后者常常费力不讨好，我还是愿意做后者。多年的建筑理论研究使我多次享受过思维创新、理论创新的快感，我对“愚者千虑必有一得”是乐此不疲的。

我对我这一选择是充满信心的，是无怨无悔的。

**问**：听说钱学森教授在建筑哲学方面曾和您有过多次对话，是这样的吗?

**答**：是的。钱学森教授和我在建筑哲学方面曾有过几次对话，在这些对话中，钱老的不少精辟论述对我有振聋发聩的作用。

比如，1994 年，钱老曾就我发表在《基建优化》上的一篇小文《关于城镇规划建设优化的思考》，给我的信中说：“您的文章是一篇高层次的作品，实是讲建筑哲学。我们高等院校的建筑专业有这门建筑哲学课吗?”

钱老的鼓励使我更加明确了今后自己要继续在“建筑哲学”上攀登，同时也下决心要在高等院校的建筑专业开设建筑哲学课。

钱老与我在许多其他方面的对话，如关于山水城市建设模式；关于我画的“信息塔”；关于钱老提出的现代科学技术体系；关于广义建筑学等等，其内容也涉及了建筑哲学。

总之，和钱学森这样一位大师级的科学家对话，使我在研究建筑哲学时登上了新的台阶，进入了一个新的境界，真是受益无穷。

**问：**请您谈谈对建筑哲学的思考历程。

**答：**关于建筑哲学，我的思考开始于20世纪60、70年代。

1981年，世界建筑师大会华沙宣言指出：“建筑学是为人类创造生存空间的环境的科学和艺术”，这一提法，使我思考了许多问题，我的建筑观念由此发生重大转变。

建筑到底是什么？以前，我虽然不同意一些人把建筑当成是盖房子、搞雕塑、画图样，但我对建筑作为环境的科学、艺术本质的认识远远没有达到《华沙宣言》的高度。这说明建筑观念不同，建筑标准也会不同。

有了《华沙宣言》这样强烈的环境意识观念，在规划城市、设计建筑时以追求环境科学与艺术的质量和文化品位为标志，就会大大提高城市规划、建筑设计的水平。因此，建筑观念的转变，是根本的转变，是有所突破性转变的开始。

贝聿铭大师20世纪80年代设计的华盛顿美术馆东馆和北京香山饭店，使我感受到了他强烈的环境意识。香山饭店的平面呈低层自由式布局。他利用香山起伏地形，让开许多古树古木，依山就势，形成许多大小不同的院落空间，这些都体现了他高超的处理环境的科学技术和艺术手法。可以说，他的设计是在环境这个老根上发出的新芽，既一脉相承又有所创新。

1982年，我写了“从香山饭店探讨贝聿铭的设计思想”一文。

我认为，华沙宣言所倡导的“建筑学是为人类创造生存空间的环境的科学和艺术”，是衡量当代建筑观念的标尺，只有把建筑作为环境科学和环境艺术对待，才能达到当代建筑观念的水平，因此，每一个建筑工作者，都要以追求建筑环境的科学化、艺术化和建筑艺术的环境化为最高境界。

也就是说，按照当代建筑学的观念，建筑学应该是环境的科学和艺术，所以要达到现代建筑学的标准就必须达到相应的环境科学的高度和环境艺术的高度。我正是在这一建筑哲学观念的指导下呼唤环境艺术的。

这一时期，我对建筑价值观变迁的过程，也有一些思考，我把6000年的建筑史上人类建筑学观念的变迁过程划分为六个阶段，即：

1. 实用建筑学阶段(原始社会——新石器时代)
2. 艺术建筑学时代(青铜时代——铁器时代)
3. 机器建筑学时代(前机器时代——机器时代)
4. 空间建筑学时代(1950～1980年)
5. 环境建筑学时代(1980～1990年)
6. 生态建筑学时代(1990年至今)

这些，也是我的建筑哲学思考的一部分。

**问：**听说您在东南大学等高等院校开设了建筑哲学课，您能讲讲有关情况吗？

**答：**1994年，我在东南大学以讲座的方式，开设了研究生、博士生选修的建筑哲学课。我在课堂上先后讲了建筑哲学概论的本体篇、价值篇、信息篇、例说篇等。后来，我又先后在厦门大学、西安建筑科技大学、重庆建筑大学、武汉大学、华中科技大学等院校讲过建筑哲学课。

关于开设建筑哲学课，我是这样考虑的。当前我国的建筑界极需要加强建筑学科的建设，需要有一批专门的理论家来加强建筑哲学等基础理论的研究，我希望在他们中能产生建筑哲学理论研究的精品，产生有志于建筑理论研究和教学的人才。除此而外，我们还要做好以通俗化、大众化、现实化为特点的建筑哲学普及工作，让建筑界更多的人懂一些建筑哲学。正确的思想和理论只有被社会接受，并且通过他们的自觉实践，才能显示其巨大的力量。

通过十几年的教学实践，我感到建筑院校开设建筑哲学课是十分必要的，建筑哲学应当成为高等建筑院校学生的必修课。

**问：**顾先生，您如何评价我国建筑哲学研究的现状？

**答：**我谈一点儿个人的想法。

总的说，我国的建筑理论界对建筑哲学的研究还处于起步阶段。目前只有一些零星的成果，还未形成较完整的理论体系，也没有相应的建筑哲学理论队伍。

建筑哲学在建筑科学发展上起着带头作用是不言而喻的，而人们对它的带头作用普遍认识不够，这种状况令人忧虑。这也是长期以来我国建筑业“有业无学”，不能充分发挥建筑业作为支柱产业作用的重要原因。显然，不加强建筑哲学的研究与普及，就不能形成有中国特色的建筑科学技术体系。

近年来，国内建筑界一些有识之士已经意识到要加强建筑理论研究，加强建筑评论，开设建筑哲学课。他们认为，我国的一些建筑设计与国外的一些建筑设计的差距，往往不是在设计技巧上，而是反映在理念上、构思上的差距。有些介绍这方面情况的书，你可看看。

**问：**请您扼要的介绍一下什么是“建筑哲学”？它与一般的科学技术哲学(如数学哲学、化学哲学等)有什么不同？

**答：**建筑哲学是有关建筑科学技术的哲学概括，它属于建筑科学技术哲学，具有科学技术哲学的性质和特点。建筑哲学是建筑科学技术与总哲学之间的桥梁，又是总哲学的基本组成部分。

建筑哲学，指的是人对建筑本质的认识，人的建筑价值取向以及有关的建筑方法论等内容。建筑哲学观念是发展变化的，是不断深化的，它有着许多活生生的丰富的内容，建筑哲学绝不是简单的教条。

建筑哲学与一般科学技术哲学有共同点，这个共同点是，它研究的重点主要是两类“矛盾”和一个“主题”。两类矛盾指人与自然的矛盾，人与社会的矛盾，一个“主题”，指的是树立以现代哲学为指导的现代建筑哲学观念，掌握相应的理论与方法。这是建筑哲学与一般科学技术哲学相同和相通的地方，也是它的科学技术哲学本质。

建筑哲学与一般科学技术哲学还有不同点，其不同点在于，建筑哲学除了具有自然科学属性，还具有很强的艺术属性和社会人文属性，具有某些艺术哲学和社会哲学的性质。这就是钱学森教授在他的现代科学技术体系构想图中，把建筑科学和建筑哲学摆在与美学(文艺理论，创作)和人学(行为科学)为邻的位置的原因。

所以说，建筑哲学是建筑科学技术大系统中的带头学科，是建筑科学技术体系大系统中最高哲学概括和最高台阶。建筑哲学既是科技哲学，又是艺术哲学和社会哲学。它对整个建筑科学技术体系的建构和发展具有桥梁作用、带头作用、指导作用、催化作用和文化参照作用。

**问：**您刚才从理论上讲了建筑哲学的基本概念，那么，建筑哲学对建筑师的个人工作实践有哪些作用呢？

**答：**其实，每一个建筑师和建筑工作者都有他的建筑哲学。建筑师进行设计时都会自觉不自觉地体现他的建筑哲学观念。如前面我讲的，贝聿铭的设计就总是从调查研究环境出发，这说明他在设计时有明确的环境意识。

过去我们讲建筑常常进入见物不见人的误区，更不见人的思想，往往只是单纯模仿现有的建筑作品。我们的建筑院校在讲建筑史、研究建筑理论时，往往侧重于建筑形式的研究，比较重视风格与流派，而对产生这些风格和流派的思想、观念、哲学基础重视不够。而国外的一些先进建筑理论研究，能够达到哲学的层面，能够提出一些创新的理念，促使了一些创新作品的产生。这些体现了建筑观念、理论创新的开拓带头作用。

我这里有一本台湾大学叶树源教授写的《建筑与哲学观》，是他几十年来的研究心得，有兴趣您可翻翻。叶老先生还曾将此书送钱学森教授，向钱老求教。

**问：**请问建筑哲学研究的对象是什么？您能具体介绍一下吗？

**答：**概括地讲，建筑哲学的研究对象是研究人与社会的建筑哲学观念理论与方法。建筑哲学观念可分为三个基本部分，即本体论、价值论、方法论。按这种观念，可以把建筑科学技术体系分为四个层次，这四个层次分别是基础理论、技术科学、工程技术和各种建筑现象。每个层次的研究对象有所不同，如，基础理论研究的内容是人类居住理论、建筑经济理论、建筑文化理论、建筑社会理论、建筑科技理论及其相应的结构、过程、变化规律理论。其他三个层次的情况与此类似，它们本身也有更为具体的研究对象。

从这些可以看出，建筑哲学研究的对象是一个复杂的、巨大的、开放的建筑科学技术体系，它的内容(包括现象、结构、过程、规律等方面)是十分丰富的。

建筑哲学研究的内容还包括研究建筑科学这一科学部门与其他科学部门的相互关系和相互作用。

可以看出，建筑哲学与一般建筑理论的根本区别在于，一般建筑理论在研究对象上多局限于微观的具体的事物或问题，而建筑哲学的研究对象是带有普遍性、根本性、全面性的课题。如，研究人与自然、人与社会、人与人的关系以及相应的自然观、实践观、历史价值观等，是具有长远的全面影响的对象，目的是树立被社会认同的科学的建筑哲学观。

**问：**通过和您谈话，我了解到建筑哲学是现代科学技术哲学的组成部分，现代科学技术哲学的性质和特点决定着建筑哲学的性质和特点。请您扼要介绍一下现代科学技术哲学的本质和特点，它与一般常说的科学技术哲学又有什么本质上的不同？

**答：**您提出的这个问题很重要，我们学习建筑哲学，必须对现代科学技术哲学有个基本的认识。

现代科学技术哲学是现代科学技术与哲学之间的桥梁，它又是哲学的基本组成部分之一。

现代科学技术哲学是针对现代科学技术革命提出的新问题，运用现代哲学观点和方法，在新的历史条件下，在科学技术领域内运用自然辩证法的新发展。它与旧有的自然哲学观、机械唯物论、唯心论、先验哲学等，在研究对象、研究范围和研究问题等三个方面，有着本质的不同。

我分别介绍一下这三个方面的本质不同点。

在研究对象方面：由于20世纪科学技术一体化过程的出现，科学技术哲学的研究必须从过去只研究自然界、自然科学技术的普遍发展规律，扩大到研究现代科学技术一体化的普遍发展规律上来，从而提出了许多新问题，现代科学技术哲学又增加了许多新内容。

在研究范围方面：以往对科学技术哲学的研究主要体现在对自然辩证法的研究上，而这些研究又多局限于对自然界、自然科学以及自然科学的发展规律的研究。现代科学技术哲学的研究范围已扩大到对现代科学技术的本体论、认识论、价值论的研究。这是与科学技术革命发展的情况相适应的。

在研究问题方面：针对现代科学技术领域现实情况，现代科学技术哲学着重研究的问题为：

1. 本体论问题。主要研究天然自然与人工自然的本质特征，研究人与自然的关系。

2. 认识论问题。主要研究科学认识的本质，科学发现的特征，研究技术开发的机制以及系统思想与系统科学的方法等。

3. 价值论问题。主要研究科学技术对人类文明、社会变革和社会未来的影响，研究科学技术的发展战略。

**问：**现代科学技术哲学着重研究本体论、认识论、价值论的问题，这样做的历史背景是什么？

**答：**着重研究这三论的历史背景，总的讲是由于现代科学技术的重大发展，由于科技发展史上出现了一些本质的变化。

本体论研究人与自然的关系，过去主要是研究人与天然自然的关系，而当今的一个新现象是人工自然的大量涌现。美国著名科学史专家赫伯特·西蒙曾说过："我们今天生活着的世界，与其说是自然的世界，还不如说是人造的或人为的世界。在我们周围，几乎每样东西都含有人的技能的痕迹"，就是说的这个道理。所以人与人工自然的关系现在已成为本体论研究的重点。如作为新兴学科的生态学，它研究的是生物有机体与其周围环境的关系。这种关系不仅指人与天然自然的关系，还包括许多人与人工自然的关系，如城市生态学、建筑生态学、社会生态学，就是这样的学科。

在认识论方面，由于科学、技术与生产一体化的过程，出现了由小科学到大科学的过渡，增添了许多新的内容。科学与技术的发展过程，由以往的单向过程转化为以科学知识为起点的双向过程；科学、技术与生产之间的相互作用空前增强了；科学起着主导作用，它走在生产与技术的前面，新技术革命把科学、技术与生产三种实践活动紧密地联系在一起。过去比较多的是由实践总结经验，形成技术工艺，再上升到科学基础理论这一古典科学技术发展过程，而现代科学技术，科学的领先作用实现出来，形成了相反的进程，也就是我说的"双向过程"。科学知识、技术知识、物质生产实践三个方面是互动的，既有正向过程，也有反向过程，使认识过程变得非常复杂。

现代科学技术的这一新特点值得我们重视。这也是今天我们特别要重视科学基础理论研究和理论创新、源头创新的重要原因。

在价值论方面。由于新技术革命，出现了三个一体化过程，即科学与技术一体化；科学技术与生产一体化；科学技术与社会一体化。它们的相互联系与相互渗透，促进了科学与技术的紧密结合，从而把作为行动的技术，即用于改造世界的技术，提到中心地位。

科学技术是社会发展的第一生产力。现代科学技术已成为社会生产力最活跃的和具有决定性的因素；现代科学技术已渗入到社会生活的各个领域……现代的社会生活已经科学技术化了——消费方式、服务方式与交往方式等发生日新月异的变化。对这一进程中科学技术的价值和性质要有新的认识。

**问：**现代科学技术哲学这门学科是怎样形成的？它的主要来源是什么？现代科学技术哲学研究的具体内容是什么？

**答：**现代科学技术哲学，作为一门学科，它形成于20世纪，它的主要来源和基础体现在四个方面：

1. 现代哲学——包括马克思主义哲学、中国哲学、西方哲学、东方哲学、宗教哲学、伦理学、美学、逻辑学、科学技术哲学、部门哲学和美学等。

2. 传统哲学——包括本体论、认识论、价值论等。

3. 自然辩证法——成为形成现代科学技术哲学的重要基础。

4. 现代科学技术的社会功能——这一功能的空前扩大使现代科学技术哲学成为基本需求。

研究现代科学技术对人与社会的影响和作用，即研究科学技术在人与自然之间的中介作用，这是现代科学技术哲学研究的具体内容。

主要包括：研究科学技术在人与自然之间的中介作用；研究科学技术在人类认识世界与改造世界的实践活动中的作用；研究科学技术在生产实践(物质的和精神的)中作为最活跃因素的作用。

**问：**您前面已经提到，建筑哲学是一般科学技术哲学的一个组成部分，那么，建筑哲学作为一门独立的学科，它又有哪些自己的特点呢？

**答：**建筑哲学与一般科学技术哲学在理论的出发点、侧重点、理论框架的内容等方面相比较，有其自己的特点。

我从以下几个方面分析。

1. 建筑哲学作为部门哲学比一般部门哲学似乎更加重视其社会功能。建筑哲学把社会功能作为它研究的中心课题，研究建筑与人、建筑与社会，即研究在建筑中如何体现以人为本的问题。

2. 现代科学技术哲学的理论框架的建构，是围绕着两个矛盾和一个主题展开的。两个矛盾指人与自然的矛盾、人与社会的矛盾；一个主题指建立和发展关于自然界、关于自然科学的观念、理论和方法。建筑哲学的理论框架的建构，同样也是围绕这两个矛盾和一个主题进行的。

与一般部门哲学比较，建筑哲学的特点在于建筑所面对的自然，不仅有天然自然内容，更有大量的人工自然内容，而且，建筑本身便构成人工自然对象、艺术创作的对象。建筑哲学比一般部门哲学对象增加了许多更为复杂多样的内容，特别是在人与人的矛盾和社会因素对建筑活动的影响方面，远远超过其他部门哲学，如化学哲学、数学哲学等。

3. 在部门哲学主题方面，建筑活动和社会群体长期的合作过程是建筑哲学的重要主题。建筑水平要提高和发展，不仅建筑活动中的个人要树立科学的自然观念、技术观念、艺术观念，而且全社会的建筑观念也必须转变。做到这一点相当困难。可以说，这是建筑科学技术发展滞后的重要原因之一，也是我们很难综合集成很好的建筑与城市整体的主要原因。

**问：**建筑哲学如此重要，它的内容又是如此丰富，那么，我们在学习研究它时，应注意哪些问题呢？

**答：**建筑哲学与其他哲学一样，不是以提供知识和提供现成结论为最终目的的学科，而是发展和培养人智慧的学科。它使人的知识成为能力，最终成为现实的生产力。如果说“知识是力量”，那么，智慧便是超级力量。德国哲学教授康德曾声明过，他不是在教哲学而是在教哲学思考。

鉴于哲学的智慧性、思考性特点，在学习研究建筑哲学时，学习方法的问题就显得格外重要。除了一般的学习方法外，我建议不妨采用以下几种方法，即对话法、发散思维法、片面深刻法、知识组合法、寻求思路法。

我对这几种学习方法做一点扼要的说明。

1. 对话法

对话学习法，是一种有选择、有重点、效率很高的学习方法。信息时代、知识经济时代，对话更为重要。

不少人已经太久地忘记了对话的重要性，岂不知缺乏有益的对话，是不利于我们发展思想、发展科学的。

古往今来，一些哲学家的学说，一些哲学流派的形成，不少是对话的产物。一部哲学史在某种意义上就是思想对话史，它是在提出问题和解答问题的过程中发生和发展起来的。

2. 发散思维法

发散思维主要表现在对研究对象、研究领域上的发散，对学术观点研究上的发散以及对思维振荡幅度上的发散。思维方式体现在发散后的归纳之中。

发散思维是一种开拓型、创新型思维，它弥补了我们在哲学研究中的不足，极大地开拓了我们的思维空间。它有助于克服我们过去在研究哲学问题时常常出现的简单化、学院化、信息老化的弊端。对话和提问本身就是一种发散思维的好方法。

3. 片面深刻法

正如哲学家黑格尔所指出的：“当一种哲学被推翻的时候，其中的原则并没有失去，失去的只是这种原则的绝对性和至上性。”

某个人、某个时间、某个地区、一定的历史条件都有其局限性。局限性和片面性是孪生兄弟。因此，片面性并不可怕，还有它的可爱之处，可怕的只是把片面性误作全面性。可以这样说，不同程度的片面性是难以避免的，全面则是相对而言。

提倡“百花齐放，百家争鸣”，从某种意义上讲，便是让片面性做贡献。

从相对真理和绝对真理的角度看，全面性也是相对的，而片面性则是绝对的，从片面性向全面性发展的过程，是带有普遍性的。哲学史表明，某些所谓哲学流派，在一定意义上可以说，它是片面深刻的学说。正是由于不断的克服片面性，推动了哲学的发展，才使它逐渐变得更全面了。

因此，要克服不加分析地追求面面俱到全盘否定片面性的习惯，要恰当地对待片面性，促进其向全面和深刻转化。

4. 知识组合法

建筑科学的综合性，建筑哲学的综合性要求我们要扩大自己的知识领域，合理地运用不同门类的知识，合理地组合不同门类知识。正如生物学上的杂交组合优势一样，巧妙的知识组合本身就会产生新理论、新学科。原有学科的交界处常常成为新学科的生长点。

俞吾金教授学列举前人四种选择知识和组合知识的有效途径：

从各种哲学理论中选择和组合；

从哲学和社会科学中选择和组合；

从哲学和自然科学中选择和组合；

从哲学和数学中选择和组合。

历史上不少自成一家之言的哲学家，也是采取这种办法形成自己的独特知识结构的。

5. 寻求思路法

建筑哲学，是寻求正确思路的哲学。

思路比财路更重要，应当是思路管财路，而不应当是财路管思路。思路对头，没有钱可以生钱，思路不对头，往往事倍功半，或者一事无成。

这样的事比比皆是。

最后我要说的是，学好建筑哲学确实是很不容易的。建筑哲学绝不是装饰门面的奢侈品，而是科学。需要有强烈的责任感，需要用极其严肃认真的态度来学习这门科学。

研究学习建筑哲学，要有创新精神，要与时俱进。歌德说过："理论是灰色的，生活之树常青。"建筑哲学研究的内容和水平应当随着社会的前进而提高。

# 目　录

## 设计哲学论



## 论钱学森建筑哲学思想

# 建筑哲学导论

# 建筑哲学导论

建筑哲学是总的科学技术哲学的组成部分。

科学技术哲学是自然辩证法在新的历史条件下的运用与发展。它通过自然辩论法的运用，具体推动和引导着科学技术的发展。为了引导和推动建筑科学技术的发展，运用马克思主义的观点与方法，运用自然辩论法推动和引导建筑科学、技术、艺术的发展和提高，十分有必要研究和传播建筑哲学的观念、理论和方法。

国内外建筑界真正明确提出建筑哲学的问题还是近些年的事情。建筑哲学研究上的滞后，与迅速发展的现代建筑科学技术的实践需要很不适应，建筑哲学观念的陈旧，在极大程度上制约了建筑科技决策水平的提高，制约了建筑科学技术的健康发展和建筑科技人才的培养，表现出建筑科学技术上的不少偏向：重局部轻整体，重形式轻内容，重艺术轻技术，重物轻人，重经济轻文化，重个人轻社会，重技艺轻立意等等。

建筑哲学是建筑科学的带头学科，它是马克思主义科学技术哲学的基本组成部分，又是建筑科学体系大系统的最高概括、最高台阶。因此，我们必须加强建筑哲学基本理论的研究与建构，以发挥建筑哲学的学科带头作用、指导作用、催化作用、文化参照系作用。

本文就以下三个方面作概括的论述：①什么是现代科学技术哲学？②什么是建筑哲学？③为什么要研究建筑哲学？

## 一、什么是现代科学技术哲学

正如本文开头所说的，建筑哲学是总的科学技术哲学的一个组成部分。科学技术哲学的本质和特点决定着建筑哲学的性质和特点，因此，我们必须首先对现代科学技术哲学有基本的认识。

**1. 现代科学技术哲学的本质和特点**

科学技术哲学是现代科学技术与马克思主义哲学学问的桥梁，又是马克思主义哲学的基本组成部分之一。它以现代科学技术革命提出的新问题为依据，以马克思主义哲学观点和方法为指导，是自然辩证法在新的历史条件下，在科学技术领域的运用与发展。它与旧有的自然哲学观、机械唯物论、唯心论、先验哲学等有着本质上的不同。这些不同点，主要表现在研究对象、研究范围和研究的问题等三个方面。

第一，在研究对象方面。由于20世纪科学技术一体化过程的出现，必须从只研究自然界、自然科学最一般规律的基础上，扩大到研究科学技术本身及其发展的最一般规律上来，从而提出了许多新问题，增加了许多新内容。

第二，在研究范围方面。自然辩证法的研究一般包括三个组成部分，即：自然界的辩证法（自然观）、自然科学认识的辩证法（自然科学的认识论和方法论）、自然科学发展的辩证法（自然科学观）。而与科学技术革命发展的情况相适应，科学技术哲学的论述范围则为：科学技术本体论、科学技术认识论与科学技术价值论。

第三，在研究问题方面。针对现代科学技术领域现实的情况，着重论述的问题为：①本体论（自然观）——天然自然与人工自然的本质特征，人与自然的关系；②认识论（实践观）——科学认识的本质，科学发现的特征，技术开发的机制，系统思想与系统科学方法；③价值论（历史观）——科学技术对人类文明、社会变革和社会未来的影响，科技发展战略的制定。

**2. 现代科学技术哲学的背景与特征**

需要说明的是，现代科学技术哲学中，本体论（自然观）、认识论（实践论）、价值论（历史观），这三方面问题的提出，是有其一定历史背景和有其新的时代特征的。

如，自然观，本质上是研究人与自然的关系，而作为新兴学科的生态学，便是同自然观关系密切的新领域，它研究生物有机体与其周围环境的关系。而且，现代科学技术影响自然观的一个重要的新现象是人工自然的大量涌现。“我们今天生活着的世界，与其说是自然的世界，还不如说是人造的或人为的世界。在我们周围，几乎每样东西都含有人的技能的痕迹。”（［美］赫伯特·A·西蒙语）

又如，在实践观方面，由于科学、技术与生产一体化的过程，出现了由小科学到大科学的过渡，在认识论和方法论上增添了许多新的内容。科学与技术的发展过程，由以往的单向过程转化为以科学知识为起点的双向过程；科学、技术与生产之间的相互作用空前增强了；科学起着主导作用，它走在生产与技术的前面（图 1），新技术革命把科学、技术与生产三种实践活动紧密地联系在一起。使认识过程变得非常复杂。

**科学知识⟷技术知识⟷物质生产实践**

图 1　科学、技术、实践关系示意图

再如，在历史观方面。由于新技术革命，出现了“三个一体化过程”，即①科学与技术一体化；②科学、技术与生产一体化；③科学技术与社会一体化。它们的相互联系与相互渗透，促进了科学与技术的紧密结合，从而把作为行动的技术，用于改造世界的技术提到中心地位。科学必须依靠一定的技术手段，才能进行深入研究；技术发展又必然以科学为基础。伴随着科学与技术一体化，产生了科学技术与生产一体化，加速了科学转化为生产力的过程，又必然产生科学技术与社会的一体化；现代科学技术成为社会生产力中最活跃的和具有决定性的因素；现代科学技术渗入到社会生活的各个领域……社会生活科学技术化了——消费方式、服务方式与交往方式等发生日新月异的变化。

**3. 现代科学技术哲学的出发点与理论框架**

我国著名科学家钱学森教授从哲学的高度，根据系统科学以及其他科学的新发展，按照从应用实践到基础理论的过程，把现代科学技术划分为四个层次：马克思主义哲学、基础科学、技术科学、工程技术（见现代科学技术系统结构图）。

当今时代的科学与技术领域中，最引人注目的变化是出现了两个整体化的趋势：一是在科学与技术的整体化的同时，出现了自然科学与技术科学的整体化；二是在社会化大生产发展的同时，出现了自然科学与社会科学的合流。前者由现代科学技术整体的三个层次关系表上可以体现出来(表1)，后者体现在以“新人本主义”观念建立科学的统一性，体现在科学学、生态学、科学技术哲学等众多新学科的出现和形成上。

**现代科学技术整体的三个层次关系表** **表1**

| 科学技术活动阶段 | 基础研究阶段 | 应用研究阶段 | 开发研究阶段 |
|---|---|---|---|
| 知识形态(软件) | 基础科学 | 技术科学(应用科学) | 应用技术(工程技术) |
| 知识物化(硬件) | 实验设备 | 专业设备 | 生产设备 |

现代科学技术哲学的出发点体现在四个方面：

(1) 作为其哲学基础的现代哲学分为三个层次：①马克思主义哲学；②中国哲学、西方哲学、东方哲学、宗教哲学、伦理学、美学、逻辑学、科学技术哲学等；③部门哲学和美学等；

(2) 传统哲学分本体论、认识论、价值论；

(3) 在自然辩证法基础上发展起来的现代科学技术哲学；

(4) 现代科学技术的社会功能。

其中特别要指出，作为现代科学技术哲学出发点的三项主要研究内容是：

① 其本体论问题是，把科学技术作为人与自然的中介物对待；

② 其认识论问题是，把科学技术作为人类认识世界与改造世界的实践活动来对待；

③ 其价值论问题是，把科学技术作为生产实践(物质的和精神的)中最活跃的和起决定性作用的因素对待。

现代科学技术哲学的理论框架的建构，因此围绕着两个矛盾和一个主题展开。

科学技术哲学的研究的特殊矛盾主要有两个：一个是人与自然的矛盾；一个是人与人的矛盾。马克思和恩格斯的辩证法是以自然观为核心，围绕着人与自然的矛盾，建立和发展起来的，它是马克思主义关于自然界和自然科学的观点、理论和方法。

每一门学科都有它自己研究的特殊矛盾，要据此建立自己的学科体系。在自然辩证法基础上建立起来的科学技术哲学，其学科体系上包括了几个组成部分：科学技术本体论；科学技术认识论；科学技术价值论。(见表2)。

**科学技术哲学学科体系的组成及研究的问题** **表2**

| 组成部分 | 各部分研究的主要问题 |
|---|---|
| 科学技术本体论 | 作为一个重大的社会现象，科学技术的来源和存在的根据是什么？要回答的问题是：<br>1. 关于天然自然——“原始的劳动资料库”——本质特征——演化机制<br>2. 关于人工自然——(科学技术的物化)的本质特征，它与科技发展之间的关系；<br>3. 关于人和自然的对立与统一及科学技术在人与自然关系中的作用等等 |
| 科学技术认识论 | 研究人类认识的本质的认识发展的一段规律：<br>1. 科学认识的本质；<br>2. 科学发现与科学发展的合理性；<br>3. 技术的本质和结构；<br>4. 技术开发及其实现的社会机制；<br>5. 系统思想的特点与系统科学基础上的系统方法等 |
| 科学技术价值论 | 是关于价值的性质、构成、标准的评价的哲学理论。<br>价值的本质在于，它是现实的人与满足某种需要的客体属性之间的一种关系 |

※资料来源：顾孟潮据黄顺基等主编《科学技术引论》第28～293页整理。

## 二、什么是建筑哲学

### 1. 建筑哲学的本质和特点

首先，建筑哲学与一般科学技术哲学有其共同点。

根据前面介绍的科学技术哲学概念，人们很自然地便会认为，建筑哲学属建筑科学技术哲学，具有科学技术哲学的性质和特点，它是有关建筑科学技术的哲学概括。它是建筑科学技术与马克思主义哲学之间的桥梁，又是马克思主义哲学的基本组成部分。其研究的重点是两类“矛盾”，即人与自然的矛盾、人与人的矛盾，一个“主题”，即树立以马克思主义哲学为指导的科学的建筑科学技术的自然观、实践观、历史观，掌握相应的理论与方法。这是建筑哲学与一般科学技术哲学相同和相通的地方，也是它的科学技术哲学本质。

建筑哲学的另一个本质特点在于，它是由建筑科学技术的本质而产生的。建筑科学技术除具有自然科学属性，还具有很强的艺术性和社会人文属性，这也是建筑哲学与一般科技哲学的不同点，它在具有科技哲学特性的同时，又具有某些艺术哲学和社会哲学的性质。这也就是钱学森教授之所以在他的现代科学技术体系构想图中，把建筑科学和建筑哲学摆在与美学(文艺理论、创作)和人学(行为科学)为邻的位置的原因。

建筑哲学基础科学里面，既有自然科学类的学科，也有人文社会科学类的学科和交叉性学科类的内容。在建筑哲学上方，作为哲学目标实现层次是城市、居住区、建筑物等，这些体量十分庞大、社会历史影响极为广泛的软硬件，透露出建筑哲学的社会性、艺术性内涵。

综上所述，建筑哲学既是科技哲学，又是艺术哲学和社会哲学。建筑哲学是建筑科学技术大系统中的带头学科，它是通向马克思主义哲学的桥梁，是马克思主义科技哲学的基本组成部分，又是建筑科学技术体系大系统中最高哲学概括和最高台阶。建筑哲学对整个建筑科学技术体系的建构和发展具有桥梁作用、带头作用、指导作用、催化作用和文化参照系作用。

### 2. 建筑哲学的研究对象与范畴

简而言之，建筑哲学是科学的、全面的、系统的建筑自然观(既包括人工自然也包括天然自然以及两种自然的关系)、建筑实践观(既包括个人的建筑实践观、认识论、方法论，也包括群体的、社会的建筑实践观、认识论、方法论)以及科学的、全面的、系统的建筑历史观(既包括个人的历史价值观，也包括作品的、产品的和社会的历史价值观)。

建筑哲学，是在建筑科学的大系统中，以建筑(包括城市)，即以宏观建筑(Macroarchitecture)和微观建筑(Microarchitecture)为对象进行的哲学反思，是研究建筑、科学系统中的哲学问题的学问。

从两个体系图——现代科学技术体系构想图和建筑科学技术体系图上可以看出来：建筑哲学的研究对象和范畴是一个复杂的、巨大的、开放的建筑科学技术体系，它所包括的一切现象、结构、过程、规律等内容是十分丰富的。同时，它还要研究建筑科学这一大科学部门与其他十大部门的相互关系和作用。

从其研究对象与范畴可以看出，建筑哲学与一般建筑理论的根本区别在于，一般建筑理论的研究对象多局限于微观的具体的事物或问题，而建筑哲学的研究对象是带有根本性、全面性、宏观性、系统性、抽象性的课题。如，研究人与自然、人与人的关系以及相应的自然观、实践观、历史价值观等，是具有长远全面影响的对象，最终是解决形成人的和社会认同的科学的建筑哲学观。

概括地讲，建筑哲学的研究对象与范畴，主要是一个“中心”（建筑人和建筑社会、建筑体制、机制）、三个“基本部分”（本体论——自然观、价值论——历史观、方法论——实践观）、四个“层次”（基础理论、技术科学、工程技术和各种现象本身）。如，作为基础科学研究的内容：人类居住现象、建筑经济现象、建筑文化现象、建筑社会现象、建筑科技现象等及其相应的结构、过程、变化规律。

技术科学、工程技术层次的情况与此类似，它们本身有自己更为具体的研究对象与范畴，而在整体上，它们又是上一个层次的相应学科的研究对象与范畴。

## 三、为什么要研究建筑哲学

关于研究建筑哲学的目的，杰出科学家钱学森教授曾有过多次论述。1996年6月4日钱学森教授再一次明确指出：研究建筑哲学的根本目的在于“要坚定不移地用马克思主义哲学指导我们的工作”。“现阶段坚持马列主义道路，既不仿古不变，又不能跟着外国人跑，要有自己的独创。”（见《杰出科学家钱学森论：山水城市与建筑科学》第3～8页）。

他还说：把建筑科学提高到哲学，概括到哲学，那就是我在给叶（树源）教授信中说的“你到底是唯心主义，还是唯物主义?”“真正的哲学应该研究建筑与人，建筑与社会的关系”。

1995年10月26日，钱学森教授在一次通信中又曾强调过“史与哲是紧密相关的！在今天的中国讲‘建筑哲学’意义重大，它与我们提倡‘山水城市’有关；我们要用哲学来开拓我们的视野，把一个城市作为一个整体来考虑。”

1982年7月，钱学森教授在《系统理论中的科学方法与哲学问题》一文中，十分明确地说：“我认为，文学艺术里面这个高的台阶，或者说是最高的台阶，是表达哲理的，是陈述世界观的。”

钱学森教授强调研究建筑哲学的重要性，他强调“要坚定不移地用马克思主义哲学指导我们的工作，在人生观世界观上，通过建筑哲学这个‘桥梁’，到达马克思主义哲学这个‘最高台阶’。如果我们学好建筑哲学，从事建筑科学技术与艺术工作的朋友们就可以开拓视野，在具体工作中，会把一个城市作为一个整体考虑，作为一个复杂的开放的巨系统来对待，而不要只见树木（建筑物）不见森林（城市整体）”。

另一方面，从建筑哲学的现实作用看，也会加深我们对于研究建筑哲学目的的理解。建筑哲学不仅有理念、理论建构上的意义，更具有直接影响建筑实践的作用。

真正有所成就的大师和名家们，都十分重视对哲理的追求，古今中外这样的实例很多。如，建筑设计大师佘畯南先生，在他写给青年建筑师的信（1994年12月）中曾提出：“至于设计手法的个性问题，设计手法是设计哲理的反映，未形成哲理的个性，唯有手法的个性。……过早强调设计手法的个性，会束缚自己的创作力。”著名社会学家费孝通先生也曾为我们建筑系没有城市社会学方面的课程而感慨。他说：“目前我国城市建设中大量存在的是社会方面的问题。”这是费老从哲学、社会学理论高度来看城市建设而产生的见解。可见建筑哲学的重要性。

# 建筑科学的领头学科和最高台阶

当第四次“建筑与文化”国际学术研讨会即将召开之际，回顾近十余年来我国当代建筑文化的发展历程是令人欢欣鼓舞的。1989年11月6日发轫于湖南的“建筑与文化”学术讨论会以及其后出版的会议论文专辑引起海内外建筑人士的瞩目；1992年8月20～24日在三门峡市召开的第二次建筑与文化学术讨论会，与会代表达132位，论文104篇，1993年8月出版的《建筑与文化论集》，进一步开拓了关于建筑文化的哲学思考，并正式提出和研究建立建筑文化学问题；1994年7月21～24日在泉州市召开的全国第三次建筑与文化学术讨论会，以“变革时期中的建筑与文化”为主题，就“建筑文化”概念、传统建筑文化、中西建筑文化交融、当代建筑美学、创作理论、拓建建筑新学科等进行了研讨，并强调了生态建筑学问题。由于一批有识之士，矢志于发展与建设我国当代建筑文化，团结和争取到社会各方面的理解和支持，才使会议一次比一次深入，成果越来越丰富。最近我重读三次会议的某些论文仍深受启发。因此，我坚信前三次会议的历史贡献将会得到越来越多的承认和肯定；有了前三次会议的基础，第四次全国建筑与文化学术(国际)讨论会，在发起单位和与会代表的共同努力下，必将作出新的贡献。

## 一、“逼上梁山”的过程

我之所以论述建筑哲学是被“逼上梁山”的。几次建筑与文化学术讨论会上，均有人提到我国建筑界建筑哲学的贫困问题。1994年7月召开的“全国第三次建筑与文化”学术讨论会上，更有人指出，这种建筑哲学的贫困，导致建筑思想趋于简单、浅薄和机械……同年11月1日，我将自己在泉州会议发言精神写成的《关于城镇规划与建设优化的思考》(刊于《基建优化》1994年第3期)一文，寄给钱学森同志讨教。11月4日钱老给我的信中说：“您的文章是一篇高层次的作品，实是讲建筑哲学。我们高等院校的建筑专业有这门建筑哲学课吗?”(见鲍世行、顾孟潮主编：《城市学与山水城市》，1994年)钱学森明确提出，我国高等学校的建筑专业应当设建筑哲学课程。

从钱老来信我更感到建筑哲学问题的重要，断断续续地作过一些思考。1995年在南京东南大学的一次学术讲座中，我顺便传达了钱老这一思想，当即得到了东南大学建筑系主任王国梁教授的重视，并责成我为建筑系研究生开设建筑哲学课。我深感这副担子很重，有力不从心、不堪重负之感，但是因为其重要和有趣也就答应了下来。随后，我又把这一情况报告了钱老，钱老马上对我开讲建筑哲学表示热烈祝贺。此刻我才横下决心，登上“梁山”。以下诸论便是我不成熟的思考，不揣冒昧地抛出来，以便得到方家们的指正而有所长进。

## 二、建筑文化呼唤哲学

我为1992年8月于三门峡召开的全国第二次建筑与文化学术讨论会提交的论文《论建筑文化学的研究》（见高介华等主编：《建筑与文化论集》，第5～11页）中，分析建筑文化的三大结构特征时指出：

（1）建筑文化在内容上的综合性、复杂性和丰富性是其最明显的特征之一，它几乎无所不包。

钱学森同志把科学技术分为十大门类：自然科学、社会科学、数学、系统科学、人体科学、军事科学、思维科学、行为科学、地理科学、文艺理论。这十类科学中的每一门都与建筑文化紧密相关联（图1、图2），研究建筑文化必须研究或了解各科中相关的部分。这便是经过建筑学专业几年本科学习，上过几十门课程毕业出来的建筑系学生，仍然会感到学过的东西不够用，甚至缺少极其重要的知识和技能的原因。

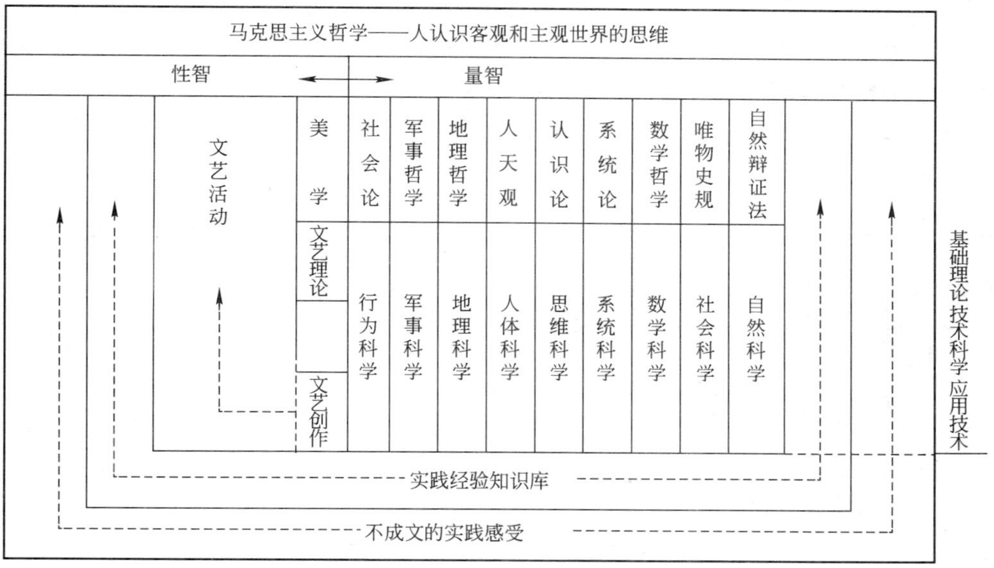

马克思主义哲学——人认识客观和主观世界的思维
性智
量智
文艺活动
美学
社会论
军事哲学
地理哲学
人天观
认识论
系统论
数学哲学
唯物史观
自然辩证法
文艺理论
文艺创作
行为科学
军事科学
地理科学
人体科学
思维科学
系统科学
数学科学
社会科学
自然科学
基础理论技术科学应用技术
实践经验知识库
不成文的实践感受

图1　十大科学关系（选自钱学森：《科学的艺术与艺术的科学》，扉页）

（2）从整体构成角度看建筑文化结构，它具有非线性，即混沌性特征。

（3）因以上两个特征派生出来的建筑文化结构上的特征是相对的稳定性和滞后性。

鉴于建筑文化这三大特征，更需要有建筑哲学的指导，使我们在建筑文化的大系统之中，能站得高、看得远、扎得深，总揽全局，抓住重点，而不至于陷入细枝末节，使教学、科研、生产工作能有更大的创造性、预见性。

马克思主义哲学
美学
认识论
人天观
园林美学
小说杂文美学
诗词歌赋美学
建筑美学
造型美学
音乐美学
戏剧电影美学
技术美学
社会主义文艺学
思维科学
人体科学
园林艺术
小说杂文
诗词歌赋
建筑艺术
造型艺术
音乐
戏剧电影综合艺术
技术美术

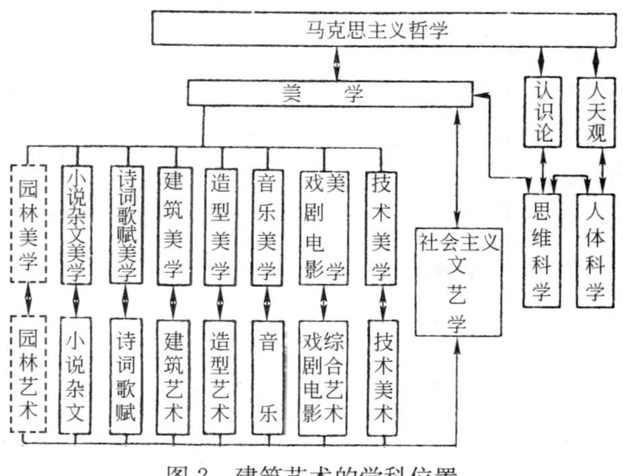

图2　建筑艺术的学科位置

## 三、哲学——一种精神意境

中国人对于哲学并不陌生。20 世纪 50～60 年代曾有过让哲学走出哲学家课堂的年代，全国普及“三论”——《矛盾论》、《实践论》和《正确处理人民内部矛盾》，以及后来有关真理标准的讨论，大大提高了全民的哲学水平，出现了许多用唯物辩证法解决实际问题获得成功的典型事例，从而推动了社会进步和生产的发展，与此同时人们的世界观、人生观也有不少变化。

每一次大的变更都离不开哲学的引导。改革开放十几年来，信息论、控制论、系统论等横断学科中的哲学新理论又席卷全国。新情况、新问题大量出现，使人们认识到，要有哲学的思考，才能站得更高、看得更远，才能抓住事物的本质，把我们的事情办得更好。

我同意高清海先生的观点，哲学——一种精神意境。“哲学作为人的自我反思、自我意识理论，其作用并不在于提供知识(这不意味它不包含知识)，而是主要在于为人类自我发展的需要提供理念思维方式；哲学理论中最重要的并不是它作出的那些结论，而是它可能给出的那个精神意境。一种新的哲学理论，在它确立一种新的观察模式之时，就意味着为人们开辟了一个新的、更高的思想境界，把人们带进了更加广阔的新的世界。”[1] 哲学的地位和作用可参阅图 3[2]。

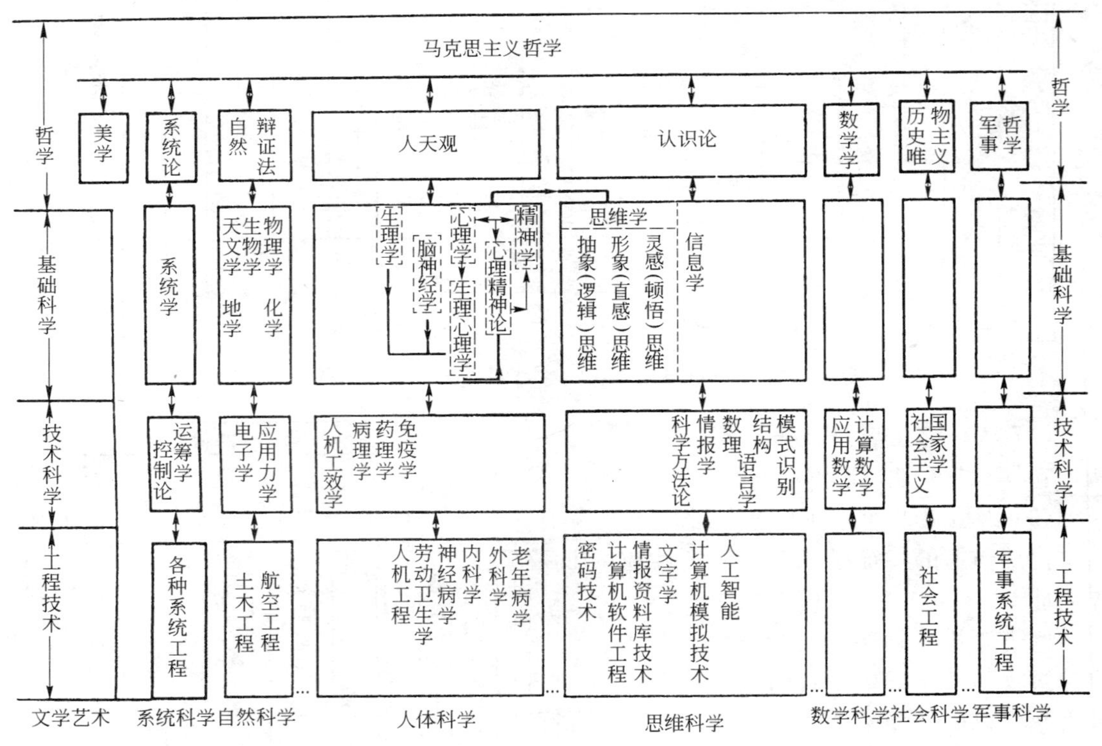


图 3　钱学森展示的大科学框架示意图(选自钱学森：《科学的艺术与艺术的科学》，第 30 页)

提示：请注意哲学在整个科学中的地位和作用，以及门类哲学如军事哲学的纵向和横向关系，建筑哲学的情况与此类似。

## 四、建筑哲学——空间新思维的哲学

哲学的定义，按照《新华字典》(545页)的解释：哲学是社会意识形态之一，它研究自然界、社会和思维的普遍的规律，是关于自然知识和社会知识的概括和总结，是关于世界观的理论。

这个定义是针对社会总体而言的指导思想，如马克思主义哲学。无疑，对于从事某一专业科学技术、艺术工作的建筑师而言，它同样是总的指导思想、思维方式。建筑哲学是在社会总哲学领属下的具体门类哲学、专业哲学。对于不同的人还有不同的人生哲学、业务哲学。

哲学的主要研究对象应该是我们生活、实践、经验到的周围世界，用马克思的术语来说就是“人化自然”。而建筑则是“人化自然”的最主要的组成部分之一。

哲学的基本问题有三个方面：本体论、认识论、方法论。建筑哲学作为门类哲学、专业哲学同样包括这样三个基本部分。

哲学的基本功能：解释、创造、超越。哲学是一种解说，解说的目的是为了认识和创造。所谓超越是指对现实、对时代的超越，能站得高一些，看得宽一些、远一些，找到新的价值坐标。建筑哲学的基本功能与此类似，是对建筑对象的解释、创造与超越。更具体一些讲是对建筑的新观念、新思路、新方法的解说、创造与超越的理论(图4)[3]。

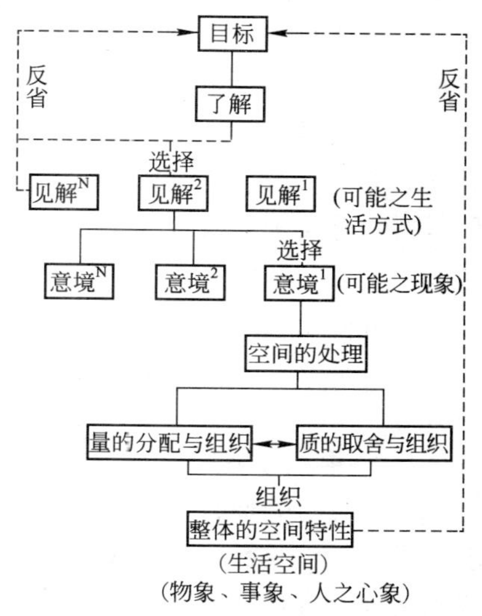


图4 空间与目标的关系(选自叶树源：《建筑与哲学观念》，第87页)
提示：请思考意境的中介核心作用，此乃建筑师哲学的目标。

## 五、宏观建筑哲学与微观建筑哲学

改革开放以来的新情况、新形势、新问题都呼唤着有中国特色的建筑哲学的诞生。问题的层次和价值决定了由此衍生的哲学的层次和价值。建筑哲学的层次与价值也取决于我们能提出的建筑问题的层次与价值。因此可以说只有属于本体论、认识论和方法论范畴的问题才是哲学所面对的问题。哲学是最高层面的抽象，这就决定了它在这一层面的价值和作用是大体地指出解决问题的原则、思路和方法，而不是具体细节上的结论。

这里又提出宏观建筑哲学和微观建筑哲学的概念，是为了区分研究纵向的历时过程、时代价值观问题还是研究出现的不同的各个建筑家个体哲学。我把前者定为宏观建筑哲学的研究对象，后者即对于建筑家，某种建筑学说、流派，个人建筑风格等的研究，归属于微观建筑哲学的任务[4]。

需要明确的是，宏观(或微观)建筑哲学与广义(或狭义)建筑学[5]的概念不是一回事，千万不要混淆；也无所谓对应关系。因为它们在两方面有本质区别。即：第一，一个讲的只是建筑哲学，另一个则讲建筑学(可能包括建筑哲学内容，也可能不包括建筑哲学内容)；第二，建筑哲学分成宏观或微观是以时间空间领域不同为区别界限，而建筑学的广义和狭义是只从学科空间领域作的区分(可能包含宏观或微观建筑哲学内容，也可能不包括)，两者不是一回事。因此，宏观建筑哲学有着更多的共同性、普遍性，而微观建筑哲学则显示出个性、独特性和多样性，这些细微差别更多地取决于建筑家个人修养、环境、爱好等影响。如都是把建筑作为艺术来追求的建筑家的建筑作品，在艺术特色、风格、技巧的选择和发挥上会有极大的不同。

重视建筑哲学的宏观研究和微观研究有助于更好地把握时代、社会、历史的主调，又能摸清个人、学说、流派的脉搏。只有这样才能辩证统一地处理相关的问题[6]。

在哲学的研究方面，包括对建筑哲学的研究，很长时间以来，我们只注重宏观统一的方面，或者叫政治方面、社会方面，使我们的建筑哲学简单化、经院化、信息老化。如“适用、经济，在可能条件下注意美观”这句话，长期以来曾被当作我国的建筑方针，完全忘记了它所产生的时代、社会、历史、经济背景，更没有从微观的角度针对不同的情况和不同的对象来分析这句话的适用程度[7]。从而使我们的理论研究和建筑创作受到束缚而深入不下去，开放不起来。甚至有时这句话会被人利用为打人的政治棍棒。这个教训是很深的，可见没有正确的建筑哲学是不行的。

## 六、为什么要研究建筑哲学

总的讲，问题的层次越高、价值越大，越需要相应的哲学研究和指导。恩格斯讲，“一个民族想达到科学的高峰，就不能没有理论的思维。”哲学正是能使我们高屋建瓴，统观全局，抓住关键，掌握未来的理论思维。建筑哲学是在建筑基础科学、技术科学、工程技术基础上提炼而成的，有着自身专业、学科特点的门类哲学，必须用哲学的头脑思考，才能起到指导建筑实践的作用。

为什么要研究建筑哲学？我认为起码有以下五方面的原因：

首先，无论人们是否意识到，事实上，人人需要建筑哲学，并且每个人都有他的建筑哲学，只是其建筑哲学的正误高低因人而异。如我国唐代刘禹锡的《陋室铭》一文便是他的建筑哲学的写照，现全文抄录如下作为研究欣赏的材料：

“山不在高，有仙则名。水不在深，有龙则灵。斯是陋室，惟吾德馨。苔痕上阶绿，草色入帘青，谈笑有鸿儒，往来无白丁。可以调素琴，阅金经，无丝竹之乱耳，无案牍之劳形。南阳诸葛庐，西蜀子云亭。孔子云：‘何陋之有’。”

许多人的建筑哲学不一定能写清楚或说清楚，但当作为业主买住宅或请人为他设计时，必然会讲出不少要求来，建筑师必须细细体会，这便是你要为之服务的上帝的建筑哲学。如果我们自己没一定建筑哲学水平便很难判断正误，为业主做好参谋。

第二，人人需要建筑哲学，这是建筑哲学本身的性质所决定的。建筑哲学，简而言之便是建筑的价值观、真理观和方法论。凡是需要扼要了解建筑的价值标准、基本规律、基本对策和方法的人，都必须研究建筑哲学。如第一条所说的，人们不一定学过建筑哲学课程，但必然有一种建筑哲学在指导其建筑实践，如买住宅、装修住宅、评论建筑……与其自发地、不自觉地形成一个人的建筑哲学，不如主动地、自觉地进行这一提高建筑文化素质和修养的过程。

第三，建筑学学科构成特点需要建筑哲学。众所周知，建筑学有关的知识和学科铺天盖地，几乎无所不包，涉及自然科学、社会科学、人文、艺术、技术等等，学不胜学，如何联系实践运用更是大学问。建筑哲学有助于人们把已学到的知识组合成合理的知识结构，用以解决不断出现的新情况、新问题。

第四，即将跨入新世纪，跨入信息社会、高科技社会、智能社会的需要。21 世纪将是信息社会，观念、思想、知识的更新换代周期将进一步缩短，人类需要终生学习，终生教育，总在不断选择、组合新思想、新观念、新知识的过程之中，作为建筑工作者接触的变化方面尤其多。因此，没有建筑哲学这类相对稳定、高度抽象的理论的把握，便会陷入忙乱、被动，以致不知所措。

第五，研究和学习建筑哲学，是开发自身创造潜力，学习掌握正确的思想方法和工作方法的大事。属于提高智慧水平范畴，它比提高知识和操作水平更为重要。而且哲学对一个人的品质和道德的陶冶作用是潜移默化的，会使人终生受益。

## 七、研究与学习建筑哲学的方法

建筑哲学与其他哲学一样，是不以提供知识和现成结论为最终目的的学科。因此作为哲学教授的康德曾声明，他不是教哲学而是教哲学思考。所以，我们学习建筑哲学时，思想上必须有充分的准备，不可能从哲学老师或哲学课本上得到解决问题的具体答案，能得到启迪便达到了开设这门课程的目的。而且，要达到能启发自己思想的目的，就必须相应地采取主动、开放、发散的学习方法才有效。

我所建议的学习建筑哲学的这种主动、开放、发散的学习方法，要点有五个：对话法、发散思维法、片面深刻法、知识组合法、寻求思路法。

### 1. 对话法

从对话的角度看，每个哲学家或哲学流派的学说本质上都是一种对话。哲学思想乃至整个哲学史都是在提出和解答问题的过程中发生和发展起来的。哲学史就是问答史、对话史。而我们已经太久地忘记了对话的重要性，缺乏对话的习惯，这不仅不利于发展思想，发展科学，更不利于做好工作、做好设计，会造成多方面的浪费和失误。

### 2. 发散思维法

发散思维是一种开拓型、创新型思维，它将整个地改变我们过去的哲学研究中所采取的做法。它有助于克服过去研究问题简单化、经院化、信息老化的弊端。对话和提问本身就是一种发散思维的做法。发散主要表现在：研究对象、研究领域上的发散，学术观点上的发散，思维振荡幅度上的发散，思维方式上的发散——不能只使用演绎法……思维的创造性、开拓性体现在归纳法中。归纳要求不断向外发散，提炼出一般原理。因此演绎法和归纳法要结合使用，但应使归纳法始终占主导地位。

### 3. 片面深刻法

哲学史表明，正是片面性的克服推动了哲学(其他科学也是一样)的发展，使它逐渐变得更全面了。因此要克服习惯于追求全面而全盘否定片面性的传统。要恰当地对待片面性，并给予片面性向深刻转化的条件。实际上“百花齐放”、“百家争鸣”便是让片面性作贡献。某个人、某个时间、某个地区、一定的历史条件都有其局限性，局限性和片面性是孪生兄弟，所以不同程度的片面是难以避免的，全面则是相对整体和长过程而言。正如黑格尔所指出的“当一种哲学被推翻的时候，其中的原则并没有失去，失去的只是这种原则的绝对性和至上性。”因此片面性并不可怕，可怕的是把片面性误作全面性。

**4. 知识组合法**

研究某个问题或做某项工作都需要有相应的知识结构，特别当新观念、新思想、新事物层出不穷、变化很大的情况下，我们原有的知识结构常常不能适应，这就产生了要选择、调整和组合新的知识结构的问题。这种选择、调整和组合是以前人的思想资料为基础的，其中有些可能早已化为我们思想观念、知识结构的一部分，所以绝非“从零开始”。明确自己的起点是非常重要的事，而后再决定选择、组合的方向和方式。俞吾金先生[8]曾举出前人行之有效地选择和组合知识的四种途径：①从各种哲学理论；②从哲学和社会科学；③从哲学和自然科学；④从哲学和数学。历史上许多自成一家之言的哲学家便是如此形成自己独特的知识结构的。

**5. 寻求思路法**

由于哲学本身高度概括和抽象的性质，它只具有世界观、认识论、方法论的意义。不可能提供直接可以操作的结论和方法，充其量只能解决思路层次上的问题。因此研究哲学问题，不能代替某个领域或解决某个具体问题的艰苦实践。然而不研究理论的盲目实践和有了理论指导而不去实践都是不可取的。但是，既然准备实践，先有个正确思路毕竟是好事情，可以事半功倍。面对哲学问题多些思路更有助于比较和选择，这并非是崇尚空谈。

**【主要参考文献】**


[1] 高清海．哲学——一种精神意境［N］．光明日报，1995-11-23(3)．

[2] 钱学森．科学的艺术与艺术的科学［M］．北京：人民文学出版社，1994．

[3] 叶树源．建筑与哲学观念［M］．台湾：世峰出版社，1983．

[4] P．柯林斯．现代建筑设计思想的演变 1750～1950［M］．英若聪译．北京：中国建筑工业出版社，1987．

[5] 吴良镛．广义建筑学［M］．北京：清华大学出版社，1989．

[6] 夏铸九．理论建筑——朝向空间实践的理论建构［M］//台湾社会研究丛刊(2)．台北：［出版者不详］，1992：223～240．

[7] 王化君，顾孟潮．建筑·社会·文化［M］．北京：中国人民大学出版社，1991．

[8] 俞吾金．寻找新的价值坐标——世纪之交的哲学文化反思［M］．上海：复旦大学出版社，1995．

# 建筑哲学本体论

# 建筑哲学科学技术体系与机制

马克思主义哲学本身是人认识客观世界和主观世界的科学，因此它有指导人们建立科学的世界观和人生观，提高人的基本素质和品格的作用。建筑哲学作为通向马克思主义的哲学桥梁，是从整体上对建筑科学体系、过程的概括和基本把握。这决定了建筑哲学有丰富内容和哲理的深度。

公元前1世纪的古罗马建筑师维特鲁威(Vitruvius)便十分重视哲学修养，把它作为建筑师的崇高境界。他说："哲学可使建筑师气宇宏阔，即使其成为不骄不傲而颇温文有礼，昭有信用，淡泊无欲的人。这才是无与伦比的啊!"（见维特鲁威：《建筑十书》第6页，高履泰译，中国建筑工业出版社，1986年版）

2000年后的今天，幸运的我们有马克思主义哲学作为指导我们思想的理论基础。理所当然地，马克思主义也是指导建筑科学思想的理论基础。建筑哲学是建筑科学通向马克思主义主义哲学的桥梁。因此学建筑科学不能不研究和学习建筑哲学。

近年来，著名科学家钱学森同志提出建筑院校要开建筑哲学课的问题。东南大学积极响应钱老的号召，于1996年4月首开建筑哲学课。同学们报名和听课都很踊跃、很认真，已开始显示出建筑哲学对活跃学术思想的作用。

我认为，开建筑哲学，对于建立建筑科学体系，弥补我国建筑教学中缺少社会科学内容的不足，拓展未来建筑师的眼界和思路，改善同学们的知识结构，提高理论素养，学习科学思维方法，克服拜金主义倾向等均有益处。然而，毕竟我是边学习、边研究、边讲授建筑哲学这门新学问，肯定会有许多不足甚至错误之处，希望在和大家交流中能不断改进、提高。本篇探讨与建筑哲学本体论有关的内容。

## 一、钱老的指引与召唤

我对建筑哲学的思考、研究与开课始终是在钱老的指引与召唤下进行的，实际我是在钱老指导下作建筑哲学的研究。

1996年6月4日，在《杰出科学家钱学森论城市学与山水城市》一书再版问世时，钱学森同志接见该书三位编辑人员鲍世行、顾孟潮、吴小亚时的谈话很重要。他主要讲了三个方面的问题：①要坚定不移地用马克思主义哲学指导我们工作；②是否可以建立一个大科学部门——建筑科学；③学术民主非常重要(见《科技日报》1996年7月14日第二版)。

钱老关于建立建筑科学大部门的思路集中体现在以下几句论述上。

(1) 建筑的真正的科学基础是讲环境等等。

(2) 建筑科学的四个层次是：建筑哲学、建筑科学、建筑学、工程技术。

(3) 真正的建筑哲学应该研究建筑与人、建筑与社会的关系。建筑是科学技术，建筑是科学的艺术，也是艺术的科学。

(4) 从历史的观点看问题，要看到人及人所需要的建筑。建立一个大科学部门不只是一两门学科。这么看来，我原来建议建立十大部门，现在是 11 个大部门了。

钱老以前已经提出的十大科学部门是：自然科学、社会科学、数学科学、系统科学、思维科学、人体科学、地理科学、军事科学、行为科学、文艺理论；与此十大部门相应的基础科学是：自然辩证法、唯物史观、数学哲学、系统论、认识论、人天观、地理哲学、军事哲学、人学、美学。

钱老 6 月 4 日提出的第 11 大部门，其基础理论是建筑科学，技术科学部门是建筑学，应用技术部门是建筑设计等，相应的基础科学是建筑哲学(表 1)。

**建筑科学的层次** **表 1**

| 马克思主义哲学——人认识客观和主观世界的科学 | 哲　学 |
|---|---|
| 建筑哲学 | 桥　梁 |
| 建筑学 | 基础理论 |
| 现在的建筑学、城市学 | 技术科学 |
| 现在的建筑设计、城市规划 | 工程技术 |

资料来源：钱学敏："对钱学森提出'建筑科学'的一些思考"文中图。

钱老讲"建筑的真正的建筑科学基础要讲环境"。这是切中要害的。最近召开的联合国第二次人类住区大会(简称"人居二")便证实了这一论断。出席此次大会的中国政府代表团团长、建设部部长侯捷在大会上发言，呼吁国际社会对人类住区的关注，并指出，"人居是人类生存最基本的要求，人人享有适当的住房是人的最基本权利。"在人类迈进 21 世纪之前，如何实现"人人享有适当的住房"和"日益城市化世界的人类住区可持续发展"两大目标，已成为国际社会面临的一项紧迫而又重大的问题，也是"人居二"的根本目的所在。以研究人居环境为主要内容的建筑科学，鉴于它的重要性和与持续发展目标的紧密联系，应当引起更大的关注。其在科学体系中的地位是足以与以前的十大部门并驾齐驱，确应建立此第 11 大部门。

钱老提出建立建筑科学这个大的科学部门是从总览历史文化的高度出发的。因此强调"不只是建立一两门学科"的问题。从近年来建筑界改革开放的实践中看(包括国际建筑界也是如此)，不断提出建立新学科的问题，如已经提出并有所进展的科学有：人居环境学、建筑心理学、生活方式学、城市建设经济学、城市社会学、住宅社会学、灾害社会学、建筑生态学、城市生态学、建筑文化学……。但是只有学科的发展，没有大部门的建立是不行的，靠大部门的综合、集中、平衡才能更好地发挥各个学科的作用。大部门是整体，哲学是在此整体上概括出的支柱理论。要形成支柱产业地位，没有相应的支柱学科、支柱理论和观念是不行的。钱老关于建立大科学部门的构想，正是在试图建立建筑科学的支柱理论和观念。其意义之重大也正如钱学森同志所指出的，"这是伟大的历史任务，我们中国人要把这个搞清楚了也是对人类的贡献。"

1996 年 4 月 9 日，我在开建哲学课之前，考虑了一个建筑科学技术体系示意图图 1。

听了钱老6月4日讲话后，将此图寄钱老请教。

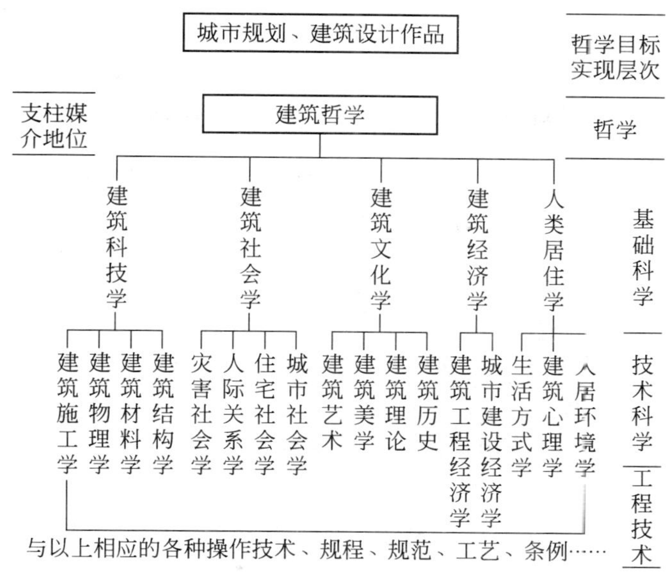


图1 建筑科学技术体系图

关于此图，钱老1996年6月23日复信中提出如下意见[①]：

“我是一直强调马克思主义哲学——辩证唯物主义的指导意义，所以在建筑科学概括为建筑哲学之上还有马克思主义哲学。也就是说：建筑哲学是建筑科学到马克思主义哲学的桥梁”。

“再就是：在我们现在这11个大部门的体系中有许多跨部门的学问。您的‘示意图’中的灾害社会学属地理科学大部门，而人际关系学属行为科学大部门。”

当然，钱老有关建筑哲学的指引与召唤，比上述的内容要丰富得多，对此有兴趣的同志可以查阅《城市学与山水城市》（第2版，鲍世行、顾孟潮主编，1996年5月）《钱学森建筑科学思想探微》（2009年5月）。

## 二、从几个“脱节”所想到的

最近，叶耀先同志指出我国住宅建设面临的七个方面的脱节：①住宅设计与住户需求脱节；②建筑设计与住宅产品脱节；③住宅建设与城乡建设脱节；④住宅产品与住户需求脱节；⑤住宅建设与社会、经济和生活发展脱节；⑥住宅建设与居住对象脱节；⑦住宅建设劳动生产率低、工程质量差(可谓与建设目的、要求脱节)。[②] 令人深思的是，这些现象确实存在，而且有些问题相当严重且长期存在，如何克服这些脱节？调查研究脱节的原因，对于解决问题是十分重要的关键环节。

叶的文章虽未正面分析产生脱节的原因，但指出两条十分重要的原则：一是，21世纪住区建设的关键是解决好住户参与和规划问题；二是，要设计出真正为住户所接受

---

① 见《钱学森建筑科学思想探微》第223页关于建立“建筑科学”大部门致顾孟潮的信。

② 详见叶耀先：《21世纪的住区建设》，刊于《村镇建筑》1996年第7期。

的适应时代发展的住区，必须树立“以人为核心”、“住宅造人”和“人住房屋”的观念。

我认为，这里所指出的两条，前一条属于建设体制、机制问题，后一条属于建设观念问题。这表明，产生脱节的主要原因不是科学技术问题，而是属于社会组织、管理、指导思想性质的原因。应当从制度、结构、法律、法规等方面予以保证不发生脱节现象。这类问题是比解决科学技术硬件更为复杂的软科学课题，是社会总体设计问题，是住宅建设决策民主化、科学化、制度化的大问题。因此，单纯抓硬技术是很难突破的。前述的脱节现象并非始于今日，有些问题由来已久，只是在市场经济条件下显得更加突出，亟待解决。因而也可以说，产生上述种种脱节的根本原因在于，我国建筑业从观念、体制、机制、法规体系等方面，还没有完全转到社会主义市场经济的轨道上来。造成这种状况与建筑科学基础理论研究的薄弱，建筑业、房地产业软科学研究的落后状态是不可分的。建筑业的软科学研究水平位居全国倒数第二、三名位置。

“脱节”的具体原因在住宅规划设计上的表现：

(1) 商品住宅的开发建设者和相当数量的规划设计人员，缺乏国家观念和社会责任感，把自己的工作单纯理解为个人的谋生手段，甚至陷入拜金主义，采取“混、抄、炒、捞”的做法(以混日子为出发点，照抄外国杂志为手段，炒卖点和价位，捞钱为目的)，已失去基本的职业道德和素质，使规划设计施工建设质量下降，甚至不合格。

(2) 有些住宅建设的管理者、规划设计者和决策者，忽视人们对城市生活居住的深层次需要，工作标准很低，盲目地认为“有胜于无”，以建设温饱型住宅思路进行建设，主要解决有无问题，并非是建设小康住宅的思路与观念，更没有在跨世纪时刻作适度超前的考虑。

(3) 一部分房地产开发商，过多地追求自身的经济利益，片面追求高容积率，忽视为居民留出必要的活动空间、绿化空间、停车位置等多方面需求和配套设施。

(4) 住宅规划与建设的甲方，常常只是一个临时拼凑起来的基建班子，缺少相应的科技人员、科技知识，也缺少长远打算。而作为居住主体的住户以及相应的管理部门不能预先明确，他们更不能早期参与规划、设计、施工过程，使这些过程常常缺少必要的负责任的监督机制和机构，待到问题铸成时已难挽回。

(5) 对于每年高达6～7亿$m^2$的农村住宅和居住区的规划、设计、建设情况以及经验、教训、质量、占地等情况的调查研究工作，科学普及工作严重滞后，缺少必要的技术服务，使农房建设量大而质不太高。

(6) 有关规划设计产品的设计深度、质量要求、实施结果等的审定、检验、监督机制和相应的法规、规范、细则体系等急需建立和完善。

总之，从上述对脱节原因的分析和思考中，使我们感到不仅要忙于眼下的救灾救火，更要加强建筑行业的软科学研究、理论研究，包括建筑哲学的建立和普及是当务之急。这些都是有助于转变观念和科学决策，带动整个建筑科学体系的学科群发展的必要措施。

## 三、建筑哲学的研究对象与范畴

什么是建筑哲学？建筑哲学的研究对象与范畴是什么？什么是建筑哲学的本体论？建筑哲学本体论的研究对象与范畴是什么？这是本节要正面回答的问题。当然，以下的回答只能是探索，不是结论。因为尚没有见到过谁对以上问题的回答，这些很可能是我给自己出的难题。

1. 什么是建筑哲学？

建筑哲学是建筑的精神意境及关于空间新思维的原则，它包括建筑的本体论、价值论、方法论三个基本部分(见顾孟潮：《建筑哲学概论(导论篇)——哲学层次的建筑文化理论》，载于《新建筑》，1996年第2期3～7页)。

建筑哲学是以建筑为对象进行的哲学反思，即研究建筑科学中的哲学问题的一门学问，是建筑科学通向马克思主义哲学的桥梁。它运用哲学方法来分析建筑科学中的种种范畴、规律和理论，剖析建筑理论中的各种概念及其相互关系。

2. 建筑哲学的研究对象与范畴是什么？

如前所述，我绘制了一个建筑科学技术体系示意图。建筑哲理是有关于建筑科学的哲学理论(或称桥梁)，其本身有它的研究对象，可以分为本体论、价值论、方法论三个基本部分。其以下是建筑科学的三个层次——基础理论、技术科学、工程技术均是它的研究对象的子系统或子范畴。如，作为基础科学的人类居住现象、建筑经济现象、建筑文化现象、建筑社会现象、建筑科技现象及其相应的结构过程与变化规律，均是建筑哲学的研究对象与范畴。技术科学、工程技术层次的情况与此类似，它们本身有自己更具体的研究对象与范畴，而整体上又是上一个层次相应学科的研究对象与范畴。

因此，可以说，建筑哲学的研究对象和范畴是这个复杂、巨大、开放的建筑科学技术体系所包含的现象、结构、过程、规律等内容。同时还要研究这一大科学部门——建筑科学与其他十大部门的相互关系。

3. 什么是建筑哲学的本体论？

众所周知，一般说来，哲学研究三个领域：①研究存在问题的本体论；②研究认识的起源和实质的认识论；③以研究社会、自然、精神现象的方式和手段为对象的方法论。目前中国学人仍然是把哲学探讨的重点放在认识论和方法论上。而现、当代西方哲学探讨的重点是本体论(见俞吾金《哲学：从方法论研究转向本体论研究》，《文汇报》，1996年5月29日，“学林”511期)，建筑界的情况与此类似，也是重认识论、方法论的研究，而轻视本体论的研究，使建筑科学的发展徘徊不前。在整个哲学研究中，本体论的研究属于前提性层面。建筑哲学本体论也是解决建筑科学的前提——总系统、总结构、总对象、总的机制——过程的问题，它是建筑科学体系中带头的学问。从我绘的建筑科学技术体系示意图上可以看到这种关系。所以钱老强调“在今天的中国，讲‘建筑哲学’意义重大，它与我们提倡‘山水城市’有关；我们要用哲学来开拓我们的视野，把一个城市作为一座整体建筑来考虑”(《城市学与山水城市》606页)。

关于建筑哲学本体论的问题，如前所说，有两种倾向亟须端正：一种是忽视本体论研究的倾向，认为“建筑理论无用”而不再研究，还说“什么是建筑”是多少个世纪以来，众说纷纭，理论上永远也扯不清的问题；另一种倾向是把物质本体论的问题曲解(简化)为抽象的建筑内容与形式、传统与革新、社会主义内容和民族形式等抽象的概念争论不休，既无助于建筑科学技术整体水平的提高，也解决不了实践中不断遇到的新问题。

与我国改革开放以前的情况形成鲜明对照的是，国外建筑科学的发展从现代、当代西方哲学重视本体论研究的思潮中吸收了不少营养，得到了不少推动。作为西方哲学代表人物海德格尔、伽达默尔、德立达等也成为建筑哲学必须研究的重点。如：①以海德格尔为代表的存在主义思潮，提出了生存论的本体论；②以伽达默尔为代表的哲学释义学思潮，把传统的、注重方法论的释义学改造为本体论释义学；③以卢卡奇为代表的西方马克思主义思潮，把马克思主义理解为社会存在本体论等。这一切都启发建筑界，对建筑科学的内涵和外延要有新的思路和新的建树。

建筑本体论就是指有关建筑领域物质存在本体的现象、结构、过程、规律等的研究与论述。

4. 建筑哲学本体论的研究对象与范畴是什么？

建筑哲学的研究对象与范畴包括本体论研究对象与范畴，本体论是从物质存在的角度对这些对象与范畴的研究与论述；价值论是从认识论角度的研究与论述；方法论是从方法的角度进行的研究与论述。

具体地讲，建筑哲学本体论是从物质存在的角度，对建筑哲学总的问题，以及基础科学层次(如人类居住、建筑经济、建筑文化、建筑社会、建筑科技)、技术科学、工程技术层次的哲学反思。或者说，建筑哲学的研究对象与范畴是研究建筑究竟有什么？是什么？为什么？控制解决什么？关键是什么……这类建筑中最基本的哲学问题。另外建筑哲学绝非局限在建筑科学技术领域，它要处理好与非建筑科学技术科学的关系，因为它是桥梁中介性质的门类科学技术哲学。首先要处理好与马克思哲学的关系，以及相关的美学(文艺理论)、人学(行为科学)等纵横向的关系。

## 四、城市、建筑与人的生存、发展

人类为什么要建造建筑与城市？为谁建造？怎么建造？什么样的建筑与城市才是适合人类现在与未来理想的？……这些最基本的问题，正是建筑哲学的本体论需扼要回答的问题。实践中无论是规划、设计、建造活动，往往不同程度地偏离了这个最终目标。

建筑是生活的容器。而设计和建造建筑物时人们往往忽视或者忘记了建筑中的生活以及生活主人的种种行为和心理的需求。

城市是文化的容器。而规划设计与建造城市或者村镇时，人们却失去了文化的视角，只有工业生产、交通、经济效益的思路。

建筑与城市本质上都是环境。而人们常常只把建筑和城市当作任人塑造的艺术品，缺乏环境意识，更缺乏生态意识、文脉意识，这便是如今“建设性的破坏”活动如此普遍的原因。

就其本质而言，人类建造建筑与城市的历史是生活史、生存史、发展史，与人类的生长和社会的发展是同步、同构的。

以下从人、环境、社会、经济、科技、文化六个角度论述一下建筑与城市的本质特征。

按照赵冰博士的观点将公元前3100～前2400年的文明史，从认知结构角度划分为神话、宗教、科学和后科学四个文明层次(赵冰：《4！——生活世界史论》，1989年3月)。“神话层次表现出了最小的经验范围和最低的理论层次；宗教层次较神话的经验范围有所扩大，其理论在更高的层次重新解释了神话解释的经验，并为新的经验提供了解释；科学层次又重新解释了宗教所解释的经验，并给出了宗教所未遇的新的事实的解释；后科学层次的经验事实的范围最大，它包容了神话、宗教、科学的所有经验事实，并对全新的事实作出了解释。”他认为人类文明正进入后科学时代。人类的建造建筑和城市的活动与观念的变化和提高正是沿着这一走向的。循此思路，我把建筑和城市的主人，相应地称为神话人、宗教人、科学人、后科学人，其所在的时段相应称为神话时代、宗教时代、科学时代和后科学时代，以便展开以后的论述。

（1）建筑、城市与人。建筑环境的使用者、城市的市民是建筑设计者和城市规划者的“上帝”。作为建筑师、规划师必须牢固地树立为使用者（市民）服务的观念。基于这一出发点，就要了解人、熟悉人以及人体、行为、心理、生理等一些最基本的尺度、规律、要求。因此出现了与此相关的学科——人类工程学、建筑卫生学、建筑心理学、行为学等。随着老龄社会的来临和残疾人数量的增多，旅游需求的增长，又出现与老人建筑环境、残疾人所需的无障碍环境、旅游环境相应的行为学、心理学、环境设计的学问。

正如职业与人要互相适应一样，建筑环境既要适应人也要适应其职业行为的需求。霍兰德设计了一个六边形，用六个角分别代表六种职业类型或者六种劳动者类型（图 2、图 3）。这对于我们思考和确定建筑环境空间的性质和类型是极富启示意义的。

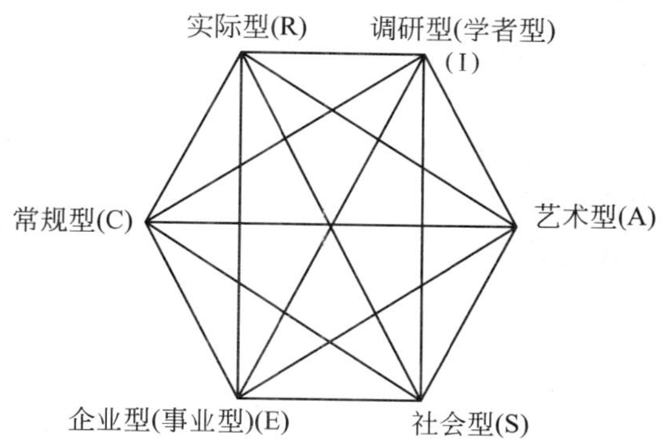


图 2 霍兰德设计的六边形

注：每种类型的职业（或劳动者）与其他五种职业（或劳动者）之间都有连线，连线距离越短，两种类型的相关系统就越大。反之亦然。

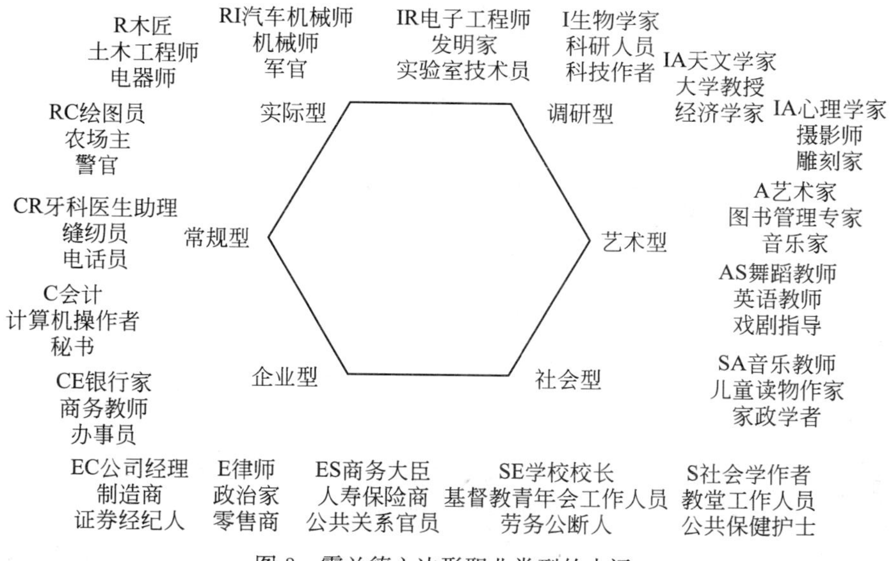


图 3 霍兰德六边形职业类型的内涵

（2）环境与发展是当今全球性的主题。1992 年提出环境可持续发展的问题，并列入我国的 21 世纪议程。因此这是建筑师、规划师从事建筑设计、城市规划时必须悉心研究和关注的问题，因为建筑学是环境的科学和艺术。持续发展本身便应是建筑哲学思想的组成部分。与此相关需要研究的新学科有环境生态学、建筑气象学、建筑环境工程学、建筑综合防灾学、环境心理学、环境影响评价等。

人与环境关系的变迁，人作为自然人—半自然人—农业人—工业人—智能人的进步，与环境的关系先后经历了依附关系、利用关系、局部改造关系、中心人关系、伙伴关系。如以人作比喻，人类社会到20世纪晚期才进入成年期，才懂得建设生态文明，追求持续发展。

(3) 建筑(城市)与社会。建筑师除建筑学专业知识以外，还要具备基本的社会科学知识，尤其是社会学、心理学、经济学方面的知识。必须知道，社会机体怎样运行，社会成员如何协调，在社会转型时期一代新的社会文明如何孕育发展。建筑作为一种价值形态，除了工程标准、科学标准，更为重要的是社会现实效能标准，亦即社会的人们使用这些建筑物(或城市)的方式、频度、强度和实际效果。为实现建筑的社会价值，必须研究社会的结构、机制与过程等。社会与建筑(城市)空间环境之间存在着同构、磨合、更新、所指、能指、运作等关系(图4)，不了解这一关系和把握不适度，便失去了规划、设计、创新的最重要的基本依据。

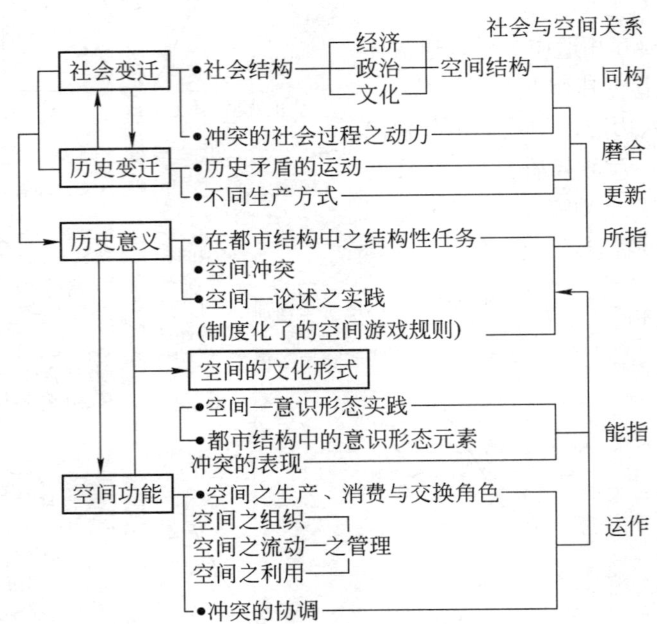


图4　空间结构中之空间文化形式动态过程图

资料来源：夏铸九：《理论建筑》，第241页

注：该图右侧“社会与空间关系”即同构、磨合、更新、所指、能指、运作为笔者所加，非原图所有。

(4) 建筑(城市)与经济。建筑业是国民经济的一个支柱产业。一个国家的经济发展与人民生活的提高，社会文化的发展，在很大程度上取决于建筑业所完成的城市基础设施建设、各类建筑物、构筑物以及建筑产品的数量和质量。同时，建筑业会带动其他产业的发展。建筑业在环境建设、持续发展、扩大就业、积累资金等方面都有很大作用。截至1994

年，全社会固定资产投资规模(投资总额)为15926亿元。1994年完成的建筑业总产值为7684亿元。作为建筑业主体的国有建筑企业有6154个，职工765.6万人。截至1990年底，建筑业总产值占全部社会总产值的7.92%。对于如此巨大规模的经济活动，从事规划与建筑设计的建筑师，亟须加强经济观念，学习有关经济学知识，掌握一些经济分析评价方法和技术，才能从经济角度评价我们的工作质量和水平。与建筑设计相关的经济学门类有生态经济学、环境经济学、城市建设经济学、土地经济学等。相关技术有项目可行性研究、价值分析、全寿命费用分析、风险分析等。

(5) 建筑与科学技术。“科学技术是第一生产力”在建筑领域表现得也十分明显。由于科学的吸引和提升，新技术、新工艺、新设备、新材料的推进，最近200年来建筑发展出现了五个革命性变化的阶段——构造阶段、设备阶段、情报阶段、机器人阶段、智能阶段。各个阶段都有其相应的代表性科学技术。近代建筑作为一门科学，综合性很强，包含了社会科学和自然科学的内容。任何建筑物都要求建筑功能完善、结构先进和风格的创新，体现适用、坚固、经济、美观的基本要求。因此，完善的高水平的建筑物是艺术创作，更是科学技术的结晶。

(6) 建筑与文化。建筑文化的本质在于，它是环境文化、生存文化、社会文化和历史文化，它具有超前性、综合性、整体性、实践性、随机性的特征。正如梁思成先生指出的：“建筑之规模、形体、工程、艺术之嬗递演变，乃其民族特殊文化兴衰潮汐之映影；一国一族之建筑适反鉴其物质精神，继往开来之面貌。今日之治古史者，常赖其建筑之遗迹或记载以测其文化，其故因此。盖建筑活动与民族文化之动向实相牵连，互为因果者。”(《梁思成文集》第三册第3页)

1996年8月我们召开了“建筑文化10年纪念会”，回顾和评析1986～1996年十年来建筑文化在我国崛起和发展的全过程，既让人欣喜又令人忧虑。欣喜的是已经取得了一系列成果，特别是建筑文化观念更加深入人心，也出现了一些热心此项事业的民间学术组织、个人，得到一些领导同志、企事业单位的支持；忧虑的是，十年过去了，建筑文化事业的产生和发展基本上是自发的、民间性质的活动为主，并未纳入国家或业务主管部门的长远规划，因此无论在资金、组织、人员上都无稳定的保证。如果继续这种情况，今后十年的建筑文化的发展，提高整体建筑文化水平的总目标是否能实现是颇成问题的。这也表明对于建筑哲学的重要性，建立建筑科学大部门的迫切性仍未被建筑界及社会上更多的人认同，为此尚需做许多艰苦的工作。为加速建筑哲学的科普，建立建筑科学大门的进程，关键在于培养人才，在于参与者的素质。我们应积极响应钱学森教授的召唤，在建筑科学的学科建设上，对人类作出伟大的贡献。

**【主要参考文献】**

[1] (古罗马)维特鲁威. 建筑十书 [M]. 高履泰译. 北京：中国建筑工业出版社，1986.
[2] 钱学森. 哲学·建筑·民主——我的几点思索 [N]. 文汇报，1996-6-28(8).
[3] 鲍世行，顾孟潮主编. 城市学与山水城市 [M]. 第2版. 北京：中国建筑工业出版社，1996.
[4] 叶耀先. 21世纪的住区建设 [J]. 村镇建设，1996(7)：17～19.
[5] 顾孟潮. 山水城市与生态文明 [J]. 中国软科学，1996(5)：109～110.
[6] 俞吾金. 哲学从方法论研究转向本体论研究 [N]. 文汇报，1996-5-29，“学林”511期.
[7] 海德格尔. 存在与时间 [M]. 陈嘉映等译，上海：三联书店，1987.

[8] 萨特．存在与虚无 [M]．陈宣良等译．上海：三联书店，1987.
[9] 伽达默尔．真理与方法 [M]．王才勇译．沈阳：辽宁人民出版社，1987.
[10] 夏铸九．理论建筑——朝向空间实践的理论构 [J]．“台湾社会研究”丛刊，1992(2).
[11] 赵冰．4！——生活世界史论 [M]．长沙：湖南教育出版社，1989.
[12] 对马克思主义哲学体系建设的一点看法 [N]．人民日报，1987-3-2.
[13] 姚诗煌．重视汲取现代科学的思维成果 [N]．文汇报，1986-2-26.
[14] 赵鑫珊．科学、艺术和哲学的相通处——关于极值原理的思考 [N]．文汇报，1985-11-18.
[15] 胡则刚．应用哲学讨论会综述 [N]．光明日报，1985-5-27.
[16] 吴良镛．广义建筑学 [M]．北京：清华大学出版社，1989.
[17] 尹国均．居家文化 [M]．北京：中国经济出版社，1995.
[18] 王守昌．略论社会哲学 [N]．人民日报，1995-5-3.
[19] 徐韶辉，璐羽，胡风鸣．我国软科学事业的发展与展望 [N]．科技日报，1995-5-22.
[20] (德)卡西尔．人论——人类文化哲学导引 [M]．甘阳译．上海：上海译文出版社，1985.
[21] 中国建筑学会手册编委会．建筑师学术·职业·信息手册 [M]．郑州：河南科学技术出版社，1993.
[22] 顾孟潮．建筑哲学概论(导论篇)——哲学层次的建筑文化理论 [J]．新建筑，1996(2)：3～7.
[23] 顾孟潮．建筑哲学概论(例说篇) [J]．房地信息，1996(4)：15～23.
[24] 顾孟潮．建筑哲学概论(价值篇) [J]．美术观察，1996(7)：48～51.
[25] 齐康．建筑科学学的构想 [J]．大连理工大学学报(建筑专辑)，1988，8(25)：1～6.
[26] 钱学森．关于哲学、建筑科学、学术民主的思考 [N]．科技日报，1996-7-14(2).
[27] 钱学敏．对钱学森提出“建筑科学”的一些思考 [Z]．《城市学与山水城市》再版发行座谈会上的发言．1996-6.
[28] 顾孟潮．迎接建筑文化建设的新高潮 [N]．建筑报，1996-10-22(3).
[29] 钱学敏．钱学森论科学思维与艺术思维 [N]．人民日报，1996-11-6(10).
[30] 顾孟潮．建筑艺术评论中的“不” [J]．装饰，1997(1).
[31] 钱学敏．钱学森建议“建立科学技术业” [N]．人民日报，1995-12-4.
[32] (美)大卫·格里芬编．后现代科学——科学魅力的再现 [M]．北京：中央编译出版社，1996.
[33] 中共中央关于加强社会主义精神建设若干重要问题的决议 [Z]．北京：人民出版社，1996.

# 建筑哲学价值论

# 建筑是人类生态环境的科学和艺术

## 一、建筑与人和环境的关系

从建筑与人和环境组成系统的角度看，建筑有四个基本特征：中介性、同构性、生态性、复杂性系统性。

首先，建筑的本质特征是，在人与环境组成的大系统中，它只是环境的一部分，即建筑在此系统中是中介环境。中介环境的属性决定了建筑的“二重性”(非指哲学意义上的物质属性和精神属性)，即人文社会属性(社会性、经济性、科学性)和物质环境(空间、地理、自然、时间)的属性。因此，如1981年世界建筑师大会《华沙宣言》所宣称的“建筑学是环境的科学和艺术”，并没有能概括建筑的全部内涵，真正的建筑科学要讲建筑的人文属性和社会性。过去人们讲建筑未能把建筑放到人与环境的大系统中来考虑，因此，把问题过分地简单化了。

建筑的第二大特征在于，建筑与人、社会、环境三者的同构性。建筑是“大写的人”“小写的环境”，又是社会的有机组成部分。建筑与人同构，有它的眼、耳、鼻、舌、身，满足相应的人的生命过程、行为、心理的需求；建筑与社会同构成为社会所需要的空间、结构，满足相应的社会生产、生活、文化、交往等过程的需求；建筑与环境(自然)同构，有其空间、时间属性，有其生老病死，参与大环境的全部生态变化过程，其中有着与大环境和人的物质、能量、信息的交流与循环。

建筑的第三大特征在于，建筑具有生态性，它作为中介环境，不仅有上述的“同构关系”，而且有随着人的需求的变化、社会发展、环境变化而同步变化的关系。“人在塑造环境(包括建筑)的同时，环境(包括建筑)也在同步地塑造人。”这种同时、同步的相互塑造，构成了人类文明的历史发展过程。

建筑的第四大特征是，建筑所具有的中介环境属性、同构特征、同步变化的关系，这前三大特征共同决定了建筑的矛盾性、复杂性和重要性，使建筑成为一个高度复杂重要的巨大系统。

鉴于建筑系统的这些特征，我国著名科学界钱学森先生把建筑科学列入他构想的现代科学技术体系之中，作为一个大科学部门放在科学与艺术之间的位置是十分恰当的(图1)，这是钱老对建筑科学的重要贡献。

从表1～表4和图2～图7我们会对建筑作为中介环境的特点有进一步的观察和体验。

从表1可见，人类文明史的各个阶段，人类的社会结构、活动范围、经济形式、能源特征、人地关系等都有不同的特征。这些特征以不同的形式反映到城市与建筑上。

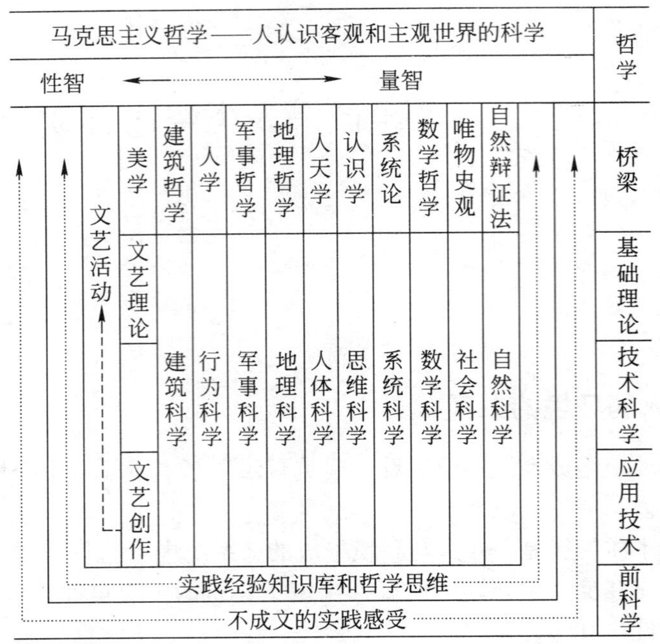


图1　现代科学技术体系框架的构想

注：此图系钱学森1993年7月8日绘，1995年12月8日略作修改，1996年6月4日增补。

资料来源：许国志主编《系统研究》311页，浙江教育出版社，1996年11月。

**人类文明形式的特征**　　**表1**

| | 采猎文明 | 农业文明 | 工业文明 | 后工业文明 |
|---|---|---|---|---|
| 时段(年) | 公元前200万～前1万 | 公元前1万～公元1700 | 1700～今天 | 今天～ |
| 社会结构 | 个体/部落 | 乡村/民族 | 城市/国家 | 宇宙/全球 |
| 活动范围 | 孤立 | 区域 | 洲际/大区 | 全球 |
| 经济形式 | 个体延续 | 自给型 | 商品型 | 持续型 |
| 能源特征 | 火、人力 | 畜力 | 化石燃料 | 信息 |
| 人地关系 | 依附自然 | 靠天吃饭 | 改天换地 | 人地和谐 |

**人与环境关系变迁的相关反应**　　**表2**

| 性能 | 自然人 | 半自然人 | 农业人 | 工业人 | 智慧人 |
|---|---|---|---|---|---|
| 关系 | 依附关系 | 利用关系 | 局部改造关系 | 中心人关系 | 伙伴关系 |
| 状态 | 原生态 | 人的生命圈渐成 | 人造生态 | 人造死态 | 恢复生态 |
| 目标 | 混沌时代 | 图腾时代 | 田园时代 | 追求宏伟 | 追求和谐 |
| 年龄(社会) | 婴儿期 | 幼儿期 | 少年期 | 青年期 | 成人期 |
| 文明 | 野蛮文明 | 游牧文明 | 农业文明 | 工业文明 | 生态文明 |
| 发展 | 求生阶段 | 自然繁殖 | 中速发展 | 高速增长 | 持续发展 |

表2表明，人类建筑本领的提高使人走出动物界，由自然人、农业人、工业人、现在正朝智慧人过渡。从社会年龄来看，正进入成人期，从文明的性质看，应大力发展生态文明。人类(建筑)与环境(自然)的关系，应当是伙伴关系、和谐关系、生态关系、持续发展关系。

**人的生命阶段** **表 3**

| 生命阶段 | 主要设施 | 惯　例 |
|---|---|---|
| 1. 婴儿(依赖期) | 家庭、摇篮、育儿室、花园 | 出生地点、安置在家里……外出靠推车，形成一个地点 |
| 2. 幼儿(自律期) | 小儿车的地点、夫妇领域、孩子领域 | 学走路的地点，专供生活的地点 |
| 3. 儿童(启蒙期) | 游戏空间、放自己东西的地点，邻里，动物 | 第一次进城冒险，找伙伴 |
| 4. 少年(发奋期) | 少年之家、学校，放自己东西的位置、冒险(好奇)游戏、俱乐部、社区 | 青春期的习惯和人(秘密)的出现，对付大人的方式 |
| 5. 青年(一致期) | 小房子、少年社会、宿舍、学校、社区 | 毕业、结婚、工作、建房 |
| 6. 刚成家(亲密期) | 家族、双亲的领域，小工作组、家、学习网络 | 一个孩子的诞生，创造社会的财物、建房 |
| 7. 成人(创造期) | 工作社区、熟悉市政厅、每个人有自己的一个房间 | 专供生活用、聚会、工作变更 |
| 8. 老人(保全期) | 固定的工作、小房子、家庭独立的区域 | 死亡、葬礼、墓址 |

从表 3 可以看到，从婴儿到老年人，人的各个生命阶段的主要设施中，城市与建筑是最重要的内容。

**当代主要全球性问题** **表 4**

<table>
<tr><th colspan="3">全球性问题分组</th><th colspan="3">具　体　问　题</th></tr>
<tr><td>Ⅰ</td><td colspan="2">“社会间的”问题</td><td>1. 防止战争和保持和平；<br>2. 克服落后并保障经济增长</td><td rowspan="2">1. 保障和捍卫基本的(不可剥夺的)人权；<br>2. 科技进步问题</td><td rowspan="5">粮食问题</td></tr>
<tr><td>Ⅱ</td><td colspan="2">“人—社会”系统的问题</td><td>1. 人口问题；<br>2. 教育问题；<br>3. 健康保护问题；<br>4. 当代条件下人的适应问题；<br>5. 不同文化的发展及其相互作用；<br>6. 保障社会稳定以及与各种反社会现象的斗争</td></tr>
<tr><td rowspan="3">Ⅲ</td><td rowspan="3">社会与自然的相互作用问题</td><td>社会与环境的相互关系问题(生态问题)</td><td>1. 环境污染：大气的保护、水域的保护、土壤的保护；<br>2. 保护动物种群，保护植物种群；<br>3. 保护基因库</td><td rowspan="3"></td></tr>
<tr><td>社会对自然界的开发问题</td><td>1. 自然资源；<br>2. 能源问题</td></tr>
<tr><td>自然界的新的全球性客体</td><td>1. 开发宇宙空间；<br>2. 开发世界性海洋</td></tr>
</table>

表 4 中这些问题几乎都与城市和建筑问题相联系，特别是社会与自然的相互作用问题更加突出。

图 2 显示了外部世界对建筑以及建筑对外部世界两大方面多种类、多层次的相互作用。

图 3 显示了建筑创造者与消费者两大方面多种类、多层次的相互作用。

图 4 显示了环境构成内容的丰富和性质上的变化。人造环境近年来发展很快。所谓计划环境和研究环境都即将成为彻底的人造环境，这种前景是忧是喜需要认真研究分析。如一些地方大面积的征用土地，利用率仅为 20%～30%，目前全国闲置的土地多达 100 万亩以上(20 世纪 90 年代的数据)。

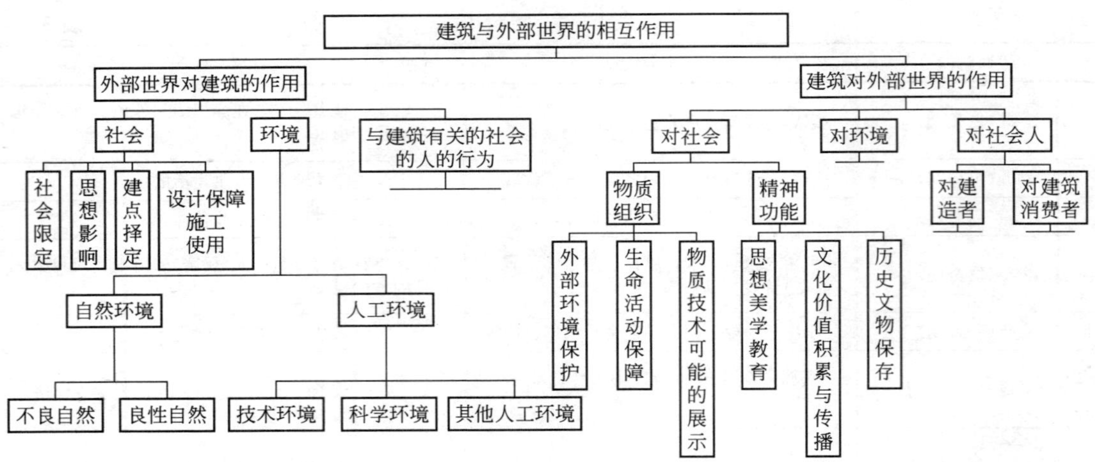


图 2 “建筑与外界相互作用”的建筑理论研究领域的构成模型

资料来源：《居住建筑》（俄文版）1996 年第 9 期，第 17 页

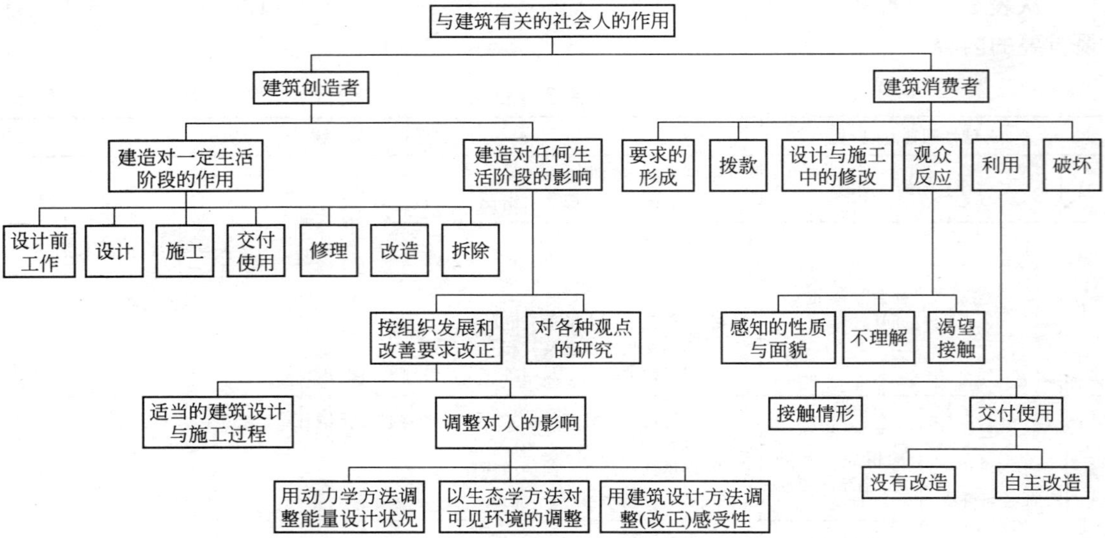

与建筑有关的社会人的作用
建筑创造者
建筑消费者
建造对一定生活阶段的作用
建造对任何生活阶段的影响
要求的形成
拨款
设计与施工中的修改
观众反应
利用
破坏
设计前工作
设计
施工
交付使用
修理
改造
拆除
按组织发展和改善要求改正
对各种观点的研究
感知的性质与面貌
不理解
渴望接触
适当的建筑设计与施工过程
调整对人的影响
接触情形
交付使用
用动力学方法调整能量设计状况
以生态学方法对可见环境的调整
用建筑设计方法调整(改正)感受性
没有改造
自主改造

图 3 与建筑学有关的社会人作用的构成模型

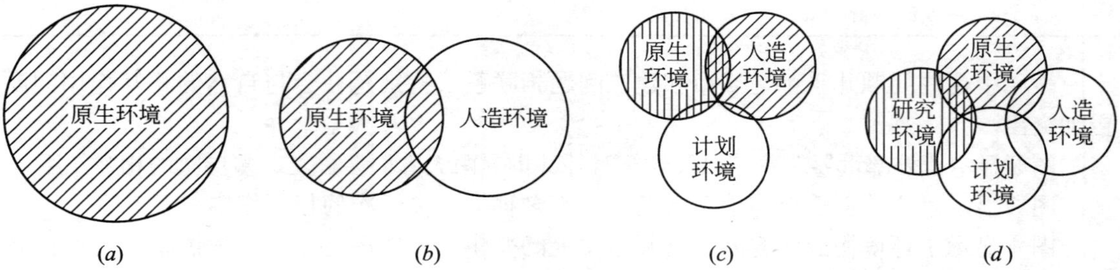

原生环境
(*a*)
原生环境
人造环境
(*b*)
原生环境
人造环境
计划环境
(*c*)
原生环境
研究环境
人造环境
计划环境
(*d*)

图 4 人类居住环境构成变化的四个阶段

(*a*)适应关系（自然界与动物的关系）；(*b*)利用关系（环境与半自然人的关系）；

(*c*)改造关系（环境与工具人的关系）；(*d*)融合关系（环境与智能人的关系）

从人与环境关系变化的四个阶段——适应关系、利用关系、改造关系、融合关系的过程，可以看到，能有今日的整体生态环境意识是付出了巨大的代价的：原生环境在大大减少，人造环境和计划环境是否符合可持续发展原则？都是需要认真研究和试验的。

总之，我们的建筑行为对于人类(建筑)与环境(自然)缺少思考或不思考的情况比比皆是，这已经成为今天人类一切危机的深层根源。在处理人与环境的关系上的错误思路和错误做法常常表现在四个方面：

(1) 把环境客体化、次要化——忘记两者的同构、同步、反馈等关系；

(2) 把环境图景化、空间化——忘记环境的同步变化和不可逆转的后果问题；

(3) 把环境均一化、标准化——忘记环境必须因地制宜，因国家、民族、文脉不同而异；

(4) 把环境问题简单化、原始化、表面化——忘记环境生态本质与人文、高科技内涵。

## 二、建筑学观念的新发展

世界观的转变是根本的转变。哲学的根本目的就在于建立科学的世界观，使人们学会用正确立场、观点、方法来分析问题和解决问题。

建筑哲学之所以重要，首先在于它将帮助人们建立科学的建筑价值观。科学的建筑价值观是建筑学观念的核心。任何一个建筑行为和建筑活动，毫无例外地都将受到它的支配。几千年的建筑历史和当今的现实不断地证明这一点。

(1) *忽视建筑学观念更新是建筑界的顽症。*

回顾建筑学漫长的发展史，令人感到震惊：建筑界特别是建筑师，不知何时患上忽视建筑学观念更新这种顽症——重艺术形式、重流派、重大师、重手法、重视材料……就是不重视建筑本质和内容的价值观念、理论、科学技术等软件建设问题。

新中国成立 60 周年来，至今我国未形成自己的建筑理论，主要靠引用国外理论，或者仅以“适应、经济、在可能的条件下注意美观”这一句话来衡量一个建筑作品的得失。显然，这是远远不能满足复杂多样的实践需要的。因此，各持一端地对建筑作各种解释，谁也说服不了谁。有人把建筑当作巢穴、掩蔽体，当作绘画，当作音乐，当作史书，当作住人的机器，当作空间艺术……而就是不“把建筑当作建筑”来要求，来研究。当然，建筑设计和创作过程中往往也就不能坚持“以人为本”这个核心。

(2) 当代建筑学观念认为，*建筑学是为人类建立生活环境的综合的艺术和科学*(《建筑师的华沙宣言》1981 年国际建协第 1 次建筑师大会通过)。

按华沙宣言的标准，一个建筑作品科学、艺术水平的高低，首先取决于建成环境的艺术质量和科学技术水平的高低。而我们的建筑师常犯的毛病是忘记了建筑创作活动是服务行为，而不是个人可以随意决定的私事。建筑使用者是建筑师的上帝，必须认真倾听和满足建筑使用者的要求。相反地，有些建筑师却极力突出自己的建筑，忘掉建筑的主人和相关的环境。如果走马观花地看这些建筑单体似乎还可以，当认真追究其环境效益、经济效益和社会效益时，便会发现它是很大的败笔。

(3) *21 世纪来临前，建筑学观念有了新发展，即主要表现在城市与建筑的进一步生态化、绿色化、地方化和智能化四个方面。*

首先，城市与建筑的生态化已成为大势所趋。

建筑的生态化趋势是由环境问题引发的。从20世纪50年代起，环境问题对社会的危害日益严重，引起公众的愤慨，形成声势浩大的生态运动，在许多国家出现生态运动组织(有的国家称为“绿党”)。

英国生态党诞生于1967年，1985年更名为绿党。前联邦德国的绿党1980年成立，1993年号称德国第三大政治力量。美国绿党成立于1993年，曾提出“我们不是从父母那里继承了地球，而是从子孙那里借来了这个星球”的著名口号。1983年，日本绿党成立，宣言“确立以自然和人类共生为目的的价值观”和“建设超越人类中心主义的新的地球社会”。到20世纪80年代，在意大利、法国、比利时、丹麦、瑞士、瑞典、芬兰等国先后建立了生态组织，推动生态运动和绿色运动。

反映这一运动趋势的“生态化”一词是前苏联学者开始创用的，俄文为“Экономия”。此前19世纪中叶已有生态学(Ecology)、生态系统(Ecolosystem)、生态圈(Ecosphere)等概念(见欧阳志远：《生态化——第三次产业革命的实质和方向》，第170～171页)。生态建筑、生态城市的研究在此背景下发展加速了。

应当指出，绿色建筑学(生态建筑学)新观念的诞生，是对自然和环境问题反思和觉醒，是对原有建筑学观念的深化和提升，有着开启城市与建筑观念新时代的重要意义。

绿色建筑学(生态建筑学)是新一代建筑学观念，它不仅仅是指某一种建筑类型或某种建筑物与城市。现代建筑科学的发展已经表明，20世纪80年代全世界已进入环境建筑学时代。因为，环境问题说到底就是一个生态问题——正确处理人类在环境中的生存状态和发展方式的问题。因此，生态建筑运动(绿色建筑运动)于20世纪70年代能源危机的背景下几乎成了主流，90年代有了更深入的发展。

1990年，美国建筑师协会成立了专门的环境委员会，1993年举办以“可持续设计”为主题的国际建筑师协会的世界性活动。日本、美国、英国、前苏联等国都出版了“可持续设计”手册，绿色建筑、生态建筑、生态城市等理论专著，使生态建筑学、绿色建筑学观念深入人心，获得广泛的认同，取得了更多的理论和实践成果。这并非像美国《PA》杂志1994年编者按所说的“源于60年代末，当时只是欧美激进青年建筑师对主流建筑文化的一种反动”那么简单(见沈克宁：《绿色建筑运动和可持续设计》，载于《华中建筑》1995年第3期4～8页)它是有着深刻的社会、历史、经济和文化背景的必然现象。

从人的生命阶段(表3)中，我们可以明显地感觉到，建筑的本质是生态的，有多少生态现象相应地就会有多少种建筑类型出现。如居住建筑、教育建筑、交通建筑、生产建筑、体育建筑、医疗修养建筑、宗教建筑、文化娱乐建筑、行政办公建筑、孤儿院、养老院、教养院以及道路、广场、市场、花园、墓地、火葬场等等。每一种建筑都反映着不同的年龄、性别、时期、地域、民族等特有的生态本质。

在工业化时代，人类中心主义占了上风，机械文明与商业文化的畸形发展，铸成错误的环境观念。环境被客体化、工具化、商品化了，似乎可以任意地摆布自然与处理环境问题；把城市与建筑图景化、空间化、形体化，忘记了内容对形式的决定性作用，把不适当的图景、形式和空间、形体强加给人们(如过密的城市、机械的功能分区、超高层建筑等)；用机械论、分析论的观点把环境问题简单化、均匀化、标准化，使人们千篇一律地过着工厂产品在工艺流水线上似的生活。生态建筑学、绿色建筑学观念的提出，正是为了纠正工业时代这些错误的思路和做法，重新把建筑作为人类生活生态系统和自然系统的有机组成部分来对待，同时恢复建筑的人性、社会性、民主性、自然生态属性。

绿色建筑的标准是什么呢?

《绿色建筑——为可持续发展的未来设计》一书的作者伯然德和罗伯特·韦尔提出6条：①节约能源；②建筑与气候（大气、阳光、季节）共同工作；③尽量少的资源消耗；④尊重住户，协商设计；⑤尊重场址，因地制宜；⑥尊重建成环境的整体性。

从《绿色建筑——为可持续发展的未来设计》作者的标准和实例我们可以体会到，所谓“绿色建筑”并非只是一种建筑物的类型，它乃是一种新的建筑学观念、建筑哲学、建筑美学思路和原则，其目的在于调动一切有利于正确处理人（建筑）与环境（自然）关系的原理、手段，解决好人类的城市与建筑的问题。因此，为了真正实现绿色建筑、绿色城市的目的，需要做一系列的扎实的工作，包括从变更设计思路、变更设计建造的科学技术开发管理体制，到采用新的环境质量标准、施工方法的改进等。对此我们必须有充分的思想准备，不要想得太简单了。

## 三、城市与建筑的可持续发展

人类既是他的环境的创造物，又是他的环境的塑造者(《斯德哥尔摩人类环境宣言》)。城市建设者和规划师、建筑师是极为重要的人类环境的塑造者、设计者。他们有着什么样的建筑哲学、环境哲学对人类环境质量的影响十分深远。

可持续发展是全新的经济发展观念和环境建设观念。当人们经历了资源短缺、环境污染和生态破坏之后，重新审视自己的行为，才达到了这一新的认识高度，把走可持续发展道路作为未来长期共同的发展战略。这一总的发展战略对于城市与建筑提出了许多新的更高的要求。

可持续发展的定义和主要的理论内涵是什么呢？按联合国1992年召开的环境与发展会议对可持续发展(Sustainable Development)定义是：“在不损害未来时代满足其发展要求的资源基础的前提下的发展。”其理论内涵主要包括四个方面：

(1) 思想基础方面，要求人们从传统的“人是自然的主人”的价值观取向和工业文明的发展方式转向新的“人是自然成员”的建筑取向和现代文明的发展方式。

(2) 行为准则方面，强调社会经济发展要注意代际平等和代内平等。即既要满足当代人自身要求，又要考虑后代人进一步发展的需求，横向不以损害别人、别地区的发展为代价。

(3) 战略选择方面，坚决实行“控制人口，节约资源和保护环境”的发展战略。

(4) 操作过程方面，表现为“政府控制行为、科学技术能力、社会公众参与”三位一体的系统工程。

其实，所谓可持续发展的理念具体运用到城市与建筑的发展上，在很大的程度上就是要实行城市生态学和建筑生态学的原则，学会以人类生态环境的科学和艺术原理为处理城市和建筑问题的根据。国外就是这样做的。

1993年，继联合国环境与发展大会之后，联合国教科文组织(UNESCO)与国际建筑师协会(UIA)召开了世界建筑师大会，并举办了“号召探求可持续发展的社会方案”的大学生与专业组织的设计竞赛。有50多个国家400多个方案参加竞赛，而且提出“可持续建筑”的概念。

在未来城市与建筑的发展上，什么样的建筑才是“可持续建筑”呢？我国学者夏云、夏葵认为，即可持续建筑有利于综合用能；多能转换；立体用地；自然空调；立体绿化；生态平衡；弘扬文脉；素质培养；持续发展；卫生、安全。这样，在将来，就可能做到有效发挥其正确的功能(物质的、精神的)作用。

在夏云和夏葵的论文中还回顾了建筑所走过的“传统建筑——太阳能建筑、节能建筑——节能、节地建筑——生态建筑——可持续建筑”这一过程。说明人们对文脉的认识落后于“危机”意识。是在多种危机威胁到全球发展之后才探讨可持续建筑。希望今后我们应当少一点“尾随性”回顾，多一点“预见性”(超前性)思考。我想，这恰恰也是笔者所希望的属于建筑哲学层面的思考。

**【主要参考文献】**

[1] 顾孟潮. 21世纪是生态建筑学时代［J］. 中国自然科学基金，1988(1).

[2] (美)克里斯托弗·亚历山大. 建筑模式语言［M］. 王听度，周序鸿译. 北京：中国建筑工业出版社，1989.

[3] (苏)杨尼斯基. 城市生态学(俄文版)［M］. 莫斯科，1987.

[4] 夏云，夏葵. 生态建筑与建筑的持续发展［J］. 建筑学报，1995(6).

[5] 钟晓青.“绿色建筑”体系的若干理论问题探讨［J］. 建筑学报，1996(2).

[6] (埃及)莫斯塔法·卡·托尔巴. 论持续发展—约束和机会［M］. 朱跃强等译. 北京：中国环境科学出版社，1990.

[7] 李敏. 从田园城市到大地园林化［J］. 建筑学报，1995(6)：10～14.

[8] Vision 2000：Trends Shaping Architectures Future［C］. May 1988 The American Institute of Architects Washington.

[9] Future Cities and Information Technology，Eskil Block Tibor Hottry，The Swedish Institute for Building Research(1988)

[10] Brenda and Robert Wale. Green Architecture：Design for a Sustainable Future［M］. 1996.

[11] 沈克宁. 绿色建筑运动和“可持续设计”［J］. 华中建筑，1995(3)4～8.

[12] 欧阳志远. 生态化——第三次产业革命的实质与方向［M］. 北京：中国人民大学出版社，1994.

[13] 鲍世行，顾孟潮主编. 城市学与山水城市［M］. 北京：中国建筑工业出版社，1996.

[14] 叶文虎. 创建可持续发展的新文明——理论的思考［M］//可持续发展之路. 北京：北京大学出版社，1994：10～14.

[15] 段炼. 可持续发展的历史透视［M］//可持续发展之路. 北京：北京大学出版社，1994：38～43.

[16] 鲍世行，顾孟潮主编. 山水城市与建筑科学［M］. 北京：中国建筑工业出版社，1999.

[17] 鲍世行，顾孟潮，涂元季主编. 宏观建筑与微观建筑［M］. 杭州：杭州出版社，2001.

[18] 鲍世行，顾孟潮编著. 钱学森建筑科学思想探微［M］. 北京：中国建筑工业出版社，2009.

[19] 刘先觉等. 生态建筑学［M］. 北京：中国建筑工业出版社，2009.

# 建筑哲学方法论

# 城市与建筑空间环境设计创造的思维特点与思维类型

知识是力量，智慧是超级力量，智慧比知识、手法和流派、风格更重要。我认为凡是从事创造性思维实践的人必须对此有清醒的认识。

知识本身不是客观的而是主观的；适应总是被包藏在一个特定的参照系之中，又总是相对的和开放的，需要重新阐释。正如荷兰社会学家桑德博格和韦林格所言：知识在使用过程中不断地进化……核心知识(我理解即智慧)具有流动性。因此，当代国际管理界有句名言：智力比知识更重要。诚如著名的日本企业家松下幸之助所强调的：更重要的是具有将知识作为人类谋幸福的工具来使用的智慧。

## 一、思维过程的三个环节

本篇是我以“信息·思维·创造”为题撰写的第二篇论文。第一篇是发表在《新建筑》1994 年第 4 期上的《信息·思维·创造——空间环境设计的智慧从哪里来?》。该文对人类的智慧这类核心信息的生理基础、心理基础、运行机制作了概略的分析和论述。它只能算是“建筑设计创作思维学”的开篇之作。本篇力求沿此主题继续深入探讨。

这里之所以再次重复《信息·思维·创造》这个题目，是因为信息、思维和创造并非互不关联的三个词。它们三者本身是组成思维方式、思维过程的三个环节的表达——人们从外界获取信息，通过思维加工，创造出新的信息产品来。

第一篇论文的主标题定为“空间环境设计的智慧从哪里来?”故意使人马上联想到“人的正确思想从哪里来?”以加强题目的认识论和哲学意味。目前我国设计和教育实践中对设计智慧和哲学有轻视或无视的倾向，很值得引起有关各方面的重视。

钱学森作为大科学家非常重视哲学研究。

钱学森博士 1994 年 11 月 4 日给我的信中曾问：“我们高等学校的建筑专业有这门建筑哲学课吗?”因为没有调查，我没有回答钱老的这个问题，但感到这个问题确实很重要，值得我们从事建筑学高等教育的同志参考。

在 1994 年 3 月 1 日来信中钱老讲：“您在信中谈了信息体系，很好。我在这几年一直宣传现代科学技术的体系，与您不谋而合！我的想法见附上钱学敏同志文，请指教。”(钱学敏题为《科技革命与社会革命——学习钱学森有关思想的心得》一文，现已收入鲍世行、顾孟潮主编的《城市学与山水城市》一书 208～226 页)钱老所说的“信息体系”即指我所构建信息塔模型(图 1)，它是促成我动手写此题开篇论文的核心和基础。按照钱学森的大科学框架(图 2)，他把信息学和思维学是放在基础科学层次的。本文将研究的内容实质上是“建筑设计创作思维学”的课题，属于设计基础理论、方法论范畴，具有建筑哲学性质。自我国20世纪20年代开始有建筑学专业以来，至今无论在教育或设计实践上，对于建筑哲学的学习和研究是我们十分薄弱的环节，亟须加强。

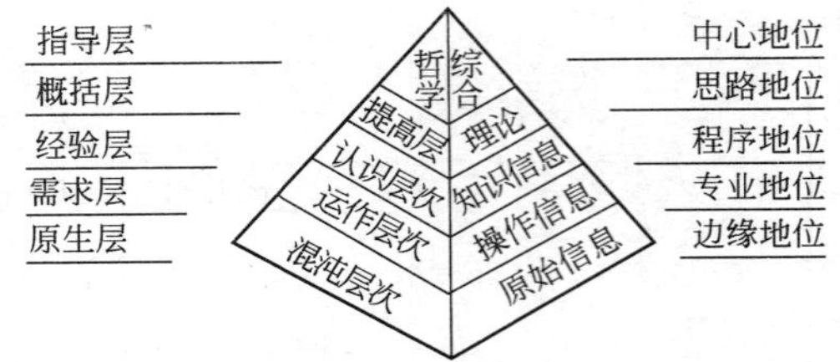


图1　信息塔（信息的分类、属性与层次）

（资料来源：顾孟潮：《中国建筑师与21世纪》）

## 二、空间环境设计创造的思维特点

为什么要研究建筑设计创作思维学？我考虑起码是由以下几方面决定的：

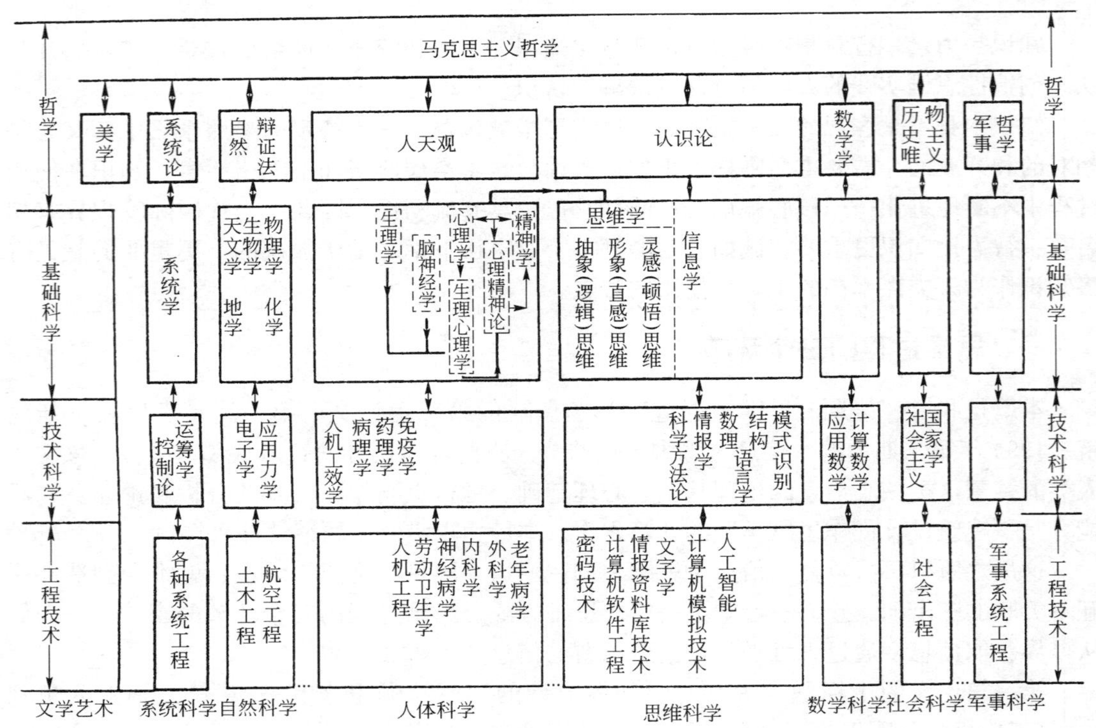


图2　钱学森展示的大科学框架示意图

（资料来源：钱学森：《科学的艺术与艺术的科学》第30页）

### 1. 建筑设计创作的特点所决定

大家知道，建筑设计创作过程中，思维最活跃、最艰苦、最复杂的是构思立意阶段，其目的是，把设计任务书的要求变成空间形体、空间布局、环境设计，从无到有地创造出理想的环境空间，同时又要满足规划设计的多方面约束条件。这种思维的特点是：

（1）要采用创造性思维方法；

（2）将形象思维和抽象思维方式结合使用；

（3）进行限定思维，在约束条件下展开思维；

（4）用感情的（激发或抑制）直觉思维；

（5）多导向综合生成的思维（受理论、风格、流派及各种价值观、审美观念的影响）。

据我观察和分析，我们对这些思维类型和方法的了解和把握与实际需要差距很大，这是目前设计水平提不高并缺乏创造性的重要原因之一。

**2. 发展中国建筑文化的需要**

最近(1995 年 7 月 26 日)叶如棠理事长再次强调发展中国建筑文化的问题。他说:“大规模建设的时候,如果我们不及时送去建筑文化,恐怕给后人的遗憾和损失就大了。”“重视文化内涵是建筑创作中迫切需要解决的问题,既有现实意义,又有长远意义。”“冷静、客观地分析一下我国建筑创作的情况,应当说也不是很理想的。一个现象是国内举办的国际性方案竞赛,其结果得奖的几乎都不是国内设计单位;第二个现象,我们连续几届评选优秀设计,评建筑设计金奖很难。评上的也难以拿出去和国外优秀作品相比。”

**3. 面向 21 世纪的高等院校建筑教育培养目标需要**

我认为,高等学校特别是重点大学,其优势应当体现在“四性”和“四出”上,即:基础理论、规律和方向的权威性,创新思路、方法上的启发性,高新科学技术、知识、手法上的引导性,新老智慧型人才的骨干性。简而言之,大学要出新理论、新思路、新科技、新人才,最终培养出更多智慧型倒 T 形人才来,而不是像中等专业学校主要培养操作型人才。

**4. 因为思路比手法更重要**

按格式塔的图底理论(形象思维理论、视觉思维理论)说法:思路是“底”,手法是“图”;环境、城市是“底”,建筑物、细部是“图”。我们不能只在“图”上下功夫而不重视“底”的建设。只有底建设好了,才能摆正方向,提高思维的效率,把握好图底关系,正确处理“图”的问题。

**5. 亟须吸收国内外思维学研究的丰富成果**

近年来,国内外有关思维学研究的成果十分丰富,包括对信息学、脑科学、心理学、认识论、人工智能等的研究都取得引人瞩目的成果。国内在著名科学家钱学森倡导下开展了思维科学研究,1984 年召开相应会议之后也取得重大进展。

显然,空间环境设计创造的思维特点的具体来源和决定因素是空间文化的性质和特点,这可以从空间结构中空间文化形式动态过程图中体现出来(图 3)。我们拟设计创造的空间环境结构形式和内容,将与社会结构发生如图 3 所示的关系。总的讲,社会结构(包括经济、政治、文化)与空间结构之间是异质同构关系。再细作分析:

(1) 由于冲突的社会过程之动力而发生的社会变迁,空间结构有滞后的特点,在达到和形成“同构”之前,有一个“磨合”阶段。

(2) 由于历史变迁中的历史矛盾的运动和不同的生产方式将导致空间结构的不断“更新”。

(3) 历史意义乃是空间的文化形式的所指,体现在都市结构中之结构性任务,空间、冲突、空间——论述之实践(制度化了的空间游戏规则)。

(4) 空间——意识形态实践和都市结构中的意识形态元素冲突的表现,是空间的“能指”方面。

(5) 空间功能指的是空间生产、消费与交换角色,以及空间组织、流动、利用、冲突协调的运作关系。

由此可见,空间环境的设计创造性思维,决不局限于一幢建筑物或一组建筑群上,而是涉及整个城市乃至整个社会结构历史变迁,社会变迁和历史意义、空间功能的极其复杂的思维活动,大大超过建筑设计创作的思维特点。

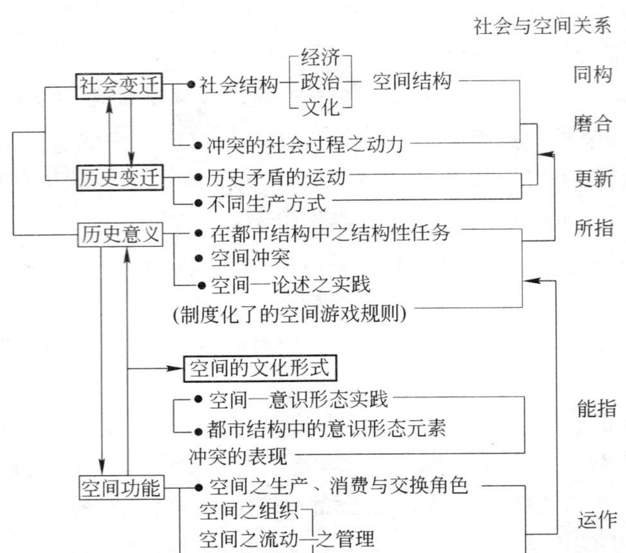


图 3　空间结构中之空间文化形式动态过程图

(资料来源：(台湾)夏铸九：《理论建筑》，第 241 页)

※该图右侧的“社会与空间关系”即同构、磨合、更新、所指、能指、运作为笔者所加(非原图有)。

## 三、创造性思维的类型与系统

从现代信息学的意义上说，思维方式是主体怎样从外界获取信息、加工信息，从而形成新的信息的途径和方法。

所谓思维的类型，是按照思维方式、方向、对象、创造性、过程的区别所作的分类。分类的目的是认识各种思维类型的特点、性质和不足，以便正确地对待和运用相应的思维方式。

**1. 创造性思维的基本分类**

钱学森 20 世纪 80 年代初提出的思维科学及其体系中，将研究人类有意识思维规律的科学称为思维学。又总的把思维方式分为抽象(逻辑)思维、形象(直感)思维和灵感(顿悟)思维三大类。

潘云鹤教授对于常见的思维方式作了如下的归纳(见《建筑师学术·职业·信息手册》382～383 页)分类：

(1) 按照思维的方向分：可划分为发散性思维和收敛性思维。前者是从一个目标出发，沿不同途径去思考，以探求多种答案与方法；后者则为寻求一个正确答案的思维方法。

(2) 按照思维处理对象的方式分：可分为抽象思维和形象思维。前者以抽象信息为处理对象；后者以形象信息为处理对象。

(3) 按照思维的创造性分：可划分为常规思维和创造性思维。前者以习惯方式来处理信息；后者则以新颖的方式来处理信息。

(4) 按照思维的过程分：可划分为直觉思维与逻辑思维。前者指未经有意识的过程，突然顿悟答案的思维；后者指遵循一定逻辑规则，严密而系统的思维。

我认为，这里需要强调的是：钱学森把思维分为抽象(逻辑)思维、形象(直感)思维和灵感(顿悟)思维三类，这种划分方法是基本的，有其大脑物质基础。据脑科学的研究，人的大脑由三个主要部分组成——思维脑、情感脑、反射脑。它们分别以有意识的语言进行思维，或以释放化学语言激素的方式进行工作，而反射脑是与大脑紧密相连的基底神经，起控制人的本能的作用。大脑的这三个部分与三种基本思维方式相对应，有其分工和特点，但又相互配合协调一体的进行工作。形象思维、抽象思维和灵感思维三者常常是同时进行工作的，只是某一种思维方式更突出一些(图 4)。千万不可以认为某一种思维方式可以孤立地达到某个思维目标。比如，发散性思维也好，收敛性思维也好，其思维过程之中既有抽象思维、形象思维，也有灵感思维，绝不是某一种思维发生作用的结果。因此，所谓创造性思维的类型其基本分类仍然是抽象思维、形象思维、灵感思维这三大类。

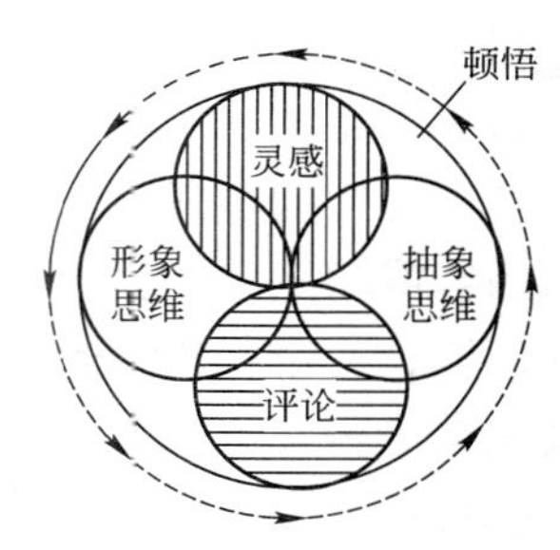

图 4　创作单元结构示意图
(资料来源：顾孟潮：《信息·思维·创造——空间环境设计的智慧从哪里来?》)

在此创作单元结构示意图中的“评论”构成的重要作用非常明显：评论起着明确思维的阶段性成果，提升思维水平，改进思维方式、方法的作用。

**2. 创造性思维的三大系统**

从现代信息学的角度分析，思维现象有三个基本因素：思维主体(大脑)、思维对象和材料(信息)以及信息载体。目前有些文章，常常就思维论思维，变成对思维方式、过程的罗列，结果是只见树木不见森林，更不见系统，甚至因此而导致不能够科学地、实事求是地对各种思维方式的优缺点作出正确的评价。

如最近有一件事很有趣。《科技日报》每周日的彩色版文化周刊，很受读者欢迎。在第一版有个名为“玉渊潭夜话”的专栏，常常抓住社会热点、难点，时有名家高论出现，很有可读性。但有时也难免因追求“可读性”而出现牺牲了或损害了“科学性”的情况，这显然与《科技日报》开设此栏的初衷不符。1996 年 9 月 17 日、24 日，著名作家毕淑敏以“本月特邀主持人”身份，连续写了两篇“玉渊潭夜话”用意在强调文字书刊抽象思维的可贵、可爱，借以贬斥电视图像思维的跛足、残暴和可悲。文章写得很漂亮，很有感染力，前一篇题为“书的彩翼和电视的跛足”，后一篇题为“书的扉页里树在哭泣”，有兴趣的朋友可以找来一读。

文中的主要观点是抬高抽象思维而贬低形象思维。毕淑敏认为“看电视不可以代替看书”，对语言是一种抽象的观点和描述，我是同意的，并很欣赏其文章语言的魅力。然而，唯其如此，我就更担心文中某些不科学的观点会变成更多读者的观点，故在此作点讨论。

我大致地统计了一下，她的两篇文章加在一起可以说声讨了电视(形象思维)的八大罪状，即：①电视挤占了书的领地，使“书的领地越来越小”；②电视像一条巨蚕，吞噬了我们的每一个夜晚和星期天的白昼；③看电视只是跛足地蹒跚，看书是乘着彩翼的飞翔；④电视就是暴君，只要打开旋钮，就沦陷于它的指掌；⑤电视剥夺了我们想象的权利，把万众一心的模式塞给我们；⑥电视的简化实际是一种思维的桎梏与退步；⑦电视戕害了文字和语言这个母体；⑧电视离真正的知识越来越远。如果诚如此文所说，当然人们会认同电视是“一种思维的桎梏与退步”的结论。然而，事实恰恰相反，如果按毕淑敏的逻辑似乎“文学可以代替电视”，这大概不仅是我(大概是任何一个电视观众)无论如何也不能接受的观点。目前我们的电视节目固然仍存在许多不足之处，但作为一种思维方式它是进步、是补充，是应当与文学同时存在并且发展的。

正如人们所能看到和体验到的，从信息学和思维学的角度看，当今的时代是对话时代、图像时代、音响时代，当然也仍然是文字的时代。语言音响符号系统、文字符号系统、图像语言系统，这是三大信息载体系统，也是三大信息思维加工系统和三大传播系统。创造性思维的展开同样要借助这三大系统。它们是一个家族的三兄弟，应当促使它们同心协力，或相互转化、相互支持，共同地为我们文化的发展作出贡献。绝不可以厚此薄彼，而应取长补短，科学地评价每一种思维方式和每一种传播系统。我隐隐地感到，毕淑敏两篇文章是否文学的角度过重了一些，因而感情的东西多了些，而理性的东西少了些。因此，我想强调作为科技人员尤其应重视科学性和可读性并重，而不应让一个代替或有损于另一个。而且要可读性、可视性、可听性、可感性并重。

**3. 创造性思维类型举要**

(1) 纵向思维——把信息当成信息使用，按部就班前进，选择最好最有希望的途径，即以选择信息为目的的思维。

(2) 横向思维——不把信息当成信息使用，而是当成一种启发，以求重新构建模式，向陈腐模式挑战，以解放被禁锢的信息。目的在选择思路。

(3) 侧向思维——创造性思维的主要形式之一。指对待问题不仅从正面去研究，而且要从侧面去接触和进攻，转化问题的“条件”和“结果”，进行非同寻常的思考，从侧面寻求解决问题的捷径。

(4) 辨义思维——对信息中包含的意义的辨识和提取，简称辨义。辨义能力是悟性和智慧的重要衡量标尺和具体内容，隐含着发现和创新的可能。

(5) 弥漫思维——在承认具体事物的边界前提下又不承认它，即主张无边界同时运用逻辑或非逻辑思维。

(6) 振荡思维——从零层次向上向下大幅度穿越层次的思考。一会儿居高临下掌握全局，一会儿又向下深沉，精细深入求索，既有归纳，又有演绎。

(7) 限定思维——进行“被论”的思考。存在实质上是“被存在”，任何一个具体事物能够存在，绝不是独自孤立存在而不受外界条件、环境制约与限定。故要思考“被存在”。

(8) 间隙思维——要想游刃有余，必须寻找自由空间，进行寻找可开发间隙的思维。

(9) 向站思维——关于方向、起止点和中间站点选择的思维。

(10) 二我思维——关于“理智我”、“情绪我”、“今我”、“明我”，“我”与“非我”的思维。

(11) 金三极思维——郎加明创造的原极思维、对极思维、合极思维(或极链思维)的创新思维方法。

(12) 形状语言思维——斯坦尼教授提出，潘云鹤教授发展成形象的结构模型、形象思维的输入输出模型及形象思维的不对称模型。

类似的思维类型还可以举出一些，它们的共同点是指导人们选择思维角度、切入点、过程、目标，有着可以借鉴和启发的意义。不再停留在从哪里来的层次上，而有着更进步的思维方法，怎么想，借助什么想，如何趋近创新思维成果的意义。

## 四、打破现状的思维

《打破现状的思维》是一本关于思维革新的专著。该书英文版 1990 年出版后即受到世界的注目，1994 年再版，并已翻译成日、朝鲜、丹麦等语言，仅英文版就在全世界发行了 15 万册。该书的两位作者是具有东西方两大文化背景的国际著名学者——美国南加利福尼亚大学教授纳德拉(O. Nadler)和日本东京大学教授日比野省三。作者提出以七项原则为基础的思维方式，称为“打破现状的思维”。该书通过对大量社会的、产业的、经营管理的、教育的以及医疗、城市开发等众多方面的实例分析，总结了统治人类 400 年之久的笛卡尔思维方式弊端，指出当今人类社会正处在思维范式(Paradigm)变更的时代。此书已由中国科技信息所陈颖健、马淑彦翻译成中文，自 1995 年 3 月 2 日开始在《科技日报》上连载。

我认为，“打破现状的思维”可以看成“创造性思维”的同义语。其特点都是教人们如何面对新情况、适应新形势、发现新问题，从多层次、多方面去看问题、提出问题和解决问题的。打破现状的思维(Breakthrough Thinking)范式，不是只论述和应用某一种思维方式，不是三大基本思维(抽象、形象、灵感思维)的分别运用，也不同于逆向、纵向、侧向思维等思维方式只论及某一个思维角度。它是综合的、整体的、多层次、多角度、无限度开放的思维方式。因此极为有学习和借鉴价值。这也是该思维理论能风行欧美、日、韩等的原因。作为“打破现状的思维”这种新的思维方式理论基础的七条原则为：①独特性原则；②展开目的原则；③追求“应有状态”原则；④系统思维原则；⑤收集必要信息的原则；⑥参与、介入原则；⑦继续变革的原则。

以下我对七条原则的要点作一点提示。

(1) 独特性原则——指“所有的问题具有独特性”。因此，在解决实际问题时，应该努力寻求适用于每个问题的“独特的解决策略”。这与笛卡尔的寻求问题普遍解的方法有本质的不同。人们在解决问题时经常犯的错误是，把某一个问题与另一个问题看作是相同的。为贯彻独特性原则，必须首先“设定场所”，即解决问题对象的空间、时间、主角的问题。

(2) 展开目的原则——目的是一个多义词，适用于很多场合，可以是“效用”、“意图”、“任务”、“目标”等的同义语。“展开目的”原则的中心概念是，某一问题中最初的目的只不过是起因，仔细深入地考虑下去，更多的目的会一个接一个地出现。因此需要展开目的和目的展开图(Purpose Array)。

如，彭一刚教授在构思甲午海战馆设计方案时，实际上便采用了展开目的法。他说，建筑师在方案构思中应当千方百计地捕捉各项目的功能性质特点，并力求把它从建筑的这一个族类中分类出来……如甲午海战馆属纪念性建筑，下一个层次属战争纪念馆，再下一个层次属海战纪念馆，再下一个层次属发生于 1894～1895 年在中国黄海和威海卫附近海域内，由中日为敌对方所打的一场海战的纪念馆，这场海战由于中国的惨败而丧权辱国，因而激起国人的义愤。甲午海战馆的方案构思便是循着这一轨迹而刻意捕捉项目的功能性质特点的(详见《建筑学报》1995 年第 11 期)。

(3) 追求“应有状态”原则——近似于追求“理想状态”。即，在进行变更或设立的体系中，以将要处理问题的解决方案为基础。认为每一个成功的新产品或体系都不是最终的成果，只是朝下一步发展迈出的一步。该原则能够将人的思维提高到一个超过现有水平的新高度，设计创造是以理论、定律、原理、公设为基础，从假说开始的(图 5)。

图 5 科学知识形成过程示意图
(资料来源：[苏] Π·A·拉契科夫著《科学学——问题·结构·基本原理》)

(4) 系统思维原则——世上存在的几乎所有的东西都可以看作是系统。系统思维指要考虑所面对的某个系统“所有的因素”。因此，在处理一个系统时，首先需要将系统的基本要素列举出来，然后再将影响这些基本要素的因素列出来，从而明确每个要素应有的形式和结构，包括它们的基本层次，价值观、标准、管理、关联和将来这六个层次的情况。

(5) 收集必要信息的原则——指在面对问题时，集中收集那些对利用打破现状思维的其他原则有用的和相关的信息。给现存的信息赋予意义。而不要在收集不必要的信息上花费更多的注意力和时间。只有抓住必要信息这个重点，才能提高思维的效率。

(6) 参与、介入原则——指不断给予和变化有关的(如设计变更、施工变更等)或受变化影响的人们参加管理或调整系统以及预防或解决问题的机会。须强调，词语“参与”与“参加”的含义是完全不同的。“参加”和“出席”是同义词，而“参与”则要求参与者必须发表意见，对制定解决方案作出贡献；而且，要求参与成员应理解打破现状思维的原则。

(7) 继续变更的原则——思维开放的原则即不断贯彻打破现状的原则，继续变更已经取得的成果并且进一步提高它。

**【主要参考文献】**

[1] 钱学森. 科学的艺术与艺术的科学 [M]. 北京：人民文学出版社，1994.

[2] 中国建筑学会编. 建筑师学术·职业·信息手册 [M]. 郑州：河南科学技术出版社，1993.

[3] [美] 刘易斯·芒福德. 城市发展史——起源、演变和前景 [M]. 倪文彦，宋俊岭译. 北京：中国建筑工业出版社，1989.

[4] [英] 帕瑞克·纽金斯. 世界建筑艺术史 [M]. 顾孟潮，张百平译. 合肥：安徽科技出版社，1994.

[5] (美)克里斯托弗·亚历山大等. 建筑模式语言(城镇、建筑、构造) [M]. 王听度，周序鸿译. 北京：中国建筑工业出版社，1989.

# 系统理论与建筑设计创新

从学科的性质看，建筑学几乎是一门无所不包的交叉学科，它随着世界半个多世纪科学技术专业化与综合化的发展趋势，在学科的深度和广度两方面都大大地前进了。

建筑学已经不仅仅局限于“盖房子”这样一个极其原始的概念。

据20世纪80年代的统计，我国已有的交叉科学研究组织，包括学会、研究会已超过20个，几乎每一个交叉性学科组织都直接或间接与建筑学发生关系。当时是一百几十个专业性学会，其中和建筑学发生联系的很多。

建筑学会的内涵也在发展，那时就有22个专业学术委员会。

这一切都说明，建筑学科不断发展的事实要求我们观念更新，建立新的建筑学观念，即系统建筑观，从整体上认识建筑学这个开放的复杂巨系统。既要树立宏观的大建筑观念，又要建立微观建筑学观念，以及建立中观的建筑学观念。不能再把建筑师的任务局限于设计一栋或几幢房屋外壳的狭小范围。

## 一、建筑师历史责任的加重

建筑师面临的新问题的性质也说明这个问题。在新的科技革命的条件下，建筑师多方面的综合的历史责任更加重大，工作范围更加宽广。

我们必须从思想上学会科学的方法论，以便从整体上对建筑学有全面系统的认识。正如国际建筑师协会第十五届大会引导报告所分析指出的(见《建筑学报》1985年第5期)，全世界对于“为人类开放空间”的需求上，无论在空间上、时间上、强度上、决策人上、质量上都有着迅速的变化。具体些讲：

(1) 在空间上，传统做法上把注意力仅放在所设计的建筑物本身，20世纪初设计人员开始致力于城市规划问题，1/4世纪以来，所有现代国家不得不把全部国土作为一个整体来考虑。因此在世界范围内对建筑师的梳理和质量要求有大幅度的增长。现在(指1985年)世界上平均每10万人有17～18个建筑师，美国20世纪70年代约380个，一些先进地区达到500个，而我国每10万人仅有2.2人，与实际的需要差距甚远。

(2) 在时间上，世界乡村在缓步前进，但所建的房屋往往可供几个世纪应用。城市发展要快得多，而由于新陈代谢是一个过程，难免有过渡性质，当前城市发展越来越快，中国的村镇建设中，农民住宅有着盲目畸形的发展，将会带来严重的后遗症。城市发展远远赶不上2000年将有1亿以上农民人口进入城镇的需求。

(3) 在强度上，全世界必须在不到半个世纪内(40年)完成相当于20世纪初全世界存在的全部住房面积，而质量上还要更好。这种庞大的需求又有85%属于那些无法胜任的贫困国家。我国城市住宅到2000年只能在平均4.5m²的水平上翻一番，设备上的指标还难明确。

(4) 在决策者的性质上，为本身需要而建设的出资人正在逐渐减少，除了国家投资外，由合作社或合作团体甚至金融机构取代了建设者。因此，传统上自建住宅的住户之间的直接更新被减少分化了，而地方合作机构正在形成。

(5) 在市场需求的质量管理方面有明显的下降趋势：

① 传统环境中的“显赫的建筑”转向为了全体的住房和建设，适用、经济，并由一个总揽全局的管理机构所规划。

② 从乡村的、祖传的，并由个人加以保护和改进的住房，转向由集体投资供出租的城市住房，这种住房的租赁权被看作是一种社会权力：使用者放弃了传统的作为归宿的老家，而乐于作为一个分隔空间的临时无名住户。

③ 从决策者与设计者之间的个人关系，转向选举出来的管理机构和施加压力的团体之间的权力之争，而这是在设计者所能干预的房屋之外的。

④ 从乡土的到法定的，由自发的到标准的，从直观的到“空间尺度”(社会住房的标准、评价因素)，从永久的到临时的，从个人的积极性到集体的不担负责任。

总之，建筑徒有数量上的快速增长而在质量上的这种非人性化的和非个人化的趋势的发展正是城市与建筑千篇一律的基本原因。

## 二、建筑设计创新实践的起点

近年来，经常可以听到来自各方面对于国内建筑创作现状的不满，所谓“千篇一律”、“刮风”、“火柴盒”等等的批评声音很高，埋怨的论调也不少，甚至有些悲观。认为，我国建筑界，在未来的50年内，与国外先进国家的差距不但不会缩小，还可能拉大，意思是我们永远赶不上。我认为这是只看到一种可能性(确实存在这种可能性)，而这种观点没有看到我们的有利条件，没有看到正确的出发点。

无论是纵向地历史地看问题，还是横向地和国外比较，我国建筑界的形势非常好。主要表现在六个方面：

(1) 大家(从领导、技术人员，到广大群众)普遍意识到有关体制、法制、思想方法、设计管理水平、建筑材料、设备供应等许多方面都存在问题，认识到建筑创作上迫切需要改革、提高、创新。

(2) 主观上不仅有改革创新的愿望，而且有坚持不断的努力。一大批建筑设计事务所的出现，中国现代创作研究小组自发的成立，并得到支持和发展就是个可喜的成果。

(3) 中央实行改革开放政策以来，各方面思想、技术、学术水平提高很快，已经出现了一批优秀设计，得到建筑界、社会的公认。有的建筑设计还得到国际赞誉。

(4) 对建筑学作为交叉学科的性质的认识有所提高，对与建筑学有关的边缘学科的新理论、新学科的研究已经起步，并取得可喜的成果。如刘开济先生关于符号学的研究，李敏泉、侯幼彬关于系统建筑观的研究，项秉仁、孙少凯关于语义学的研究、信息论在建筑中运用的研究，以及众多学者关于后现代主义建筑的研究等都有开拓的意义。

(5) 积极参加现代设计法研究的人更多，还成立了中国现代设计法研究会，在名誉会长芮杏文的主编下，中国建筑工业出版社已出版的第一批现代设计法丛书是重要成果。

(6) 对国外建筑理论、设计作品介绍数量和质量都有提高。这方面《世界建筑》、《新建筑》、《建筑师》、《建筑学报》等期刊杂志，还有历次出访、进修的专家、学者、建筑师们，都作出了自己的贡献。

站在改革开放、创新、起飞的新起点上，什么是我们的当务之急呢？我认为：

首先，在大目标上统一思想，明确我们存在的问题和差距，明确我们的优势和应当采取的对策，并且大造舆论，进行建筑文化的科普宣传，使得正确的思想成为广大领导和群众的思想，从而付诸行动。

为了前进必须有先进的理论。特别是要把一些最重要的理论概念搞清楚。如对建筑学、建筑师的社会的、历史的、职业的作用和地位应当清楚，让社会对此有符合实际的认识和支持。应当使社会承认下列客观规律：

(1) 建筑业是国民经济的支柱，在我国是朝阳产业；

(2) 建筑产品是社会产品和历史文化的凝聚，应当得到各方面的关注和协力支持；

(3) 建筑设计(含城市规划、城市设计)是建筑产品的灵魂；

(4) 建筑师应当在建筑设计中起主导作用；

(5) 中青年是建筑设计、创作的主力；

(6) 需要建立包括城市设计、城市规划、国土整治的大建筑概念，还需要树立室内设计、绿色建筑、生态建筑、节能建筑学、农村住宅、农业生产建筑等更加专门化的建筑概念。

另外，对于实践中不断创新的、反映发展趋势的情况和问题要特别关心和研究，理论联系实际才能找到创新的起点。如可以作为起点的问题有：

(1) 城市改革的进展情况和产生的问题与需要；

(2) 城乡城市化水平和发展趋势；

(3) 每年 7～8 亿 $m^2$ 建设速度的现状与前景；

(4) 新的建筑类型正在大量出现，需要我们研究创造；

(5) 如何改变规划设计中没有建筑师参与或有建筑师起不到应有作用的问题等。

## 三、空间——建筑设计创新的重点

讲空间是建筑设计创新的重点是因为：

空间是建筑的“主角”。“建筑的历史主要是空间的历史。”“建筑的价值等于空间的价值，其他的因素都从属于空间。”(见［意］布鲁诺·赛维《建筑空间论》，中国建筑工业出版社，1985 年 3 月，第 9、18、30 页)建筑界的朋友比较熟悉赛维的这些著名论断。但是，为什么一谈起建筑创作或者强调创新之时往往偏离了“空间”这个重点呢?

许多人在会议发言或者文章中往往长篇大论的是体制、风格、建筑形式、传统、手法、技巧……却很少谈建筑空间体系的原因，我认为是，我们缺乏系统的观念、层次的观念，未能从整体上，从本质上认识和掌握建筑所特有的复杂的空间系统。而赛维做到了这一点。

赛维的《建筑空间论》分析了历史上和当今社会对建筑的解释，包括政治方面的解释，哲学和宗教方面的解释，科学方面的解释，经济方面的解释，唯物论方面的解释，技术、生理、心理方面的解释和形式方面的解释等。他在分析了几个方面的解释后，得出的结论是：“空间方面的解释与其他方面的解释并非对立的，因为它们所作用的级别是不同的。它是一种超级解释，或者，你也可以说它是一种根本的解释。”“建筑的社会内容，心理的作用和形式的效果都体现为空间形式。要解释空间，必然意味着要笼括一座建筑物的所有实际存在的东西。”

我们在讨论建筑问题时，常常还没有达到赛维的空间标准，没有达到这个综合的超级的、本质的层次。有的人强调法制、体制原因(政治、社会原因。有的人强调机构、材料、技术原因)，有的人强调经济原因……各说各的，没有归结到空间这个理论焦点上，结果必然显不出理论的作用，找不出解决问题的办法来，只有消极等待的一种态度。

空间是一个内涵十分丰富的综合概念，我们的思想如果综合不起来，就束缚了我们的思想，空间上就很难有所创新。

以住宅为例，多年来国内建筑界很流行论点，认为：住宅花钱不多，面积不大，施工水平又低，搞不出什么名堂。所以轻视它，这导致多年住宅设计的千篇一律，不问住什么人、建在什么区域都用带小方厅的单元住宅这一种空间形式。后来引进了 SAR 住宅体系，住宅设计上才有了比较大的突破。该体系的特点在于从整体上分析住宅的结构，将其分为支撑体和可分体两部分。支撑体部分由建筑师设计，可分体部分由住户自己发挥创造性。SAR 体系的“系列设计法”设计的是“种子”，是细胞，而不是“一朵花”，一个完整的住宅。这种方法，对两部分采取不同的技术对策，吸收不同的技术资金，调动了国家、集体、个人三方面的积极性，发挥了工业化和手工作业两方面的优势，使住宅产品更工业化，更社会化，空间上也更加多样化。SAR 体系的实践对我们的最大启发是，设计创新要有科学方法论的指导，对建筑对象要有整体的、系统的、多层次的认识，设计才会有大的突破。

## 四、建筑—人—环境是一个大系统

理论是人类历史的接力棒，又是人类文化史上进步的阶梯。一个明智的创作者不应该在现有的阶梯下面犹疑徘徊!

首先，要站到以赛维为代表的《建筑空间论》这个台阶上来。同时应当看到赛维《建筑空间论》的局限性——他所说的空间仅仅指建筑物的内部空间是不够全面的，需要再提高一步，站到“建筑—人—环境”这个台阶上来。按照 1981 年召开的十四届国际建筑师大会《华沙宣言》精神，建筑师应当担负起人类环境形成过程中的历史责任。

《华沙宣言》对建筑本质的认识是建筑理论上的一个里程碑。“宣言”所说的环境，既包括微观环境(指单体建筑、居住区、村庄)，也包括宏观环境(指城镇、区域和国家)。建筑既然是环境的科学和艺术，就要把赛维的建筑空间概念加以扩大，成为“大空间”概念，让它能包括微观环境和宏观环境这两大部分。在这个大系统中，人是环境的中心，建筑只是总环境中人造环境的一部分。有必要树立建筑环境是个复杂的大系统观念。

国内外大量实例表明，“环境第一”的思想是非常重要的思想。许多成功的城市规划和建筑设计都因为有这个主导思想，更好地处理了环境整体和全局的问题，建筑单体和局部也随之丰富多彩起来。

## 五、系统理论在文艺界的运用

近年来，我国一些文艺界工作者开始探索把系统论、信息论和控制论的方法用于文艺和美学的研究。如，用系统论方法分析鲁迅小说《阿Q正传》中的阿Q形象，解决了一些过去没有说清楚的关于阿Q性格中的各种矛盾现象(《文艺研究》1985年第3期)。

运用有机整体观念代替机械整体观念，用多向多维联系的思想代替静态分析，既把握了阿Q性格的整体及整体内部各个性格因素的联系和结构层次，又说明了阿Q性格自身规定性和社会大系统及其在不同时空和不同读者之间的紧密关系与不同的功能，认识到构成阿Q性格的多种元素及多侧面的表现。

还有人运用系统论方法，将艺术作品的创作构成、欣赏构成及其社会作用综合联系起来，让人们清楚地看出三者密切不可分的关系，以解决创作动机与效果不统一的问题(图1)。

将信息论运用于文艺和美学研究的人，把诗人、诗作、读者三个方面综合起来，看成是诗歌的一个完整信息系统，说明三者互相联系、互相促进的紧密关系。持这一观点的人认为，作为信息源的诗人，他不仅能够在一定条件下产生大量信息，而且能够通过特殊的信息通道——诗作，将信息输给信息接受者。诗作是信息的储存器。诗人进行创作的过程，正是信息输出的过程。作为信息接受者的读者对诗歌信息的接受包括两个方面：同化和调节。同化即将诗歌的信息有选择地纳入原有的认识结构中进行改变、消化和吸收。调节是指修订已有的认识结构来适合环境的要求。图1中可以看到这三部分。

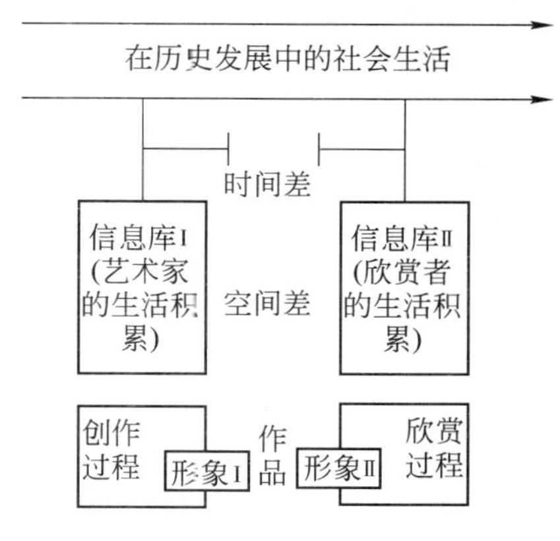

图1　创作过程与欣赏过程的信息通道示意图

我国舞蹈界、音乐界和戏剧界都已经开始运用控制论方法对演员的形体和发音进行训练。

在文艺理论界，有人运用控制论方法说明作家、艺术家的创作过程。社会生活中的人和事向作家提供了各种信息，这些信息进入作家的头脑，经过反馈形成了作品的主题，孕育了艺术形象。艺术形象一经在头脑中初步孕育出来，便有按照它自己的思想逻辑、性格逻辑向作家提供出艺术形象应如何创造，情节将向何处发展的信息来。这时，作家在头脑中又作出反馈，改变原来的构思，以朝着有利于艺术形象的完善和深化作品的主题的方向控制自己的创作过程。作家、艺术家在进一步修改、加工作品的过程中也有类似的过程。

总之，文艺界运用系统论已开始取得值得注意的成果和经验。出现如文学评论家刘再复指出的几个新趋势：

(1)“由外到内”的趋势——由着重研究同上层建筑、经济基础之间关系这些外部规律，到研究作家的审美方式、审美心理；

(2)“由一到多”的趋势——不仅仅用认识论、阶段论来解释分析一部作品，而是多元标准；

(3)从封闭式走向开放式——吸收自然科学的新理论、西方美学理论；

(4)从作家作品的微观研究发展到宏观研究；

(5)从客体研究走向对主体的研究——以人为出发点。

## 六、系统理论的基本内容及其意义

系统论、信息论和控制论(统称系统理论)是20世纪40年代先后形成的科学方法论。它们是当代人类认识史上的里程碑，是人类科学成就达到的前所未有的高度。任何想在科学和艺术上有所发现、有所发明、有所创造、有所前进的有识之士，都应当以系统理论为立足点、着眼点。掌握系统理论的程度是检验我们观念现代化水平的试金石。

目前，我国各界人士，包括一部分建筑师、建筑专家已开始重视系统理论的研究和运用。而国外建筑界起步更早一些，并已取得可喜的成果，如建筑符号论、语义学、后现代建筑流派的理论，以及有机建筑、共生建筑、灰空间、人体工程学、环境心理学、信息论美学等，都是运用系统理论的观点看待建筑、看待美学问题所取得的进展。

系统论的核心思想，就是把任何对象当作一个系统对待。它看到系统中“元素”和“元素”间的关联，并且从整体的角度来协调好这种关联，使系统在我们所要求的某种性能指标上达到最优状态。系统论的基本观点有三个方面：系统观点、开放观点、等级观点。

具体讲：

(1) 系统观点认为，客观存在的一切事物，都是自成系统的，又互成系统。所谓系统，就是由相互依存和相互作用的部分构成具有一定功能的有机整体。该系统中包括自然系统、人工系统、复合系统和概念系统。

(2) 开放的观点认为，有机体之所以能有组织地处于活动状态并保持其活的生命运动，是由于系统与环境不断地进行物质与能量的交换。并称这种能与环境进行物质与能量交换的系统为开放系统。

(3) 等级观点就是层次观点，即认为各种有机体都按照严格的等级组织起来。不同层次上的要素具有不同功能，同一层次的事物形态尽管各异，但都具有类似的结构和功能。系统的等级性和层次性正是结构等级和功能等级统一的反映。

信息论认为，信息是物质的普遍属性，任何物质都载有信息，也发出信息，信息性是客观世界物质性、能量性之外的第三属性。“广义的信息是指物质世界的普遍的相互作用。我们把与人有关的相互作用亦称作信息，其中又分自然信息与文化信息两种。前者指人与外界(包括其他人)直接的相互作用，后者则指人们利用语言、文字、符号、图像等对前者的变换。”(载于《光明日报》1985年4月8日，黎明：《信息与社会》)鉴于信息的普遍存在，控制论创始人维纳称信息是“人类社会的粘合剂”。

信息的流程——对于人来说，实际就是认识、思维、观念、实践的流程，即由人对外部信息的感觉到知觉的理解，而又选择运用信息的全过程。因此，信息自始至终是依赖人脑存在与流动的。信息在流程中表现为不同的层次(基本上是四个层次，参见拙文“解读建筑理论”中信息塔图)。

信息作为物质或精神的资源有原料(可用)、知识(用的方法与起的作用)、智慧(理论、解决规律、原理、技巧问题)、灵感(融会贯通、顿悟)不同的作用。即信息有矿砂、纯金、点金术、炼金术四类和四个不同的层次。

作为原料的原始信息是并列的，是死的东西；作为知识信息是组合起来的有深有浅之分的系统的东西；智慧或理论信息则是有生命的，抓住本质的，有普遍性意义的东西；灵感是通向实践的桥梁。

特别应当提到，面对同一存在事物有时不同的人会得到不同层次、不同范围的信息，正是由于他们选择、认识信息的能力不同。信息的吸收和反馈是因人而异的。所谓“仁者见仁，智者见智”，“外行看热闹，内行看门道”正是此理。

控制论这门学科的形成，以 1984 年美国数学家维纳出版的专著《控制论》为标志。当时，他称控制论是关于动物和机器中控制和通信的科学。从控制论的观点看动物、人体是复杂的控制系统，社会是更为复杂的控制系统。可以更概括地说控制论是研究复杂系统控制规律的科学。它与研究物质运动、能量转换的传统科学不同，他着重研究系统的信息与控制过程，借以改善系统的行为，并使系统稳定工作。控制系统的稳定性，常常是利用信息反馈来实现的。通过以上对各论的简单介绍，可以看到，系统理论从系统、信息、反馈的角度，把整个认识过程、思维活动看作一个信息反馈系统，为人们研究认识活动提供了新的模式和试验工具，使人们能对认识过程、思维活动有更深刻更具体的了解，从而在我们所从事的工作领域有新的开拓和突破。

## 七、建立现代建筑设计创新的概念

关于建立现代建筑设计创新的概念是个很复杂的问题，但是以系统论为指导，我们对什么是“现代建筑设计的创新”和“如何创新”这两个方面的问题都会有更深入的认识。

这里只能提出一些要点(即建立几个观念的问题)作为进一步研究的起点。

**1. 建筑设计创新是在“建筑—人—环境”这个大系统中的创新**

一切创新都是以人为中心，以空间环境(软件)为重点，建筑物是物质产品(硬件)又是环境(软件)的一部分，建筑物要构成对内向人开放，对外向环境开放的子系统，最后才形成完美的大系统。因此必须树立这个大系统概念。图 2 是日本夏普公司计划开发新产品的基本概念示意图，可供我们参考，它对建筑产品基本上适用。

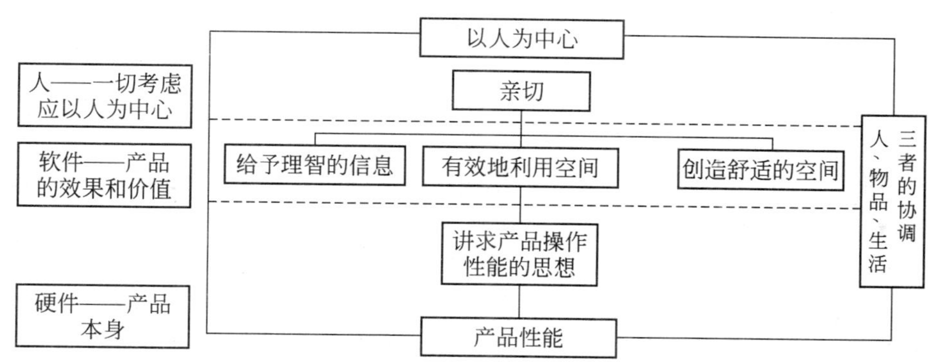


图 2　日本夏普公司计划开发新产品的基本概念示意图

**2. 建立多维(或四维)的建筑空间概念**

不但要有三维的空间概念，更要有时间概念，所以是四维以上的空间概念。在科学技术、社会发展一日千里的今天，三维空间的概念已不能适应发展的需要，不久前，惠力先生提出“闲暇时间”与“第三空间”的问题(见《文汇报》1985 年 5 月 11 日)。

惠力先生强调时间和空间的结合，他把工作单位和家庭分别称为“第一空间”和“第二空间”，把除此以外的社会诸种场合都称为“第三空间”。

社会学家把工作和家庭余下的时间称为“闲暇时间”。“闲暇时间”与“第三空间”相结合构成了人们丰富的社会生活。

人们生活中的“第三空间”是多种多样的。有求知型的(各类业余学校、图书馆、阅览室、学术性会堂、咨询中心等)、服务型的(饭店、商店、澡堂、理发店、洗染店、公交车辆等)、游憩型的(公园、马路、画廊、绿化地带等)等。

现代文明社会，随着生产力的发展，近百年来，人们的闲暇时间增加了 2～3 倍，相应要求第三空间更加多样化、多量化。满足人们这方面的要求是建筑师责无旁贷的历史责任。

必须看到，时间因素已经影响到建筑的各个方面(适用、经济、美观、节能等)，并且贯穿于设计、施工、交付使用的全过程(见《光明日报》1984 年 8 月 10 日拙文《时间与建筑设计》)。

建筑师和大众共同创造了不少利用“时间差”的“节能型”建筑，如多功能厅、多用家具、二部制学校、昼夜商店、灵活车间、通用实验室、活动房屋等，往往是建一个顶两个、三个使用。

**3. 空间不是空的，它是充满“三流”——物质流、能量流、信息流的动态系统**

建筑空间中的物质流是首要的和基本的。因为，任何建筑必定是由建筑结构、材料、人流、物流、车流和成套设备等组成的。另一种是能量流——光、电、热、声、太阳能、生物能等。第三种“流”是信息流。建筑不仅包括视觉信息，还有听觉、触觉、嗅觉、体感、行为和心理感觉信息等问题。因此，建筑师的任务绝不限于处理空间组合，必须提高建筑师处理“三流”的本领。

**4. 必须用系统理论的观点研究掌握建筑设计创作的全过程**

设计创作者既要有具体建筑物设计手法、技巧等微观的构想，也要有中观和宏观层次的构思。如齐康教授所举的“六条构思途径”(《建筑学报》1985 年 7 期)。

前面我曾提到 SAR 住宅体系的构思好，但实际也只是处于起步阶段，深入的研究和掌握是很不够的。我国在产业规划、区域规划、国土整治等这类宏观构思上的差距就更大了。在我国城市化发展迅速的今天这方面的任务尤其显得重要和迫切。由于我们缺乏整体上对城乡协调发展的全面安排，局部发展得越快，造成的后遗症越严重，往往造成“建设性的破坏”，这是特别值得反思和总结的教训。

**5. 需要在系统理论指导下揭开创作的奥秘，找到繁荣建筑创作的门径**

采用“信息交合方法”是设计新颖产品的一种好方法(见《科学咨询报》1985 年 1 月 8 日白益进：《怎样构思新产品》)。通过交合法可以促成新产品的诞生，如设计杯子时，可以让杯子的功能和数学交合——加刻度成量杯，可以和温度交合——在杯子上加温度计，还可以制成“时辰杯”、“24 节气杯”、“生辰杯”等。

如前所说，建筑作为信息载体所承载的信息具有多样性(视、听、触、嗅、体感等多种信息)，因此，采用信息交合法创新是设计创新的方便途径。中国传统园林艺术这种方法用得十分普遍也很高明巧妙，绝不是目前那些滥用所谓后现代符号、语汇，用壁画，加雕塑，贴标签的做法可以相比拟的。

对于建筑设计创作实践的结构和过程，如果我们用信息论的观点看，就比较容易理解。我把设计创作的行为从微观的单位结构到广义的创作概念和过程，划分成这样的四个环节——形象思维、抽象思维、评论和灵感，目的是出现顿悟，完成构思，开始设计创作。微观上我把它称作创作的单元(图 3)。

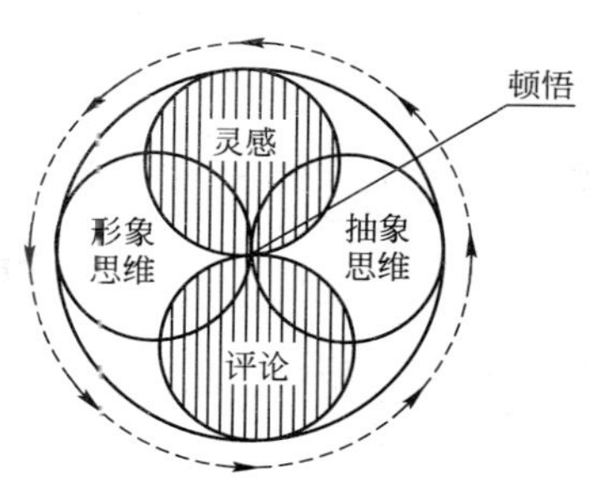

图 3　创作单元结构示意图

设计创作实践从性质上分两类：一类是重复性实践的信息(标准图、通用图，可重复使用的习惯做法中体现适用、经济的成熟技术)；另一类是创造性实践的信息，即产生的新信息，属于创新部分。

设计实践的结构包括三个部分：物质因素(基础因素)、精神因素(起主导作用的因素)、管理因素(实施关键的控制因素)。

(1) 物质因素(基础因素)——感性活动、物质活动、人的行为等客观因素，包括规划要求、领导意图、环境条件、人的需要、材料资金、技术、设备等客观条件，为明确这些设计依据和要求，需进行认真的调查和可行性研究。

(2) 精神因素(起主导作用的因素)——指主观性因素。指经常被强调的设计创作构思，关于设计目的、规模、方式、效果等的构思。这是设计创作中起主导作用的、起核心作用的最活跃的部分。好的构思是无价之宝，错误的构思是失败的种子。

(3) 管理因素(实施关键的控制因素)——这是主观和客观的结合，使理想目标物化为现实的关键，是对目标物化的控制过程。

# 建筑学观念的变迁

什么是建筑？什么是建筑学？这是多年来困扰当代学术界、建筑设计工作者的问题。英语 architecture(中文常译作建筑、建筑学和建筑艺术等)一词来自拉丁语 architectura，可理解为关于建筑物的技术和艺术的系统知识，即我们所称的建筑学。

然而，上述认识远远没有解决建筑的本质问题。首先，汉语“建筑”一词，既表示营造活动，又表示这种活动的成果——建筑物，也是某个时期、某种风格建筑物及其所体现的技术和艺术的总称，如隋唐建筑、文艺复兴建筑、哥特式建筑等。再者，有关建筑学的观念和知识，随着人类对主客观世界认识的深化，在历史发展进程中，其内涵和外延都在不断地拓展和变化。

任何一种建筑行为和活动，毫无疑问地，都受着某种观念的支配，如果观念不对，则后患无穷。遗憾的是，多年来我们已经在承受着这种苦果——只知道“盖房子”，不懂得如何科学地构成城市和乡村整体的可见结构，以适应当代城市化、现代化的进程，结果房子盖得越多，反而为进一步城市化造成了新的困难，因而不得不痛心地拆掉经我们这一代人双手新建成不久的房子，不得不对已经投入巨大资金、人力和物力的城市进行大兴土木的重建和改造。为此，本文就当代建筑学观念形成与发展的概况及国内的有关情况，作一扼要介绍。

## 一、当代建筑学观念的形成与发展

要考查当代建筑学观念的形成与发展，首先得把它还原到世界范围的框架——相应的历史长河和广阔的社会变更的总背景之中，才能看得更清楚、更准确。由于世界性的城市化、信息化和科学技术革命滚滚向前的总趋势，建筑学观念也在不断更新。

最为耸人听闻的是两个“死亡”：后现代建筑的代表人物宣布，现代主义建筑已于1972年7月15日下午3时32分在密苏里州的圣路易斯城死亡，言之凿凿；新精神的鼓吹者也不甘落后，随之不久宣布，后现代主义已经死亡了。虽说这类说法不免夸张，但它起码表明了观念更新的周期不断缩短和加速。现代主义领导新潮流40年，后现代主义仅10多年，解构主义20世纪70年代传到美国，1988年在纽约现代艺术馆举办轰动一时的“解构建筑展”，表明解构主义正式取代了后现代主义，成为一种“新”建筑设计潮流。未过几年，英国《建筑设计》杂志将建筑发展的新趋势定义为“多元主义”。按詹克斯《今日建筑》一书的分类，20世纪60年代兴起至今还在发展的建筑艺术形式的风格流派主要有历史主义、纯净的复兴主义、新方言派、城市主义、隐喻主义、后现代空间派等六个流派。就建筑艺术形式而言，上述种种流派分别追求雕塑式、极端明确式、第二代机器美学式、20世纪复兴式、晚期现代派空间等。

就建筑的价值观而言，整个建筑学观念的发展史，从有文字记载的6000年前到目前为止，约经历了五个阶段(也可谓五种建筑观或五个里程碑)：

**1. 实用建筑学阶段**

自原始人类的建筑产生以来，最初主要是把建筑当作遮风避雨，防止野兽侵袭的生存手段。把这种观念理论化的代表人物是公元前1世纪的罗马建筑师维特鲁威，他所著的《建筑十书》首次提出了“坚固、实用、美观”的建筑三原则，以安全实用为出发点，而且有了美观的要求。该书为建筑学的发展奠定了理论基石，有些经验和技术原理至今仍有参考价值。

**2. 艺术建筑学阶段**

这是把建筑奉为“艺术之母”和“凝固的音乐”的阶段。以14～15世纪兴起的意大利文艺复兴运动为代表，反对神权，要求人权，追求自由和现实幸福的人文主义思潮，大大推动了建筑学观念的发展。特别是数学、哲学、透视学的发展，一批水平高超的画家、雕塑家、建筑师的出现，其中著名的文艺复兴三杰——达·芬奇、米开朗琪罗、拉斐尔的贡献，使建筑的文化艺术造诣达到空前的高度，从而涌现出《论建筑》、《建筑四书》、《五种柱式规范》等许多理论和技术著作。1655年创立的巴黎艺术学院，直接在艺术院校培养建筑师，造就了至今仍有影响的培养建筑师的学院派传统，使建筑师十分重视建筑艺术形式的追求，对哥特式、古典主义、巴洛克建筑、洛可可风格的出现和发展有着不可磨灭的贡献。艺术建筑学观念促进了对建筑的文化特别是审美要求的提高，但又在极大的程度上把这种要求夸大到不适当的地步，从而阻碍了建筑学的全面发展，表现出历史保守主义的美学观念。

**3. 机器建筑学阶段**

机器建筑学阶段又称功能建筑学阶段。该阶段以法国建筑师勒·柯布西耶发表《走向新建筑》一书并译成英文版(1922年)为标志。这种建筑观鼓吹采取工业化方法，组织大规模住宅建设，以解决第一次世界大战后所面临的严重“房荒”问题，同时强调重视住宅的居住功能和对城市的理性主义规划，从而把建筑学观念转移到现代科学技术和经济发展的坚实基础上来，提出全新的审美标准，使其与社会生产、生活要求更紧密地结合起来，正视并推动建筑学关注社会现实问题以及城市未来发展的研究。然而，历史同样表明，现代主义建筑学观念，在其作出巨大历史贡献的同时，它将建筑只当成纯功利性工具的理论和实践有着严重的缺欠，导致人们片面地、机械地处理城市规划和建筑设计中的许多问题，如机械的城市功能分区论、建筑设计中的功能决定形式、形式追随功能等理论的绝对化教训很深。

**4. 空间建筑学阶段**

这种建筑学观念认为，空间是建筑的主角，从空间组合、变化、构成的角度来品评建筑。意大利建筑师布鲁诺·赛维是这种建筑观的代表人物，其代表著作是1957年出版的《空间建筑论》。这种观念认为，空间是建筑的本质，空间、空间的联系以及空间相互的作用，都是建筑体验的真正目的，并指出“空间是建筑最困难的方面，但却是建筑的本质，是建筑必须要求自己达到的最终目标”。这里确实指出了作为建筑的一个本质特征，然而毕竟不够全面，因此很快便受到来自各方面的非难。批评者认为，空间并非是我们感兴趣的全部内容，它不能说明所鉴赏的建筑中的所有问题(更不要说使用建筑中所遇到的多方面问题)。例如，圣保罗教堂被塑造成的“空间”非常宏伟，而我们仍然能获得光与影、装饰、质感和线脚等精致和吸引人的效果。光线、装饰、雕塑、门、窗等都应当是研究的“空间”语言和要素。显然，空间建筑学观念，把建筑的内涵和任务过于简单化了，但这种观念毕竟是向环境建筑学观念逼近了一步。

**5. 环境建筑学阶段**

这是现时代的建筑学观念。1981 年国际建筑师协会第 14 次代表大会发出的建筑师《华沙宣言》指出，建筑是“环境的艺术和科学”。至此，建筑学观念又完成了一次革命。

1933 年由勒·柯布西耶亲手起草的《雅典宪章》，曾对世界建筑学观念的转变产生了导向性的影响，当时把城市的活动概括为居住、工作、游憩、交通四大方面，并认为居住是城市的第一位的活动，提出严格的功能分区理论，建立单一的卧区。住宅按照“住人机器”的理论，用工业化方法大批生产，经过 20～30 年的实践后，人们才意识到：他们固然获得了“居住的机器”，但失去了更多的东西，自身被摆放到传送带上，像产品一样被城市和建筑所愚弄。而且，城市环境、自然环境、历史文物受到空前严重的破坏和污染，环境质量不断恶化。

1981 年的《华沙宣言》重新界定了建筑学的观念，高屋建瓴地指出：“建筑学是为人类建立生活环境的综合艺术和科学。建筑师的责任是要把已有的和新建的、自然的和人造的因素结合起来，并通过设计符合人类尺度的空间，来提高城市面貌的质量。建筑师应保护和发展社会的遗产，为社会创造新的形式，并保护文化发展的连续性。”建筑学的内涵和外延在此宣言中都得到空前的扩大和加深，建筑学观念开始进入一个新纪元。从此，建筑学观念沿着《华沙宣言》所指出的方向继续深化和发展。例如，1987 年建筑师大会发出的《布赖顿宣言》主题是“建设明日世界”，重点研究怎样解决世界性的住宅问题、城市新生问题；1990 年 18 次国际建筑师大会的主题是“走向制定建筑国策”(促进各国建筑上的科学决策)，开始考虑更大环境范围的立法问题。建筑学观念的高度和视野是空前的高远和宽广。

## 二、中国建筑学观念的现状与未来

当今中国建筑学观念处于上述 5 个阶段中的哪个阶段呢？从空间上讲，全国各地持前三种观念的人居绝大多数，持第三、五两种建筑观念的人属于正在补课阶段，尚不成熟。从时间上讲，1976 年以前，前两种建筑观居主导地位，第四种是近 10 来年才发展起来的。自 20 世纪 50 年代提出的“适用、经济、在可能条件下注意美观”的说法是前三种建筑学观念的典型表述。历史地看，继续用这样一个不够全面、不够深刻和严密的提法来指导我们的城市规划、建设与建筑设计是远远不够的，亟须加速我国建筑学观念的更新，生成能指导中国特色城市建设与建筑的理论。

新中国建立以来，中国建筑界从观念、理论、建设实践各个方面，都取得了长足的进步。有些重点项目的规划、建设、设计已达到或接近国际先进水平(如亚运会建筑)。但是，大量的为数众多的中小工程的建筑设计成绩平平，技术上也未见大的突破和发展。而国外建筑界，近半个世纪来，从观念、理论、技术、风格、流派等许多方面，都发展得十分迅速。特别是 20 世纪后 50 年，建筑学先后跨越了空间建筑学观念，进入到环境建筑学观念阶段，更加注重整个建筑环境、城市环境的整体设计，改善人类居住环境的质量，并且大量采用新技术、新工艺、新材料，创造不少新的建筑类型、新的城市规划与建筑设计理论、设计方法等，有不少值得我们借鉴之处。

# 建筑信息论

# 建构科学的信息金字塔

科学技术的加速发展，使当今知识信息呈现爆炸现象，使现在的人们无时无刻不处于信息海洋之中。

在浩瀚的信息海洋之中，怎样学会信息游泳术，建立科学的信息系统观念，形成科学的信息对策，走出信息的误区，这些是笔者经常思考的问题。

在思考中，笔者试画了一个信息系统示意图，对信息系统中不同种类信息之间的上下传承与互动关系，作了定层次、定属性的分析，比较简明直观。笔者称这幅信息系统示意图为信息金字塔。

在信息金字塔中，笔者将信息分为五类，即：原始信息、操作信息、知识信息、理论信息和综合信息(图 1)。

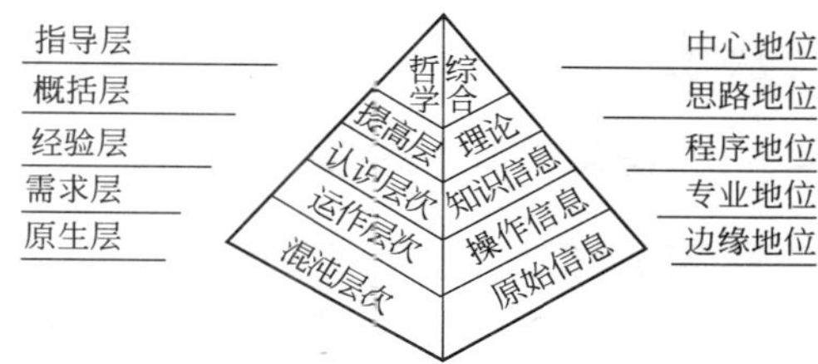


图 1 信息金字塔

这五类信息依次解决的是“有什么”、“怎么做”、“是什么”、“为什么”，以及“价值、效果如何”的问题，简称“5W”，关于这个问题，笔者简要说明如下：

(1) 原始信息(混沌层次)——此类信息解决“有什么”的问题。它是对客观情况、实例、动态、统计数字等现象进行描述的信息。此类信息有可资参考的成分，但其本身属于“矿砂”式的混沌层次，在使用此类信息时需沙里淘金。

原始信息属于前科学范畴，其特点是原始性、杂乱性、待加工整理。

(2) 操作信息(运作层次)——此类信息解决“怎么做”的问题。包括规章、制度、操作工艺、经验、作法、模式等等，也带有一些知识性信息的性质，它的优势是能最快地形成直接生产力。这类信息尤其应该重视它的实用价值。值得重视的是，由于有些人对此类信息只知其然而不知其所以然，因此在运用时容易造成重大失误。为满足社会“饥不择食”的实用需求，目前广播、电视、报刊、书籍等信息载体中有充斥这类信息的现象。

操作信息属于准科学范畴，具有经验性、程序性和可操作性，但常常有局限性和盲目性。

(3) 知识信息(认知层次)——此类信息解决“是什么”的问题。它是系统化了的组合起来的信息，是经过专门的加工提炼而成的系统化的知识，可以直接用来提高人们的修养、素质和操作能力。需要指出的是，这里所说的系统化，绝大多数是指已有的学科的基础理论知识，所以此类信息多为专门知识(如金融学知识、房地产学知识、建筑学知识等等)。目前不断有新学科、新知识涌现出来，值得注意的是，由于有些学科尚未建立或刚刚建立，这类知识往往不够系统和不够完整。

知识信息属科学知识范畴，有它的系统性、明晰性，易于学习和普及。

(4) 理论信息(提高层次)——此类信息解决“为什么”的问题。是指那些把基本原理和基本规律系统化、理论化的新观念、新概念。该类信息中有些信息可称为“点金术”，常常能起到“点石成金”的作用，使事物发生质的变化。如钱学森同志近年倡导的建设山水城市的科学构想，便属此类信息。

理论信息属于科学理论范畴，有高度的概括性和规律性，有广泛的适用性和指导性，但有时比较抽象，难于把握。

(5) 综合信息(哲学层次)——此类信息解决“向何处去”的问题。它是统观全局、总结历史经验的信息(包括对发展水平和趋势、战略和战术的分析与价值、效果判断等)。其中一些重要的信息甚至具有历史文献价值。如 2003 年 3 月 12 日，世界卫生组织(WHO)第一次向全球发出的非典防疫警报，便属于综合性信息，由于对非典防疫警报这一综合性信息重视程度不同，导致世界各国非典防疫后果迥异。一些会议的主题报告，一些综合性调查等也属于此类信息。

综合信息属于哲学层次，有其综合性、全局性和深刻性，具有战略性指导意义。

综上所述，可以看出，信息金字塔从信息整体和分类上，从定位和定性上，显示了信息是一个什么样的系统，说明了人们与信息系统的认知关系。

从信息论的意义上讲，信息金字塔在信息认知、信息理论和信息运用上，具有它的价值。

## 一、信息金字塔的认知价值

现今的人们承受着巨大的信息压力。如前面所谈到的，信息已经成为经济建设的战略资源；信息技术已经成为现代化社会的生产力、竞争力和经济成功的关键；信息产业已经成为经济发展中的主导产业、支柱产业。

另一方面，人们在承受巨大的信息压力的同时，还存在着巨大的信息需求，信息金字塔的产生，正是对此做出的反应。世界正在向信息化社会、知识经济社会快速前进。信息和知识必将成为一切有形资源中最宝贵的要素。今天的人们，渴望学习科学的信息观念、学习信息游泳术(信息对策学)，渴望对信息有相应的理论知识，学会选择、吸收、提炼、转化有关信息，创造新的信息。

## 二、信息金字塔的信息理论价值

为形象说明信息金字塔的理论价值，我在下文引用了信息球、信息螺旋、信息单元三个示意图。

信息球是依据赵红洲先生关于科学知识结构的描述绘制成的，它与信息金字塔在信息的分类和壳层划分上是异语同构的(图 2)。

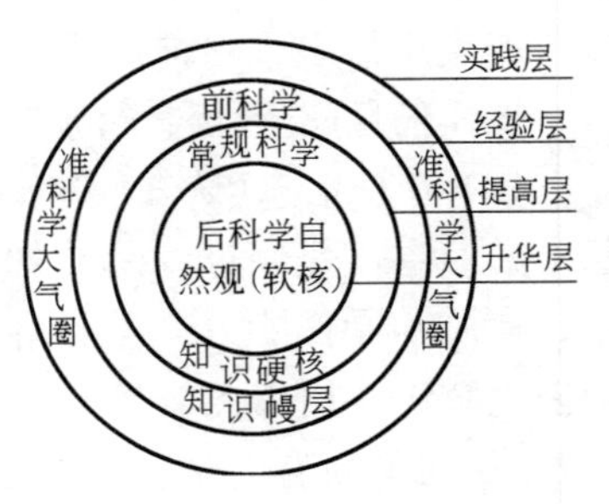

图 2　信息球

与信息塔同构的信息螺旋是瑞典科学家 Eskil Block Tibor Hottry 画的一幅图。它恰好可以说明信息金字塔的内涵(图 3)。为叙述方便，我给它起了个名字叫信息螺旋。

信息单元也与信息金字塔同构，是信息金字塔在微观信息单元结构上的体现(图 4)，表达人们研究思考加工信息乃至提炼创造出新信息的动态过程。

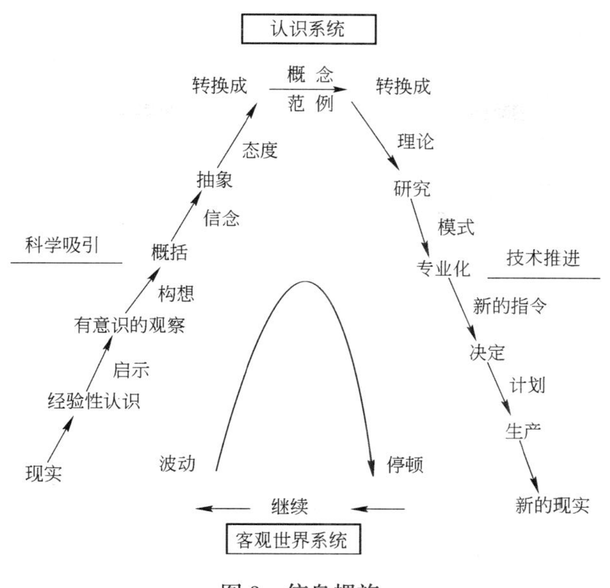


图 3　信息螺旋

信息金字塔的理论价值首先体现在它对信息属性、信息分类的定位与定性作用上。

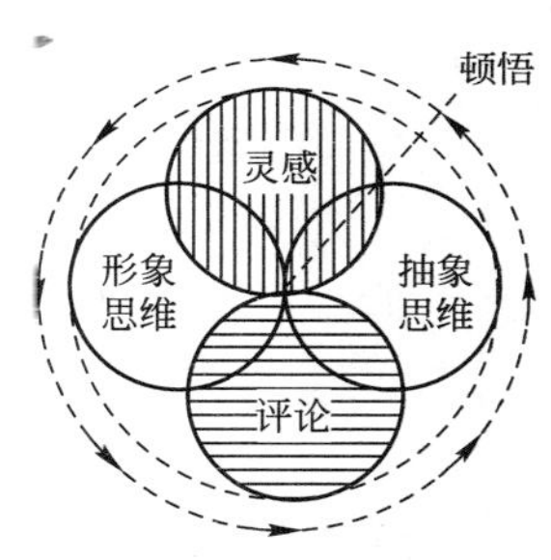


图 4　信息单元

这一点从信息金字塔和信息球上看得很清楚。信息金字塔上的原始信息是人们经常面对的信息。从内容上讲，它属于混沌层次，从生长过程讲，它是原生层，处于信息金字塔的边缘地位。在信息球中它处于信息球的最外层，属于实践层，它相对于信息螺旋中的“客观世界系统”。

其次，信息金字塔所展示的信息系统，对于发展学科、产业体系有启示作用。

这一点从信息金字塔、信息球和信息螺旋上看得也很清楚。信息金字塔和信息球告诉我们，整个信息系统是呈层级结构的，要成为完整信息吸收者、运用者，就必须重视吸收各个层级的各类信息。也就是说，既要重视从实践到理论的科学吸引过程，也要重视从理论到实践的技术推进过程，二者不可偏废，我们对基础研究、发展研究、应用研究这三个方面要同样重视就是这个道理。如果只重视需求层次的操作信息，只依靠经验层次的信息，或者只按提供概括性通则的理论教条办事是行不通的。

信息金字塔的第三个理论价值，在于它显示了信息的中介性及信息的提升转化过程，有助于人们科学思路的形成。

四幅图提示我们，除了处于原生态的原始信息，其他层级的信息都是进入信息系统的一部分，但是须明确这些信息具有中介性，它们可能提升、转化成为新的更高一级、更高层次的信息，也可能退化、失效，成为无用的或者错误的信息，对客观世界不能保留在某个阶段上的认识。

信息单元显示出人们认识以及创造每一个信息的微观进程，即任何一类信息的形成，都要经过四种思维—形象思维、抽象思维、评论思维、灵感思维。正如古人所说的“行成于思，毁于随，学而不思则罔。”信息单元告诉我们，有信息以后还必须有相应的思维活动，这个信息才能被激活、利用，才能再创造出对人有价值的新信息。

信息螺旋上显示出，不同层次信息的联系、提升与转化过程的细节。其右半部分由理论开始，经过研究、生产等环节到创造出新的现实，这是运用已有理论信息开发新产品、创造新现实的过程。透过信息螺旋图的动态示意，我们更容易理解信息金字塔各部分之间可以互为基础和前提，可以相互转化的有联系、有互动的关系。该图既有左面科学吸引抽象的上升部分，又有右面技术推进联系实践的下钻部分，完整地表达出实践→理论和理论→实践的双面互动过程(图 3)。

信息螺旋告诉我们，人们从感性、经验性认识，提高到概念、理论性认识，以及人们要解决相应的模式化、技术操作、生产问题等，都必须经过相应的总结，进行有意识的观察、设想以及深入的研究，建立相应的专业学科和应用技术，才能做出正确的决策和计划。如果没有这一切，尽管思想很活跃，不断有所“波动”，也绝不会形成信息的良性螺旋—从客观世界系统到认识系统，不断提高、不断形成新的生产力，创造出新的现实来，相反地，会出现低水平的重复或倒退，进入“恶性螺旋”之中。现实中这类实例很多，我们应该防止旧教训的重演。

## 三、信息金字塔的实践价值

从信息的角度看，每一个人都是信息源又是信息载体。作为信息源和信息载体的人，其信息结构同样是呈信息金字塔状态的，哲学属综合性信息相当于人的头脑。在信息社会，每个人都在信息金字塔所显示的信息系统的海洋中游泳，都要面对大量的原始信息，他必须加工处理这些信息，否则他就无法生存。因此，人本身就有一个信息结构和信息实践的问题。在信息方面，明确自己的信息优势和弱势，才能有正确的信息决策。

信息金字塔的实践价值，体现在以下几个方面。

首先，信息金字塔有助于人们走出信息误区，建立科学的信息理念。

信息论奠基人申农认为，消息是信息的外壳，信息不包括消息中的意义和效用，他只讲信息的数理特性。而控制论的奠基人维纳(Morbert Wiener，1894～1964 年)则认为，“信息是我们适应外部世界并且使这种适应为外部世界所感到的过程中，同外部世界进行交换的内容和名称”，他强调，“信息就是信息，不是物质也不是能量，不承认这一点，在今天就不能存在下去。”这些观点都印证了信息金字塔所体现的信息系统理念。

在信息观念上，目前突出的问题是，不少人的信息观念仍停留在狭义信息论阶段，主要表现在重视信息速度而不重视信息质量；误认为信息量越大越好；重视求同信息不重视求异信息；误认为信息越新越好；误认为文字信息高于图像、声音信息；重视成文的信息，忽视对话等即兴的信息；重视官方信息，忽视民间信息；重视国外信息，忽视国内信息等等。

信息金字塔上明确了消息与信息的关系和区别，消息经过加工才可能成为信息。把消息误作信息是信息理念上的错误，只会增加更多的信息“噪声”。信息金字塔把人“同外部世界进行交换的内容与名称”作了定性定位的判断，这有助于人们走出信息的误区。

信息金字塔实践价值的另一方面是，它有助于从信息系统的全局出发，学会信息游泳术，形成科学决策。

信息金字塔以及信息球、信息螺旋和信息单元，给了我们一个信息系统的全局形象。从信息系统的全局出发，才能更好地认识、把握和运用局部的片面的信息。这样，我们在信息的大海中游泳时，就不会一叶障目，被局部的信息迷惑。

信息金字塔有助于扩大人们的专业视野和思维空间，有助于克服“信息孤岛”现象。

当我们把现代科学技术体系图(图5)与信息金字塔相比较时，我们会发现，该图与信息金字塔同构。现代科学技术体系图中的建筑科学，横向与自然科学、社会科学及艺术之间关系密切，它要双向吸收营养；纵向上看，建筑科学像信息金字塔一样，有它的哲学层次、基础理论层次、技术科学层次和应用技术以及前科学层次，因此，建筑科学作为学科和行业要发展，必须在各个层次上下大力气。

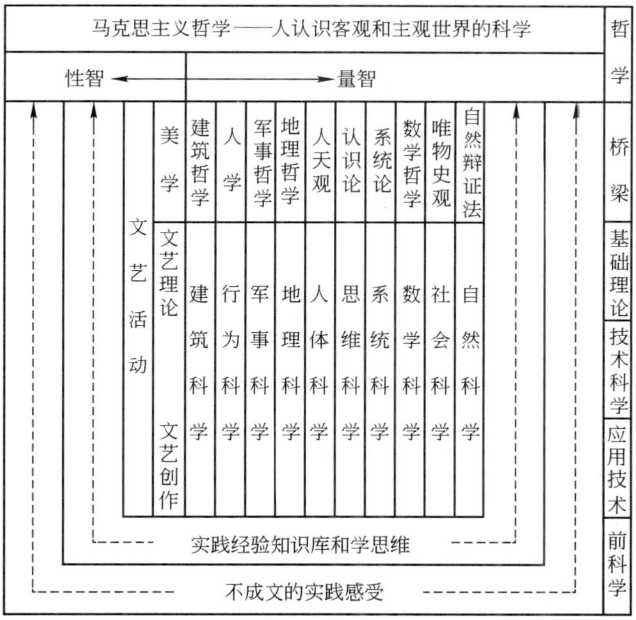

马克思主义哲学——人认识客观和主观世界的科学

性智 ←→ 量智

| 文艺活动 | 美学 | 建筑哲学 | 人学 | 军事哲学 | 地理哲学 | 人天观 | 认识论 | 系统论 | 数学哲学 | 唯物史观 | 自然辩证法 |
|---|---|---|---|---|---|---|---|---|---|---|---|
| | 文艺理论 | 建筑科学 | 行为科学 | 军事科学 | 地理科学 | 人体科学 | 思维科学 | 系统科学 | 数学科学 | 社会科学 | 自然科学 |
| | 文艺创作 | | | | | | | | | | |

实践经验知识库和学思维

不成文的实践感受

哲学 | 桥梁 | 基础理论 | 技术科学 | 应用技术 | 前科学

图5　现代科学技术体系整体构想图

当我们评论一个建筑工程和建筑作品的优劣时，如果我们运用信息金字塔这个信息系统概念，将局部信息放到信息系统的全局之中，也就是说，如果我们把这个建筑放到相应的城市环境和相应的使用环境中，其环境效益、使用效益和经济效益就不言而喻了。运用信息金字塔的理念，我们会对建筑作品作出更科学、更准确的评价。

要克服各行各业目前存在的“信息孤岛”现象，首先要克服狭隘的行业观念和狭隘的专业思路。在信息时代，在各行各业之间都是有共同规律和通则的。比如建筑行业如果能克服当前设计、施工、管理各自孤立的“信息孤岛”现象，扩大专业视野和思维空间，达到设计、施工、管理这三个方面的“信息共享”、“同步优化”，建筑业就会大大改观。

“隔行如隔山”，是一句老话，但从现代信息观念看，隔行应该是不隔山的。这一点在建筑科学技术体系信息系统图(图 6)上有明确的提示。建筑科学技术体系的丰富内涵要求我们，要扩大专业视野和思维空间，加强跨专业、跨行业的合作意识，加强“信息共享”意识，才能减少“信息孤岛”现象。

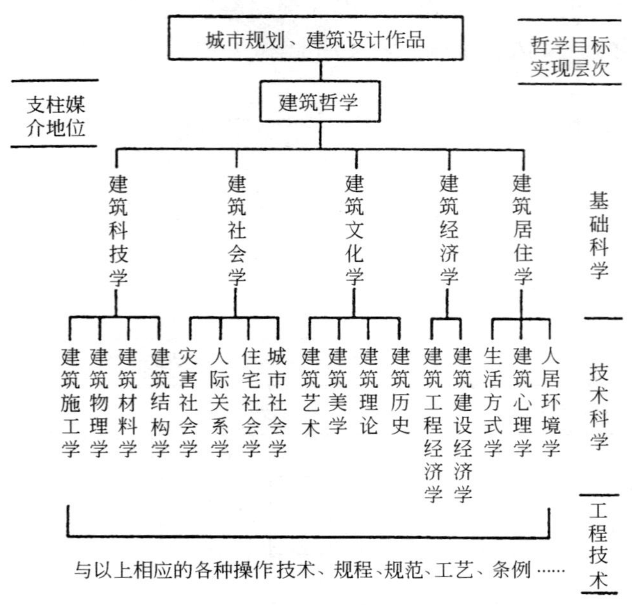


图 6　建筑科学技术体系示意图

以上是我在构思信息金字塔时所想到的。

**【参考文献】**

[1]　顾孟潮. 信息・思维・创造——空间环境设计的智慧从哪里来 [J]，新建筑，1994，(4).

[2]　顾孟潮. 信息・思维・创造——空间环境设计思维的类型与特征 [J]. 建筑学报，1996，(1).

[3]　顾孟潮. 建筑哲学本体论 [J]. 建筑学报，1997，(1).

[4]　顾孟潮. 学会设计中的信息游泳术 [J]. 建筑学报，1986，(3).

[5]　Eskil Block Tibor Hottry：Future Citics and Information Technology [Z]. The National Swedish Institute for Building Research，1988，11.

[6]　顾孟潮. 中国建筑师与 21 世纪 [J]. 世界建筑导报，1995，(2).

[7]　顾孟潮. 当代杰出的建筑大师—亚历山大・克里斯托弗 [J]. 建筑学报，1986，(11).

[8]　顾孟潮. 系统理论与建筑设计创新 [J]. 世界建筑，1985 (5).

[9]　顾孟潮. 建立建筑信息学 [J]. 建筑，1986，(3).

[10]　顾孟潮. 信息化的误区与对策 [N]. 科技日报，1994.06.08.

[11]　顾孟潮. 信息的联系、提升与转化——从培根到邓小平有关论述说起 [Z]. 房地信息.

[12]　顾孟潮. 走出信息的误区——关于信息量与质的思考 [J]. 中国科技信息，1997，(4).

[13]　顾孟潮. 多听听社会之声 [J]. 新建筑，1992，(2).

[14]　[俄] H・И・奥夫契尼柯娃(顾孟潮编译). 论建筑理论的研究领域 [J]. 南方建筑，1998.

[15]　[俄] H・П・奥夫契尼柯娃(顾孟潮编译). 建筑科学的历史 [J]. 新建筑，1998，(3).

[16]　顾孟潮. 跨世纪的回顾与展望——重读 20 世纪重要的建筑历史文献 [N]. 中华建筑

报，1999.03.09.

[17] 顾孟潮．试论钱学森建筑科学思想 [J]．建筑学报，2003，(5).

[18] 钱学森．以人为主发展大成智慧工程 [N]．文汇报，2001.03.20.

[19] 卢勇．信息技术在工程建设领域中应用的发展趋势——信息孤岛与信息集成 [J]．基建优化，2003，(1).

[20] Gu Mengchao：Information Science and Chinese Architecture in the 21st Century Academic treatises Vol. 2 XXORA Congress Beijing 1999.

[21] 徐冠华．当代科技发展六大趋势 [N]．文汇报，2002.05.27.

# 学习信息游泳术是当务之急
## ——关于繁荣建筑设计和创作的思考

"开创建筑创作的新局面"这个问题涉及范围十分广阔，几乎是任何一个人在较短的时间内，都不可能深入全面地论述到有关的一切问题，因此我只谈谈我认为最重要的问题。

所谓"信息游泳术"，是指有关掌握和运用作为建筑设计和创作生产力的信息，提高运用和生产信息的效率和质量，以及提高相应的信息战略、战术和技术水平的问题。

本文所提出的"信息游泳术"，更科学的名称应该叫"信息对策学"。这是一门新兴的十分重要的应用科学和技术。它是研究信息的处理(包括信息的搜集、整理、学习等)、应用和创造的规律及对策的科学和技术。我认为相对于建筑界来说，目前亟须要开辟这个新的学术领域，即建立建筑信息学。加强对建筑信息的对象、范畴、处理和创造建筑信息工作的特点和规律的研究。以便更好地掌握和运用作为建筑设计和创作生产力的信息，提高运用和生产创造建筑信息的效率和质量，提高相应的信息战略、战术和技术对策的水平。

下面分六个问题进行阐述。

### 一、信息是建筑设计和创作的生命

选择、吸收、提炼、转化有关信息，是建筑设计和创作的生命。要开创建筑创作的新局面，最重要的事是学会在信息大海中的游泳术。当今的社会被称作信息社会，人类面临着信息的挑战，建筑师面临着信息的挑战。作为建筑师我们要接触大量的设计任务书、调查资料、业主要求、方案讨论、设计参考资料等。总之，我们确实是在"信息的大海里游泳"，学习和提高我们的信息游泳术已成为每个生活在今日社会一员的当务之急。不抓住新的有价值的信息就没有建筑的创新。分不清信息的优劣，大量的信息还会造成"信息污染"、"信息公害"、"信息危机"。建筑设计上的"千篇一律"，盲目抄国外、抄香港，带有"信息污染"的性质值得我们重视。

建筑设计和创作是一种定向的思想活动。从本质上讲，建筑设计和创作基本上是一种信息转化工作——即把社会和人们的需要转化为建筑产品，这种产品载有满足社会和人需要的一切信息，整个设计和创作的过程都是信息吸取、提炼、重组、外延的过程，是把各种信息转化为建筑设计创作信息的过程，最终完成的信息载体——建筑物、居住区、城乡综合体、建筑群、社会生产和生活的环境。设计和创作中最重要的环节是构思。构思就是其他信息变成建筑信息的转折点，或叫做形成建筑创作的星火。

设计和创作有本质的不同：设计基本上是应用性实践，是引用，是重组，大量的工作是重复必要的老信息；而创作是开拓性实践，要看得远一些、深一些，要立足当前又面向未来，要给人们带来新的信息。因此设计主要在于求同，即体现共同的普遍的规律，遵守共同的原则、规范、规划和其他自然地形、施工、生活习惯等条件，因此需要这些方面的“千篇一律”。创作则要求异破格，突破原有的认识框框，有所发明，有所创造。

我不同意许多同志的看法，认为繁荣建筑创作就是多样化的问题，更不同意只是形式上多样化问题的认识。我认为繁荣建筑创作不仅包括多样化的一面，还应包括定型化、标准化、法规化的一面，或者叫做“千篇一律”的方面。我们制定法规，规范研究设计原理、构图规律等理论，编制定型设计、标准设计、绘制通用图，其目的就是让千篇设计、万篇创作都遵循客观规律。

从此意义上讲，我们目前“千篇一律”得不够，我们的标准设计、规范等还不能反映我们现代能达到的高水平。“千篇一律”是一种普及，没有“千篇一律”，创作多样化也是没有根基的。创作正是这种“千篇一律”上的提高。因此不必为某种程度的“千篇一律”而忧心忡忡，并且千万不要盲目反对“千篇一律”。“千篇一律”的水平正反映我们已达到的普遍水平。这是我们创作的基础和出发点。

我们有些同志缺乏起码的建筑构造、构图规律、施工要求方面的知识，也不对当时当地有关情况作调查，却在那里闭门“创新”，这倒是更危险的事情。繁荣创作的首要工作是提高这种“千篇一律”的水平，使我们的知识、技术、理论、思想水平有一个普遍的提高。“千篇一律”的中小设计还搞不好时，创作就无从谈起。创作是对设计的更高要求。

## 二、设计是如何变成创作的(一个实例的启示)

创作和设计不是同义词，应当明确二者的区别。最近看到一篇有关黄浦江大桥设计方案的报道。为了解决黄浦江两岸交通难题，征集了不少设计方案，有“高架派”、“隧道派”及“低架桥梁另开运河派”，看来思路很全面了，上中下都考虑到了。而上海闸北四中的一些同学通过实地观察认为，高架桥设吊塔楼虽然能避免长长的引桥侵占两岸珍贵土地的问题，但吊塔楼耗电巨大，通过的人、车流量有限；建造隧道，通过能力小，不能解决自行车和行人通途问题；低架桥梁另开运河，更是耗资巨大。所以他们创造性地提出螺纹蝶式设计方案(图 1)，虽然江中桥身高达 60m，但 7000m 引桥却层层盘旋在一起，安置在江水之上，不占岸边一块地，因此成为富有创造性的设计。

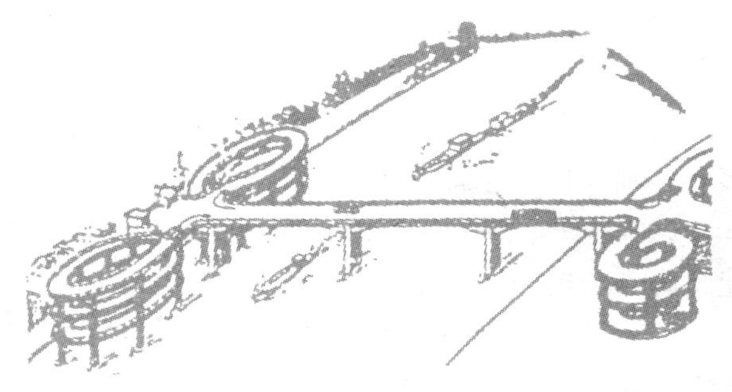

图 1　螺纹蝶式黄浦江大桥示意图

从黄浦江大桥设计方案一例看，可否认为作为桥梁方案来说，“高架派”、“隧道派”和“低架桥梁另开运河派”即属于设计范畴，因为它们是按习惯做法进行信息组合的：高架派＝高架桥＋吊塔楼，隧道派＝隧道＋引道坡道，低架桥派＝低架桥＋运河。而螺纹蝶式设计方案则可以列为创作，它突破了习惯做法，有更多的信息：它是高架桥＋螺纹坡道＋水中支柱是富有创造性的设计，是在“高架派”方案基础之上有所提高。

首先把长长的引桥变成螺纹坡道，并移入水中。这个灵感是从哪里来的？基本思路是：①首要目的——必须少占或不占珍贵的土地；②为了少占地可用螺旋式坡道代替引桥；③为进一步减少占地，把立交桥上常用的螺纹蝶式坡道移入水中。这些概念对于许多桥梁设计者来说显然是很熟悉的，只是没有把这些信息组合到一起，并且把它们重新进行组合，因而未形成“创作”，这里大概习惯的心理定势起了不小作用。

另一方面，上海闸北四中这些学生是进行集体创作，有利于带来各自不同的信息，新信息量比较多，容易形成多种信息的组合。而信息正是创作的生长点，是思维的维生素，是完成建筑设计和创作的建筑材料，其作用决不可以小视。四中方案自然也不是唯一的好方案。创作的道路十分宽广，因此，必须进行发散性思维，过多的“引用”往往使我们落入旧有窠臼，难有创新。

## 三、信息时代对建筑师的挑战

信息资源已成为社会和经济发展须臾不能离开的三大资源（自然物资、人力和信息）之一。但是信息的利用方面存在着三个挑战（或者叫三个危机）：①无限的书籍、报刊、科技情报资源对有限时间的挑战——人们没有那么多时间读那么多书；②迅速膨胀的信息量对人的原有接受能力的挑战——我们习惯于逐字、逐句、逐篇地读，而大量的多余信息妨碍了有用信息的使用；③大量的新知识对人们理解能力的挑战——许多新学科或刚刚兴起的新学科很多，许多新名词含义不明或有争论。

信息时代对整个建筑界、对建筑师的这种挑战尤其严重。当代建筑学的概念经过几次科学技术革命的推动，不再仅仅是“盖房子”这样一个原始简单的概念。它在广延和专业化两极上都有极大的发展。世界上逐渐有更多的人认识到，建筑学是环境的科学和艺术，建筑学是进行社会改造的重要手段。建筑师的历史责任、社会责任、科学技术和艺术方面的责任是空前地加重了。具体体现在以下几方面：

(1) 建筑学是一门交叉科学。工农兵学商各种职业、各个阶层的人，社会生产、生活、文化几乎是无所不包，各个领域、部门没有建筑不涉及的。

(2) 建筑师应当是建筑文化的时代和人民的代言人。作为这样的代言人是既光荣又艰巨的任务。

(3) 社会发展变化的各种要求中，有关建筑的信息量越来越大。我们能掌握和提炼出多大范围、何等深度的信息，并转化为建筑设计信息，这是我们设计创新能力的试金石。

(4) 建筑、规划发展的需要量空前大，广大农村的规划和设计几乎绝大多数是在没有建筑师参与的情况下进行的。

(5) 建筑本身分化出来专门化的新学科不断涌现。如：①城市设计；②室内设计；③农村建筑学；④节能建筑学；⑤环境心理学；⑥建筑人体工程学；⑦行为工程学；⑧建筑美学；⑨符号学；⑩形态构成学……

(6)“三论”（系统论、信息论、控制论）或叫系统理论正在推动各种科学的发展。它在建筑学的推广应用给我们提出许多新课题，带来许多新知识、新方法（包括预测方法、评价方法、设计方法等）。

(7) 建筑作为人类文化的重要组成部分的作用将越来越加强，建筑作为文化信息载体的作用越来越被人们认识，因此古建筑、历史文物、历史地段的保护和改造的任务也是很繁重的。

## 四、信息对策与战术

我们面临着汹涌而来的大量信息的挑战，必须讲究信息对策和战术。建筑创作是一种开拓性实践，不仅为今天，还要为今后许多年，因此，必须首先掌握新的信息，还要掌握超前的预见的信息。建筑本是遗憾的艺术，靠老信息搞新设计，遗憾的事情就更多了！没有足够的信息量是很难形成出色的建筑创作构思的。构思乃是设计人员已掌握信息的凝聚和升华。

我认为必须学会的具体战术有以下几种：

(1) 信息的搜集术——要及时地把有价值的信息搞到手。目前只依靠情报部门工作的人是不行的。许多人不懂外语、不懂专业或不会摄影。建筑师应自己动手，扩大信息摄取的范围。

(2) 信息的浓缩术——不在外围上兜圈子，要能抓到本质和要点，要重视提要、文摘、图表、短论、简讯、趋势和动向，浓缩才能加快传递的效率。

(3) 筛选术——善于分析、加工、整理、归档，读书看报查阅资料的方法要更新。

(4) 贮存术——学会利用工具书、资料、索引，知道需要的信息到哪里去找。建立内贮和外贮系统：明确哪些需要记到脑子里，哪些写到卡片上，哪些要找有关专家。

(5) 信息活化术——核对信息，联系实际运用信息，加快信息的传递交流，使信息共享成为集体的财富。这是最关键的一条。

(6) 信息的传播术——加快信息传递的效率，使其早日转化为生产力，普及建筑文化，让社会和人们理解建筑文化在经济中的重要作用，争取社会和各级领导的支持。

## 五、信息的层次和繁荣创作的途径

信息作为重要的资源可以分为层次不同的几种：

(1) 作为“矿砂”的信息(原始信息)——表层的平列的信息，指所有容易获得或不容易获得的事实和思想的总和，并可在某个时刻供人参考的消息、想法、现象、统计数字等。

(2) 知识——系统化了的组合起来的信息，是人们把大量事实和思想投入熔炉后，提炼和组合而成的可供使用的东西。大部分知识是专门知识。

(3) 智慧——知识的综合(深化了信息)，它是由某一学科的知识升华而成但又超越学科界限的理论，在理论的指导下，信息才能变得特别有用。

三种不同的信息必须区别对待。对于原始信息比较好办，主要靠勤奋，注意收集整理就行了；对于知识性信息则要经过刻苦的学习才能理解、掌握，而后才能加以选择，区别高下、优劣，而决定是否进一步学习；对于第三种信息——智慧和理论的掌握则需要长期联系实践综合地运用已有的知识才能做到。

提高建筑设计水平、繁荣建筑创作与其他事业和学科的发展一样，有三种方法或三条路可以供我们选择。有必要对这三种方法重新认识：

(1) 播种法——即人们常常讲的“从零做起”，播下可以作为生产力的理论和智慧的优良种子，它可以生根开花结果。

实际上即使再落后也不是零，总是有个基础的，要站到已有的基础上开始前进。学习有关的知识，提高我们的认识和技术水平，创造必要的物质条件。

作为设计创作中的“零”，只是信息量不够，我们的观念没有更新，认识上不去，形不成新的理论、新的观点、新的构思、新的措施等优良的种子。

此时容易有很大的盲目性，甚至在黑暗中探索，这条路是很艰难的，是开创性的，很可能付出很大代价。因此许多人采用第二种方法——移植法。其实在探索未来的道路上向人们提供了失败经验的人和成功者一样应当受到尊敬。

(2) 移植法——即拿来主义，引进先进的东西，作为模仿借鉴的样品。

但应当是拿来“为什么”而不是“见什么拿来什么”。暂时搞不清人家为什么这样设计，先重复播种一个看看也可以，但大量引进、重复引进而不消化则是不可取甚至有害的。

(3) 嫁接法——内外结合，古今结合，古今中外一切精华皆为我用的方法。

三种方法中，播种法是内因，是基础，它提供创新提高的优良种子，是从根本上解决问题的方法，是三种方法中的最高层次。

一个好的作品影响可能很大，而正确的理论则能引起革命，影响一代人甚至几代人。有时我们往往是在错误的理论指导下播下了有后遗症的种子而不自觉。

讲“设计是灵魂”，就因为设计是按照一定的理论进行播种的工作。这里最关键的是解决良种问题——创造出可以作为设计和创作生产原动力的新信息、新知识、新理论。

移植法是外力，是借鉴，最终总是要嫁接的——世界上没有那么纯的东西，杂交才能保持优势。

嫁接法是培养良种的一种方法，我们过去用得比较多。这种方法有它的局限性，往往限于老信息的重新组合，是收敛性思维的结果，创造性较少，给予人们的新信息不多。因此，更要重视在播种法上多下功夫。通过播种、移植、嫁接多种实践，早日培育出符合中国国情的“建筑良种”来。

## 六、建立系统建筑观的问题

前面已讲到信息的最高层次是理论性、观念性信息。我们广泛接受信息，优化、活化信息的目的也在于能指导我们的设计和创作。因此感到有必要讲讲建筑观。

宏观和微观是事物的两极。现在人们已经比较注意把宏观和微观的问题结合起来看了，视野已经大大开阔。但目前突出的问题是尚未树立巩固的系统观念，因此往往忽略“中观”的问题。

“中观”是把宏观认识转化为微观现实的桥梁，不抓“中观”的问题就显示不出理论的威力。搞建筑设计创作光讲大道理不行，光讲微观的具体手法、设备、材料也不行。关键是中观——形成正确的构思和立意的问题。

构思有它的准备、酝酿、顿悟的过程。怎样激发创作灵感这是值得下功夫研究的中观问题。有了正确的构思和立意后，手法、方法等细枝末节问题好办得多。

下面举一些系统的简单模式。

(1) 宏观—中观—微观：这是一个大系统的三个子系统(从认识事物的范围上讲)；

(2) 过去—现在—将来：这是系统纵向(时间)上的三个层次；

(3) 形式—构成—内容：形象的内涵和外延的系统；

(4) 统一—微差—对比：相互关系的不同系统；

(5) 共性—兼容性—个性：本质特性的系统；

(6) 理论—感受—实践：认知阶段的系统；

(7) 理论—评论—创作：建筑创作的单元组成系统；

(8) 白色—灰色—黑色：色阶的完整系统；

(9) 抽象思维—灵感—形象思维：思维单元的不同系统；

(10) 环境—人—建筑：空间中心内外的完整系统。

……

从上述列举的系统可以看出一个共同问题：即过去我们对各系统的中间部分都研究运用得很不够。

这种“一分为三”的例子还可以举出很多，它使我们看到了系统的全体，有助于明确我们的薄弱环节和解决问题的办法。因此必须用现代理论(系统理论)对待问题，进行整体的研究，而不是孤立地抽出“内容和形式”、“传统与继承”、“共性与个性”等一对对矛盾进行研究，更不能只顾一点不及其余。

突出一点似乎有风格了，但风格不是目的，那种“功能主义”、“结构主义”、“唯美主义”的风格是不可取的。风格也有它的系统和层次，如历史风格—现代风格—未来风格；时代风格—地方风格—建筑师个人风格……不能把问题简单化，要建立系统建筑观，才能有真正解决问题的希望。

建筑观念不能停止在“一分为二”的阶段。过去我们习惯于“一分为二”。这样往往把复杂的系统简单化了，它虽然有利于对两极认识的提高。

中国古代哲学上有“中庸之道”，八卦中的太极图上黑白相互渗透。这是古代文化遗产中值得重视研究，需重新认识和评价的部分。中国古代建筑设计上的许多特点与此种哲学有关。

繁荣建筑创作需要很多东西，我认为最缺乏的恰恰是信息，包括原始信息、知识信息和理论信息，而且尤以理论信息薄弱。故写此文以求教于同行。

# 建筑评论的信息传播属性及其对策

科学的建筑评论观念是开展科学的建筑评论的起点和标准。为了能够科学地开展建筑评论，提高建筑评论水平，需要从评论主体和传播媒体两个方面下功夫。

我国是建筑大国，在经济大发展、高速度城市化进程的背景下出现了大量有关建筑评论的信息，几乎各种媒体都开辟了有关建筑的专版、专栏、专门的论坛等，但遗憾的是，在众多的媒体中，真正合格的建筑评论并不多。

这里就带来一个问题，既然网络时代的建筑评论是一个开放的公共共享的空间，既然建筑评论的媒体是自由的、建筑评论的主体是多元的、建筑评论的内容是五花八门的，看起来十分热闹，"炒"得也很凶，为什么货真价实水平较高的建筑评论作品并不多呢?

我想，主要原因还是建筑评论领域缺乏相应的建筑理论研究；缺乏一支专业的、有较高水平的建筑评论队伍；在建筑评论观念上，很多人极大程度地把建筑评论简单化、狭隘化和肤浅化。

建筑评论是源，有关建筑评论信息的传播是流。在建筑评论及其信息传播的过程中，要使建筑评论及其信息传播健康发展，必须"开源发流"。

所谓"开源"，就是以相应的建筑理论研究为基础，开发出更多科学的建筑评论资源；所谓"发流"，就是要科学发展建筑评论信息传播媒体的领域和能力。

我国的建筑理论和建筑评论长期以来基本处于自发、自流状态，这既是客观事实，又是长期被普遍忽视的现象。

这里需要抓住两个重点，一个是建筑评论的水平和科学性问题，另一个是信息传播媒体的传播质量和科学性问题。

什么是建筑？什么是建筑评论?

这是建筑学科和建筑行业要解决的最基本的问题。目前建筑界内外很多人对这个最基本的问题缺乏科学的认识。

1981年的14届世界建筑师大会上，《华沙宣言》明确指出，建筑学是为人类创造生存空间的环境的科学和艺术。这里指出了建筑学的环境科学性、环境艺术性和环境的社会性。

很长时间内，我们无论在建筑理论研究还是在建筑实践中，都偏重于建筑的社会经济使用功能，而对于保证建筑的生态功能、环境功能和社会功能缺乏认识，甚至把建筑等同于盖房子，这是阻碍建筑学观念和建筑评论观念长期上不去的要害。

必须用当代的、科学的环境建筑学观念、生态建筑学观念、知识型城市观念和可持续发展的城市与建筑观念，代替过时的、片面的、不利于环境与生态的和谐平衡的建筑学观念和相应的建筑评论观念。

逐步建立一支建筑评论的骨干队伍是当务之急。加强相关的建筑理论研究，树立科学的建筑学观念、树立科学的建筑评论观念，这些基础性的东西应当从培养专业人才之初即抓起。高等建筑院校从一年级开始，就要开设建筑理论课和建筑哲学课，实践证明，这是必须的。

建筑评论信息传播模式有四个重要属性，即公众共享性、多主体性、互动性和多元性。

网络化、数字化的信息传播模式的出现，使大众媒体空前地发达起来，建筑评论事实上已经成为大众的公众共享空间，这也表现在参加建筑评论的多主体性（相对于大众传播媒体的建筑评论的主体而言）——除了从事建筑业的建筑专业人员，如建筑师、建筑理论家、建筑院校的师生外，还有各类社会人士，如房地产开发商、文化精英等也都热热闹闹地参加进来，成为建筑评论的主体。

这样的一个公众共享空间，它有助于建筑专业人员广泛地了解民众对某项城市建设、某个建筑的意见反馈，从而找到这些问题的热点、难点，有所突破。同时，更多的人关注建筑，提高了民众整体的建筑文化鉴赏水平，这无论如何也是一件好事。

但是，欢迎社会各界人士参与建筑评论并不等于不加分析地采纳他们的一切评论意见，这些评论意见是需要经过专业建筑评论者或专门的机构进行认真筛选后确定取舍的。如对于某些大众媒体形成的所谓“拟态环境”信息传播——似乎建筑评论仅仅是指对建筑实物环境的评论，常常误导人们，对此，专业建筑评论者就应该拿出一个正确的答案来。总之，在参与建筑评论的社会各界人士面前，专业建筑评论者必须拿出更具有理论深度和专业实践经验的科学的建筑评论意见。

大众媒体的出现对于建筑评论的影响力是空前的，这就更暴露出专业媒体自身的不足，他们发出的建筑评论信息往往软弱无力。改变这种状况需要建筑专业人员水平的提高，尤其是自身建筑理论水平的提高。

互动性是指评论主体和媒体受众的互动。建筑评论是在专业媒体和大众媒体，或者说是在评论主体和评论受众之间不断发生的彼此普及与提高的互动过程中，逐渐提高其主体和受众两方面的水平。而且，无论是专业人员还是非专业人员本身都有其理论、知识、经验等方面的局限性，因此评论主体和媒体受众两者有时是会相互易位的，这时的评论主体就成了媒体受众，而媒体受众则转换为评论主体，在易位的同时相互补充、彼此受益。

多元性也是网络化、数字化信息传播模式的突出属性。这种多元性体现在许多方面，如主体多元、角度多元、观念多元、主题多元等，我们尊重如此多元的、多层面的建筑评论，鼓励其发挥互补作用。但是，尊重多元并不等于否定一元，必要的一元也有它存在的科学性和合理性。我们希望在建筑评论领域创造出多元共存、一元主导的局面。

总之，以科学的态度对待多元信息传播模式，认真对待建筑评论信息传播模式的四个属性，才能实现建筑评论的科学发展及建筑评论信息的健康传播。

# 信息的属性、分类与对策

信息，乃是世界和时代的灵魂。如果没有丰富多彩的各类信息存在，世界便失去生命，时代也不会前进，更不要奢谈走向世界、走向现代化、走向未来……

信息，它又和物质材料、能量一样，是并列组成客观世界的三大基本要素。当人类的几千年文明经历狩猎社会、农业社会、工业社会到今日，开始跨入信息社会之际，信息在生产、生活、文化、流通等各个领域日益显示出它巨大的作用和效益。人们已经开始认识到：信息不灵是造成我国经济浪费的最大原因之一；信息已经成为经济建设的战略资源；信息处理技术已经成为现代化社会的生产力、竞争力和经济成功的关键；信息产业将成为经济发展中的主导产业、支柱产业；信息技术和信息化手段是经济发展的倍增器。信息、信息产业、信息技术和信息化的重要性是显而易见的（详见顾朝曦：《国民经济信息化的呼唤》，载于《人民日报》1984 年 1 月 12 日）。当然，以上论述主要是从经济角度讲的，从生活、文化、艺术、科研、军事等角度分析信息的作用和效益同样会发现，上述评价几乎完全适合其他领域的情况。

## 一、信息的认识与对策上的误区

然而，毋庸讳言，需要引起社会各方面的重视的一大问题是：目前我国对于信息、对于电子计算机的认识正在步入新的误区。具体表现在几个方面：①迷信电子计算机；②重视“手段”等硬件建设，忽视软件开发、利用与建设；③重视自然科学信息，轻视社会科学信息；④迷信信息数量，忽视信息质量；⑤重视与生产、市场有关的经济、商业信息，忽视文化信息；⑥重视管理、操作性信息，忽视宏观智慧、思想、理论、调控信息；⑦重视典型、地方、局部、个体信息，忽视综合、整体、预测性信息；⑧重视形式包装变化等基层信息，忽视本体、人的观念、动态方面的信息。总之，我国目前对于信息认识与对策上的商品化、市场化倾向是非常明显的，这有其进步积极的一面，但也有着错误与消极的方面。这正是本文将论述的焦点。

再具体一点讲。现在一说信息产业，人们就想到买计算机、添置设备、挖掘计算机人才，似乎是计算机和计算机人才越多越好。结果因为人才结构不合理，缺乏懂经济、懂专业、善管理、会经营的各类人才，开展工作困难。迷信信息数量的表现也十分突出，报刊不断扩版，文章越来越长，会议、报告、讲座、文件多如牛毛，原有的几个较为精炼的文摘报刊也在扩版、加长。信息的数量确实大大增加了，但信息的含金量不见得有多少改进，反而增加了许多冗余信息、无效信息、干扰信息……。总之，把本应成为信息主人的读者、信息接受者抛入信息的海洋之中不能自拔，不知所措，抓不住要领，更有甚者出现大量错误导向的信息，这种现象已到了亟须采取对策加强信息管理的时刻了。一方面是许多重要的有正确导向、预测、参考价值的学术、理论信息没有发布园地；另一方面让假冒伪劣无价值的信息泛滥充斥了信息市场的状况，需要进行宏观调控。否则这些信息的兴风作浪会大大干扰改革开放局面的健康发展。

## 二、信息分类上的表层化

国内正式提出信息的重要性，开展对信息化、信息革命、信息论的研究已有 10 多年历史了。然而，至今对于如信息的属性、分类和对策这些本体论和对策论的研究尚不够深入。相反地，鉴于市场经济大潮的影响，却出现了表层化的趋势，比较侧重商业性信息的供需研究。我们对此必须有清醒的认识。

据有的经济学家分析，企业对以下五种信息的需求意识比较强：①直接竞争对手的信息；②原材料、零配件供应商的信息；③本企业产品消费者的信息；④替代产品生产商的信息；⑤同行业新兴企业的信息（详见商新民：《当前我国信息服务业的任务及对策》，载于《科技日报》，1993 年 12 月 27 日）。的确，企业的这些很实际的信息需求是很自然的，也是很重要的，有直接促进发展生产力的作用。但是，同时也应看到，这些影响常常只是在局部、企业、小范围内或短时期内起作用，它们对经济全局的影响如何，很值得研究。与此同时，如果对于公共信息的服务——即对政府和社会的信息服务水平如不迅速提高，便会出现宏观失控的局面。同时会丧失对整体高瞻远瞩的预见性和把握大方向的能力。非常现实的人们都可以直接感受到的事实是，社会上假冒伪劣如此长时间畅行无阻，直接损害消费者利益，破坏社会综合生产力水平的事一再发生。再如，前一段房地产开发过热、过乱，信息供求重点进入单一的商业性信息误区是重要的原因。至今，十分缺乏对房地产市场现状和前景的发展水平和趋势的深刻分析、把握和引导。

通过以上的论述可以看到，作为信息的本质和性能，它绝不像物质材料或能量那样单纯只有自然科学属性，只要研究其化学、物理性能，能量的效率、形态、转化规律就可以奏效。信息既有自然科学属性，如时空特性、区位特性、转化特性、价值高低与变换的判断及把握的自然科学属性，更有因人而异，因社会制度、运行机制不同而不同的深刻的社会科学属性（包括社会、政治、经济、文化、艺术等属性）。因此同属客观世界构成的三大因素，而信息比起物质材料、能量要深刻得多、复杂得多，需要下大力量研究和界定的内容十分丰富。这些都是信息学要解决的基本问题。我国的信息产业同样存在“有业无学”现象，重视操作，而不重视原理、规律、概念、范畴的研究。须知，不研究和界定有关信息的这些基本方面便不可能产生正确的信息对策。我认为，在信息论、系统论、控制论三者之中信息论更具有应用基础理论特征，没有对信息论的修养是不会掌握好系统论和控制论的，此三论之中信息论是龙头。

关于信息的分类目前多属表层化的，如前文所提到的，国家信息中心主任高新民同志，把信息区分为两大类——公共信息和商业性信息。这便是从信息市场角度，并且把服务对象限定于商业所作的分类，属于简易的形式归纳范畴。按此分类还可以罗列许多，如文艺信息、体育信息、改革信息……你说它们到底是属于公共信息还是商业性信息？况且公共信息也可进入市场，商业性信息也是公共信息的一种。我觉得这并未抓住信息的实质。但这却是最常见到的图书馆书目的分类法。

在工作、生活和各种专业活动中，人们自觉或不自觉地都在根据自己的要求(或服务对象——读者、消费者、使用者、领导者等)，按照信息本身的性质，把它们加以某种分类。如图书报刊的编辑常常要写文章内容提要、论点摘编；版面上设计出种种专栏，以形成报纸、杂志的骨架、形象；规划设计、开发常常提出几种类型、模式、方案作为选择对象；有的学科常常派生出许多新学科、新的概念……实质上，人们为了认知和把握，从而形成自己的思路、做法、计划、步骤，都必须对收集到的信息加以分类、组合、重构。因此，把信息作出科学的分类，并加以深入研究，找出正确处理它们的对策是一件十分有意义的事情。

此外，特别应当强调的：人乃是真正最活跃的信息源，又是容量最大的信息载体。研究信息而不研究人将是不可能找到信息对策的规律。对于信息的分类和把握，似乎也可以说是对于各类人才的分类、把握和合理地充分发挥他们的潜能。对于一个部门、单位、企业的领导者，对于一项事业的开拓者、组织者来说，无疑，这将是一件十分重要而有意义的基础性工作。

## 三、信息的科学分类与对策

根据信息本身的性质和特点，这里我建议将信息分为五类，即：①原始信息；②知识性信息；③操作性信息；④智慧性信息；⑤综合性信息。从认知和运用的角度看，这五类信息依次解决“五 W”的问题，即有什么，是什么，怎么做，为什么，价值和效果如何？下面我分别对于五类信息的特点、优势与不足加以初步的分析和论述。

(1) 原始信息——指对客观情况、实例、动态、统计数字等现象、事实、消息进行描述的信息，有可资借鉴参考的成分，但其本身是“矿砂”层次，只解决“有什么”的问题，至于到底其中哪些信息对于使用者有用，尚需去伪存真、沙里淘金的加工提炼。

(2) 知识性信息——是系统化了的组合起来的信息，是经过专门的加工提炼而成的系统化的知识，可以直接用来提高人们的修养、素质和操作能力。这里的系统化、绝大多数是依靠已有学科的基础，故此类信息多为专门知识，如金融学知识、房地产学知识、建筑学知识等等，它们主要解决“是什么”的问题。需要指出的是，目前不断有新学科、新知识涌现出来，有些学科尚未建立或处于初始阶段，有关这方面的知识便往往不那么系统和完整。

(3) 操作性信息——指解决“怎么做”问题的信息，应当讲它基本上也是属于知识性信息的，但出于人们实践的迫切需求，急需提高人们的解决问题能力，因此多年来都对这类信息尤为重视，几乎把它们作为“硬件”对待，故此我把它专门列作一类。它包括制度、规定、操作工艺、经验、做法、模式等等，因有极大的实用价值而为人们重视。在市场经济活跃，商业主义思想泛滥之时，急功近利的做法常常是只重视这类信息，以便“抓一把就走”，“打一枪换一个地方”。就此类信息本身来说，最快地形成直接生产力是它的最大优势，然而由于许多人对待它时，只知其然不知其所以然，不问时间、地点、条件地照搬他人经验、他地做法、他国模式等态度，最终造成很大的后遗症，损失很大，许多技术、设备、人才的引进常常因此造成重大失误。不加评论的操作性信息的传播往往会造成“错误导向”，这一教训尤应加以重视。目前广播、电视、报刊、书籍等各类信息载体让这类信息充斥的现象绝对是一种不正常、无远见的做法。

（4）智慧性信息——指那些把多种知识、素材，加以综合研究、深化、提炼、系统化、理论化而形成的新观念、新思路，对基本原理、规律、范畴、概念的新发现和新发明，由于它的引进会带来质的飞跃。这类信息高瞻远瞩，有长远观念和全局观念，对事物的本质和规律如“洞若观火”，有准确的方向、价值、效益判断。它解决“为什么”的问题。我称智慧性信息为“点金术”，它能“点石成金”，因为“理解了东西才能更好地感觉它和运用它”。如钱学森同志近年来关于建立城市学的建议和社会主义中国应建设山水城市的科学构想，均属智慧性信息，对于推动学科建构和城市建设实践，有着极大的学术理论价值和实践意义。

（5）综合性信息——指那些带有综合性、指导性，统观全局，总结历史经验，对发展水平和趋势作战略和战术分析与价值、效果判断的信息，解决“向何处去”的问题，如会议主题报告、领导讲话、综合性调查报告等属于此类信息。它兼有智慧性、操作性、知识性、原始信息各类的优势，又简明扼要、提纲挈领，既提出重大问题，又指出努力方向，对人启发极大，具有历史文献价值。其不足是，有时面面俱到，听众或读者感兴趣的题目或问题却一带而过，对于细节不可能交待得那么清楚。

## 四、信息分类的应用价值

信息，对于任何一个人、一个部门、一个单位、一个企业都有着生命攸关的重要意义。信息绝不仅仅是对于从事信息专业性工作的部门和人有关，更不是仅与报刊编辑工作有关。但为了说明信息分类的应用价值的方便，我以 1993 年《房地信息》总目录专栏的定量分析为实例，说明如何体现信息分类的应用价值。我对于《房地信息》的编刊宗旨、服务对象并无深入的了解，因而主要是作数量上的分析，略加评述，如有冒犯或讲错了的地方请编者、读者指正。

根据 1993 年《房地信息》总目录看，它共有 21 个专栏，即：①领导讲话；②法规政策；③行政管理；④房地产业；⑤开发拆迁；⑥房地产市场；⑦地产经营；⑧住房制度改革；⑨住宅建设；⑩旧区改造；⑪解困、解危工作；⑫房地产评估；⑬房地产金融；⑭部队住房；⑮社会调查；⑯学会及报刊工作；⑰港台介绍；⑱国外见闻；⑲会议纪要；⑳统计资料；㉑其他。

如按照我所建议的信息分类法（五类法），各类信息在期刊内容构成上的比例如下（以下只列出各栏目序号）：

（1）综合性信息：①，16 篇，占总篇数的 3.29％；

（2）智慧性信息：⑲，6 篇，占 1.23％；

（3）知识性信息：⑦、⑰、⑱，共 3 栏 49 篇，占 10.08％；

（4）操作性信息：②、③、④、⑤、⑥、⑧、⑫、⑬，共 8 栏 294 篇，占全年总篇数的 60.49％；

（5）原始信息：⑨、⑩、⑪、⑭、⑮、⑯、⑳、㉑，共 8 栏，121 篇，占全年总篇数的 24.90％。

全年共计 486 篇文章，其中综合性信息占 3.29％，智慧性信息占 1.23％，知识性信息占 10.08％，操作性信息占 60.49％，原始信息占 24.90％。当然这一数量分析是比较粗略的，因为细微审视各栏目录时，便会发现，有些文章从信息的属性看，与现有的栏目名称并不一致，如现列在国外见闻专栏中的“英德法日关于‘房地产’的基本概念”应属智慧性信息，联合国人类住区(生境)委员会等几个报告，应属综合性信息，而限于按专栏统计，我这里把它摆到知识性信息一类了。

从上述数量上的信息分类，是否可以作这样的判断，《房地信息》杂志属于实用操作性较强(此类信息占60.49%)，原始信息较丰富(占24.90%)的工作业务性期刊。也鉴于此，它是我比较珍贵的期刊之一，因为它信息量大、周期短、第一手资料多。我不了解办刊的宗旨和构想，如果想进一步改进刊物质量(指内容)，提高档次的话，我建议要相应地增加前三类信息，即综合类、智慧类、知识类信息，或者叫做加强指导性、学术理论性和知识性，使产业、行业与学科比翼齐飞，双双获得丰收。各类信息的比例上适当作些调整。目前综合类、智慧类两次加起来仅22篇，占全年24期总篇数4.52%，还不到一期有一篇，我想起码争取每期2～3篇为宜。此意见妥否仅供参考，这是附带的话。

从这一实例的定量分析可以看出来，它与我在“房地产信息的开发与应用”(载于《房地信息》1993年23、24期)的判断是一致的，符合实际情况：

(1) 偏重制度、政策、措施等比较实用的方面。操作性信息占60.49%；原始信息占24.90%。

(2) 表层文章多，以资料为主，评论少，研究少。知识性信息仅占10.08%，原始信息则占24.90%。

(3) 导向性的信息不突出，或者叫“不导”现象，特别缺乏引导和预测前瞻性的综合类、智慧类信息，此二类合计只有4.52%，实在太少。

恩格斯讲过：“一个民族，想要站在科学的最高峰，就一刻也不能没有理论思维。”邓小平同志要求我们充分发挥“科学技术是第一生产力”的作用。江泽民同志最近强调我们要学习、学习、再学习，也是因为今日新观念、新知识、新学科、新问题、新情况如是之多。鉴于此我对综合性、智慧性、知识性信息多强调几句，我认为没有加强这三类信息的对策，在信息社会我们将无立足之地。

**【主要参考文献】**

[1] 顾孟潮. 房地信息的开发与应用 [J]. 房地信息，1993(23、24)：26～29.

[2] 赵其泽. 试谈理论的“领域”、“层次”属性 [J]. 新建筑，1993(3)：7～10.

[3] 之伟. 20世纪建筑设计的回顾与展望(上) [J]. 新建筑，1993(3)：3～7.

[4] 之伟. 20世纪建筑设计的回顾与展望(下) [J]. 新建筑，1993(4)：3～5，17.

[5] 朱子云等. 社会科学是关键的第一生产力 [J]. 学术研究，1993(6).

[6] 顾孟潮. 学习信息游泳术是当务之急 [J]. 建筑学报，1986(3)26～30.

# 房地产信息的开发与应用

## 一、信息是生产力

北京市房地产管理局、中国房协、中外房地产信息中心联合召开这次1993年中国房地产研讨会，它将促进我国房地产业、学术和市场的开发与研究，是一件很有益的事，因此我应召参加研讨。首先祝贺研讨会的胜利召开，并希望今后这种研讨交流活动能够坚持下去。

开研讨会是开发信息的好办法。每次研讨会都将带来一些新鲜的信息，而信息是经济长期增长的动力，自然也是房地产业持续健康发展的动力。正如一位美国教授所说，知识是一个生产要素(古典学派只考虑资本和劳力两个生产要素，而保罗·罗默主张生产要素有四个，即资本、非技术劳力、人的素质资本和新思想)。罗伯特·巴罗等人又循着罗默的思路作了专门的调查研究，从而证明：妨碍穷国赶上富国的主要原因在于人的素质(教育程度)的缺乏，而非缺少有形的资本。这一结论是颇耐人深思的。信息作为生产力要素将有助于人们素质的提高。

从信息开发角度看，最近有两件事特别值得我们重视。一件事是日本政府，最近仿效美国建立“信息高速公路”设想，决定建立联结全国各个机构的超高速信息网，在于提高已有信息利用率，开发新的信息，为进入21世纪的信息社会打基础。另一件事是，《中华人民共和国科学技术进步法》于1993年10月1日起正式实施。

日本建高速信息网，以筑波研究学园城市和美西文化学术研究城市为核心，将日本全国各地30个左右的主要研究机构联结起来，实现信息共享。我国科技进步法以立法形式，贯彻以经济建设为中心，坚持科技是第一生产力的伟大战略思想。认识建网和立法、实施科技进步法这个国际国内的总背景，有助于我们调整和改进房地产信息开发的思路和做法。它启示我们，应当如何对待作为生产力要素的科技信息。

## 二、正确处理产业与学科的关系

房地产业是一个古老而又年轻的产业。

说它古老，是因为私人房地产业存在的历史已经有几十年、几百年，到资本主义社会已经比较成熟了。说它年轻，是因为作为国家公有的房地产业，只有在社会主义制度下实行发展有计划的商品经济方针后才有较大幅度的增长。而同时出现的许多问题，说明对房地产业有关的各方面规律认识远远不足，只搬用西方或香港的经验不可能完全解决我们遇到的问题。因此有必要建立相应的学科，并进行认真的科学研究，不能只埋头操作而不学习、不研究。

产业与学科的关系是“蛋”与“鸡”的关系。处理得当会形成“鸡生蛋，蛋生鸡”的良性循环，处理不当，则会出现“杀鸡取蛋”或“毁蛋绝鸡”的短期行为。如果到那个时候，即使再采取“借鸡生蛋”或“借蛋生鸡”的办法发展产业，也要付出高现在几倍的代价，而且将丧失最宝贵的时间。因此必须处理好产业与学科的关系，让产业和学科同时兴旺发展，相辅相成，而千万不能“有业无学”——即重视抓房地产业开发，而不重视相应的学科研究与开发。发展经济千万不能忘记“科学技术是第一生产力”这一伟大真理。学科是产业的理论基础，产业是学科发展的土壤和动力。

“有业无学”是我们的老毛病，在历史上曾不断重演。如邹家华副总理所指出的，目前房地产业中的一些问题，如土地供应量过大，开发区过多，投资结构不合理，高档房屋上得多，房地产市场不够规范，炒卖地产现象严重等问题，在极大程度上就是不按科学规律办事的恶果。一时间在人们头脑中形成了错误观念，采取违反科学规律的做法，似乎什么人都可以搞房地产开发；搞房地产业不需要懂得什么科学技术知识，主要靠土地、权力、金钱，谁有钱谁说了算。

历史上，我们吃“有业无学”的苦头是很深的。我国建筑业 40 多年发展的经验，最大的教训就是“有业无学”。由于我们在建筑业支柱产业地位这个基本问题上，没有从理论上有力地给予科学的阐述和科学的定性、定量的论证，更缺乏突破性的建筑理论成果，从而导致社会各个方面对于建筑业在国民经济中的支柱产业地位、作用认识不足，没能按建筑学有关规律办事，造成至今尚不能发挥支柱产业作用。相应的科学研究、人才培养、建筑立法、计划管理、市场机制等都未能合理形成，科学研究相对滞后。

我国的房地产业正是在这样一种十分薄弱的基础上派生并“崛起”的。千万不能“自我感觉过于良好”，更不能胡吹“我国(或某地)房地产业步入成熟阶段”。事实是，我们对房地产业有关的建筑学、经济学、城市规划学、社会学等众多学科和产业的学问、知识、规律认识远远不足，甚至连房地产业包括哪些内容、合理开发的条件、操作方式等都没有理清楚，因此有重犯过去基本建设“膨胀—压缩—再膨胀—再压缩……”老路的危险。

## 三、目前房地产信息开发的特点

从事房地产信息开发工作有必要经常分析和把握当前房地产信息开发的特点和难点。

目前我国房地产信息开发的突出特点主要有以下三个方面，反映了这一工作的初期、幼稚和不完善的特征。

(1) 第一个特点是，我国的房地信息开发比较偏重于制度、政策、措施等比较实用的方面。这大概是源于我国房地产业的较大发展是从近年的住房制度改革起步的。从国内现有的房地产报刊、书籍内容可以看出，它们所刊载的信息有百分之九十几属于房改政策、行政管理制度、措施、动态性质，真正属于学科基本理论、基本规律、应用科学技术的内容严重不足，需要大大加强。因此，现在从科学技术进步的角度，审视、研究、评论一下房地信息的开发情况是十分必要的。当然，这不意味着前一部分内容已经够了，根据发展需要也应加强。

(2) 另一个特点是，许多房地产信息在表层文章做得比较多，深层文章做得少，拼凑资料的情况多，总结经验探索新路的报道少，即研究评论较少，随大流捧场比较多。因此使房地产业的问题较长时间被掩盖了，才出现了现在必须进行较大的调整控制。究其原因，可能是由于主要把房地产业当成行政管理对象对待，而把它作为科学研究、发展经济的学科对象不够，因而在思路、做法上只有前一段时间的信息收集、加工、传播的价值取向。

(3) 第三个特点是，前一段时间有关房地产信息的开发与传播上，信息误导的情况时有发生。如一个时期关于各地出让拍卖土地的报道一再升温，造成谁卖得多、卖得快、卖的价高、卖的地块重要就有好的印象。确实有些报道带有明显的主观倾向性而缺乏客观的科学性。

正确的导向是信息载体的灵魂。正如不久前“全国报刊评论、理论工作研讨会”上，中宣部徐惟诚副部长所指出的，报刊应“准确地把握现实社会中人们思想上的矛盾”，“社会主义市场经济有一套运行机制，……(应)旗帜鲜明，不说模棱两可的话，该说的话就说出来”。《人民日报》评论部李德明说，“评论是报刊的灵魂，没有评论的报刊不是完全的报刊”，“评论的生命在于真理”。这些观点都是深刻的经验之谈。必须加强正确的评论性即价值判断性信息才能有正确的导向。而有关房地产开发的价值效益的判断不是个简单事情，常常要几年甚至几十年才会把问题看得比较清楚，如果在未经充分调查研究的情况下得出错误的判断并报道出去，有时就会形成误导的不良影响。

总之，从以上特点也可以看出，目前的房地产信息开发工作中，需要正确处理房地产开发与信息开发的关系。两者的关系同样是“蛋与鸡”的关系，处理不当就会自己瞒骗自己，造成“情况不明决心大”、“信息不多感觉好”的恶性循环。

## 四、房地产信息的种类及其市场形式

从国内信息市场现有的以商品形态进行交易的信息大致包含八个方面(见 1993 年 9 期《房地信息》)：

(1) 商品供求信息(商品质量、品种、规格、价格、商品供应能力、产供销情况)；

(2) 资金信息(人民币资金拆借、外汇额度调剂、股票和债券交易行情等)；

(3) 科技信息(科技成果转让、专利买卖、科技项目招标承包、科技咨询等)；

(4) 劳务信息(人员招聘、培训、安置、人才流动、社会服务委托或代理等)；

(5) 房地产信息(住房互换、房产权转让或拍卖、土地使用要素转让等)；

(6) 对外经济贸易信息(合资、合营、劳务输出、产品进出口、国外设备租赁、引进技术等)；

(7) 经济发展动态信息(国家宏观调控政策、市场发展前景、物价变动趋势等)；

(8) 其他信息(如消费潮流及其趋势、消费者心理变化等)。

目前国内信息市场的组织形式主要有七种。

(1) 信息发布(交流)会。

(2) 信息展样(挂牌)交易会。

(3) 信息咨询服务，有针对性地为用户提供。

(4) 信息扩散服务，通过传媒和各种渠道。

(5) 信息代理业务，经纪人方式。

(6) 有形信息市场，有确定时间、场所的服务。

(7) 其他综合性信息服务。人才培训或产业操作学习班等兼有以上几种不同形式的性质。

开发房地信息市场以上七种组织形式均可以采用。

## 五、信息业、信息系统的建立与运行

信息业是一个新兴产业，由于大容量、高效率的电子计算机的产生和运用，使信息业成为具有巨大潜在生产力的产业而为世人瞩目。但对什么是信息业尚没有形成完整的概念。

信息业对外服从于信息市场的需要，内部必须建立必要的信息系统。信息业要站得住脚并取得发展，必须看准信息本身需求方向、数量、方式、建立相应的信息系统，保证有高质量的信息服务。

成立于1958年的中国人民大学书报资料中心是国内唯一搜集、整理、存贮、提供社会科学情报资料的学术机构。它对国内公开出版的2000余种报刊上的社会科学资料进行各种方式的加工，因而其产品信息容量大、内容丰富，具有集中、系统、连续、灵活四大特点。其主要产品和服务项目有六种：

①复印报刊资料；②报刊资料索引；③文摘卡片；④文献定题服务和咨询服务系列；⑤出版《情报资料工作》，交流情报图书资料工作业务；⑥缩微。该中心复印的报刊资料按学科分类编成112个专题，其中虽然没有房地产业的专题，但经济类中许多专题都与房地产开发有密切关系，如《城市经济》(双月刊)，《特区与开放城市经济》(月刊)，《旅游经济》(双月刊)等。它出版的文摘卡配套的18种文摘可根据各种需要自行反复分类和组合，非常实用、方便。

中国人民大学书报资料中心的运行由于是面对广泛的社会科学信息市场，不可能做到专业性很强，它只有“搜集、整理、存贮、提供给市场”四个环节，作为房地产信息的专门机构，它的分类整理的细微程度和方法显然不够也不能照搬。另外房地产业所面临的信息市场需求内容和方式也大为不同，有大量专业性操作内容必须认识到房地产信息需求的多样性和复杂性这一突出特点。根据这个特点必须建立专家系统加强对房地产信息的研究环节，而不只是一般的整理分类。具体讲，为了做好房地产信息的“收采、研究、整理、贮存、供应”这五个环节的工作，必须从信息载体，人才、工具三方面考虑，建立有关的五个系统：

(1) 房地产业相关学科的专家系统；

(2) 报刊、图书、文件、资料、数据系统；

(3) 产业内外，相关部门和人的信息联络网；

(4) 翻译系统，及时解决不同语言文字的翻译工作；

(5) 存贮、经营、转让管理系统。

## 六、几个具体建议

对于从事信息业工作和对信息需要量大的人，有以下几点需要学习和掌握的内容；

(1) 了解和学会信息对策和战术。它们包括：①信息的搜集术——及时把有价值的信息搞到手的技术、战术；②信息的浓缩术——善于抓住信息的本质、要点、关键词，重视提要、文摘、图表、短论、简讯、趋势和动向等高度浓缩的信息；③筛选术——善于分析、加工、整理、归类；④贮存术——建立内贮、外贮系统，运用多种贮存方式和渠道；⑤活化术——联系实际运用，发现其潜在的新价值；⑥传播术——加快信息的传播速度和传播范围的技术、战术。

（2）区分信息的不同层次，给予相应的价值判断，作为重要资源之一的信息，可以依据其信息品位分为三个层次：①原始信息——可以作为背景参考借鉴的情况、实例、想法、统计数字等，它如同是矿砂、原料、只经过粗加工，最多是半成品。②知识性信息——指经过专门的加工提炼而成的系统化的知识，可以直接用来提高人们的修养、素质和操作能力。③智慧类信息——是把各种知识深化、综合所产生的新的思路、发现和发明，由于它的引进会带来质的飞跃，我称之为“点金术”，能“点石成金”的信息。三种信息各有不同的市场和优势。原始信息以量取胜，少了不能说明问题。知识性信息的系统化制胜，是入门的向导，智慧性信息带有专利性质，以其精炼和稀少为贵。故三种不同信息有着不同的市场价值。

（3）加强信息的价值判断和价格掌握的研究。信息进入市场应当是有价的，但本身的价格又很难定。目前对这个问题还没有成熟的办法。可以采取供求双方议定的办法进行，但从长远讲应当有比较客观的根据。

（4）信息交易的立法问题。目前信息交易中的拖欠款现象严重，需求信息服务的客户常以“不值”为理由赖账，应有法律手段杜绝这种现象，保证知识产权、尊重人才、尊重知识的贡献。

**【主要参考文献】**

[1] 孙元明. 国内信息市场的组织形式 [J]. 信息世界，1993(9).
[2] 顾孟潮. 学习信息游泳术是当务之急 [J]. 建筑学报 1983(3)：26～30.
[3] 日本决定建全国高速信息网 [N]. 科技日报，1993-07-28.
[4] 刘敬智. 科技进步法 10 月 1 日起正式实施 [N]. 光明日报，1993-09-28.
[5] 知识——经济长期增长的动力 [N]. 参考消息，1992-02-23.

# 建筑艺术与信息论——信息十题

信息是物质的普遍属性，当然也是艺术的属性。艺术是信息的载体，研究艺术必须研究信息。信息论在文学艺术中的运用，必将对促进文艺的繁荣发展发生深远的影响，对于建筑艺术也是如此。关于信息的十个问题这里作简要的解读如下。

## 一、建筑艺术是什么？

1979 年 8 月出版的《辞海》关于建筑艺术的定义：

建筑艺术——一种综合性艺术。是通过建筑群体组织建筑物的形体、平面布置、立面形式、结构方式、内外空间组织、装饰、色彩等多方面的处理所形成的。建筑艺术具有特殊反映社会生活、精神面貌和经济基础的功能[1]。

## 二、信息是什么？

所谓信息(Information)，最简单的定义就是“通知”。

广告是通知——信息。这恐怕是没有异议的。

但是，广告所宣传的作品(产品)呢？

尽管广告常常有“誉满全球”云云之类的豪言壮语，而人们更关心的是作品(产品)是否“货真价实”，要亲自看看、用用，证实了产品确实好，才决定自己买一个，于是有展览会，有操作使用表演。可见产品本身也起广告作用，给人们带来更多更真实的信息。

信息的两类：广告、使用说明书等属于可以直接使用和吸收的信息，具体产品(作品)体现的信息属于另一类。这是弗农·罗坦(Vernon Rottan)对信息的分类。

确切的信息定义是：“信息是关于生活主体同外部客体之间的有关情况的通知”。(见《日本现代用语基础知识》)所谓文艺信息“就是关于人们与文艺情况之间的通知”[2]。

从信息的角度看，广告和产品的区别在于：广告是单纯的、符号性的信息，而产品是综合的物质性的信息。文艺作品是精神产品，基本上属于前者；建筑既是精神产品同时又是物质产品，所以它具有两种信息的性质。

## 三、信息的本质——相互作用

信息和力一样，是相互作用(包括相互通知)，是物质的普遍属性。

“力实质就是信息，只不过是最原始、最直接的信息；而信息则是有一定有序结构和一定历史过程的力集合。”[3]

信息是社会的黏合剂(维纳语)。实质上，信息不限于人类社会，也不限于生命界，而是充满整个世界“间隙”的黏合剂。即，信息乃是存在于人与人，人与物，物与物之间的相互作用(相互通知、相互联结)。这三类信息相互作用又相互影响着。

本文的论述主要涉及人与物的相互作用，而较少涉及人际作用和物际作用。人与艺术作品、人与建筑物之间的相互作用是本文的研究对象。

通常人们理解的信息——通知、情报、知识等，正是物质系统的结构、状态与人相互作用时，通过人的眼耳鼻舌等感觉器官和神经系统、大脑，并通过人类的语言、文字、符号代码、图像等形式变换后的产物。

## 四、信息的流程

信息的流程对于人来说，实际就是认识、思维、观念的流程，即由人对外部信息的感觉到知觉到理解，而后选择运用信息的全过程。因此，信息自始至终是依赖人脑存在与流动的。

信息在流程中表现为不同的层次(基本上是三个层次)。信息作为物质和精神的资源有原料(可用)、知识(用的方法、起的作用)、智慧(理论，解决规律和原理、技巧等问题)不同的作用。

作为原料的原始信息，是并列的，是死的东西；作为知识信息是组合起来的有深有浅之分的系统的东西；智慧或理论信息则是有生命的抓住事物本质的，是有普遍意义的东西。

正如学者哈伦·克利夫兰所说：“信息是矿砂，是所有容易获得或不容易获得的事实和思想的总和，并在某个时刻供人参考。知识是人们把大量事实和思想投入熔炉后提炼和组合而成的可供使用的东西。智慧是知识的综合，是某一学科的知识升华而成的但又超越学科界限的理论；在理论的指导下，信息才变得特别有用。”哈伦这里把信息流程的不同层次以及不同层次信息的作用讲得非常清楚。

这里以砖为例解读其信息的流程。

面前摆着一块黏土砖，它将给我们哪些信息呢?

按上述层次，人对砖的反馈信息可能是：

(1) 砖是一种黏土烧制成的立方体，可以用于砌墙、盖房、铺地的建筑材料；

(2) 砖的外形尺寸(长、宽、厚)应当符合建筑模数，应当有一定的强度；

(3) 砖在力学上是受压的建筑构件，不宜用于受拉力的位置；

(4) 进一步把黏土砖与其他建筑材料分析比较，会认识到，黏土砖有便于就地取材、制作简单的优点；

(5) 但是，黏土砖本身的强度有限(50～100 号)、自重大、施工费时、消耗能源(煤、木材)、浪费土地等缺点，因此需要找轻质高强度的代用材料……

真不知一块砖能“爆炸”出多少信息来！当然，不同的人对于这一砖的信息的吸收是不同的。但是，都有原料、知识、智慧不同种类的信息，以及采取不同层次的对策和行为，即同一块砖的信息对不同的人会有着不同的输入和输出过程。

## 五、信息的具体表现形式——信码

信息的表现形式前面不是已经讲过了吗？不外乎是通知、消息、知识、观念……不，这些只是信息的抽象表现形式。这里要说的是信息的具体表现形式。

信息的具体表现形式是可以通过感觉器官观察、感受、欣赏、理解的形式，即可以让信息流动起来的信息载体基本单位的形式。

如同“力”这个信息，它“通知”人脑时所采取的具体形式，是物体对人的压迫感，肌肉紧张、鼓膜震动、空气流动等等形式，或是别的什么情况。

信息的载体是多种多样的。一个声音，一个手势，绳子上打一个结，一堆篝火，一个符号，一种颜色，一幅图画……都可以是信息的载体，都可以传达、交流、记录人类的思想、感情和检验人的认识。文化艺术是复杂的高级的信息载体。

从历史的观点看，信息载体(或信息手段、形式)的发展经历了五个阶段：①语言；②文字；③纸张和印刷术；④电报、电话；⑤计算机和通信手段的结合(组合技术)。也有称之为五次信息革命的。经历了这五个阶段，人类才迎来了信息社会。

我们最熟悉的“消息”的具体形式，是用一段文字写成的信息。只要有文化的人都能把自己的思想用文字表达出来，也能够从别人写下的文字理解其内容。

以信息论的观点看，“用文字构造消息，字母就是信码。用音符作曲，音符就是信码。同样，我们可以说数学符号也是信码。用文字通信，所有字母的集合称为信息源”。“把我们的思想写成文字是编码的过程。相反，从一段文字理解它所表达的内容就是解码的过程。”[4]

根据上述观点，可否把文艺学的三个主要部分——文艺创作、文艺史、文艺批评，理解为它们分别属于信息的原料、知识、理论三个层次。或者说创作是编码过程，评论、欣赏是解码过程，理论是研究编码与解码规律，以及提炼信码的过程。当然，三个层次也好，三个过程也好，不是截然分开的，而是互相渗透、互相促进的，但以某一过程为主。

## 六、信息的节奏、速度和传播方式——动画的美

回想一下人们看动画片的感受是很有意思的。

动画的美和趣味，最主要的就在于信息的切断。这里动的信息变得不像实际生活中那样连续。动画中的人物，每一投足，一摆手，嘴的一张一合都给人留下深刻的印象。人们会欣赏投足、摆手的姿态，嘴张合的位置、大小。信息的切断使动作“动中有静”，色彩由复杂变得单纯……这里是否蕴藏着一个真理：要取得观众(或读者)最好的共鸣效果，即获得传达信息的最佳效能，必须注意信息的节奏和密度——如同生活一样正常速度的投足、摆手，一般角度视点的画面都不足以引人注目。

采取镜头特技、放慢速度或者切断动作信息都是有效的办法。但放慢到什么速度，从哪里切断是很有学问的。连环画也是一种切断信息、放慢信息运动速度的画法，但往往没有动画的效果，其中的奥妙是值得研究的。

这奥妙启示我们在对建筑艺术作品或者园林艺术进行观赏、游览时，建筑和园林的信息节奏、速度如何把握也是很值得研究的问题。

## 七、信息的组合、层次与变化——以看排球赛为例

1984 年 8 月 4 日，中央电视台通知，中午转播中美女排奥运会决赛实况。于是，有的人饭碗还没有撂下便已经坐到电视机前面，拭目以待，准备接受最新的比赛信息。

可以把人们希望得到的信息作如下的分析：A 信息核心；B 主要信息；C 次要信息；D 补充信息；E 潜在信息(图 1)

这五个层次的具体情况大致如下。

A 信息核心：谁胜谁负。

B 主要信息：比分，中美比赛的最后结果 3∶1。

C 次要信息：

(1) 比赛时间长短——说明双方的水平差距、争持的程度；

(2) 怎么胜的——中方一直领先，还是转败为胜。

D 补充信息：

(1) 有什么精彩镜头——扣球、救险球等；

(2) 某个球星如何——观众关心的程度不一样；

(3) 袁伟民、郎平或某个人临场发挥情况；

(4) 电视转播情况正常与否；

(5) 解说的效果；

(6) 裁判员是否公正；

(7) 观众表现。

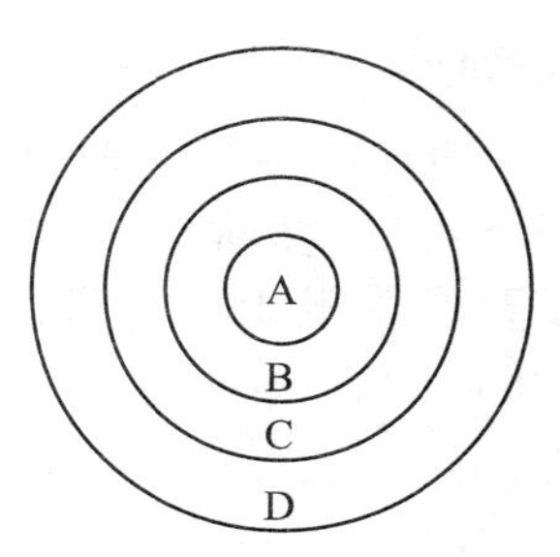

图 1　信息组合、层次示意图

E 潜在信息：分布在 A、B、C、D 各个层次。

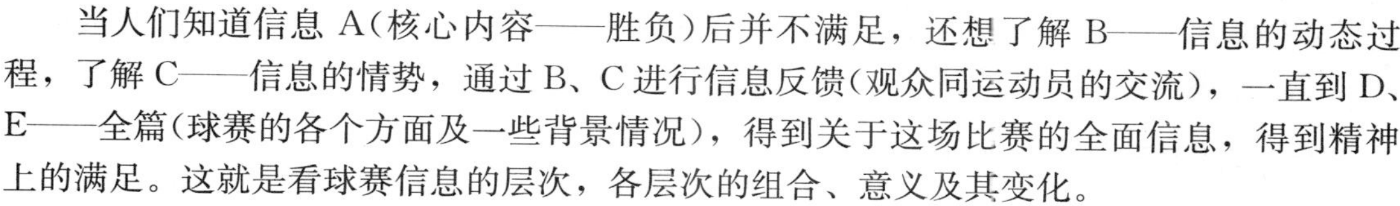
当人们知道信息 A(核心内容——胜负)后并不满足，还想了解 B——信息的动态过程，了解 C——信息的情势，通过 B、C 进行信息反馈(观众同运动员的交流)，一直到 D、E——全篇(球赛的各个方面及一些背景情况)，得到关于这场比赛的全面信息，得到精神上的满足。这就是看球赛信息的层次，各层次的组合、意义及其变化。

按交际语法的意义层次来表达：A 是概念，B 是信息(概念的组合——句子)，C 是声调(情感)，D 是语段和篇章。[5]

搞建筑设计创作与写文章一样，在处理建筑信息时必须为其要传递的信息定层次、定性质、定度量。

## 八、信息量和信息效能

艺术既然是信息载体，就有个适宜的信息量的问题，以及何谓最大信息量、最小信息量和多余信息量的问题。

为了这些信息量，必须引入主要信息、次要信息、多余信息、潜信息等概念。“有时不能绝对排除多余的话(多余信息)，多余的话(多余信息)往往起着引桥的作用，所谓‘引人入胜’。如果一句多余的话不说，那么讲话就十分干巴，有时连感情也无法表达了。”[6]

潜信息，是指文字面上找不到，但又为受信者默默认可或了解的信息。社会心理学中有所谓“类语言”(Pare Language)，某种程度上类似。

当对信息作了定量和定性分析之后我们就会明确：①达到传达最大信息量是目的；②讲求最佳效能是保证目的实现的条件——不一定信息量大就好。关键是做传达的信息的质量和特点也要选择；③特别要保证主要信息的传达；④次要和多余信息、潜信息的处理方式是多种多样的，要因时、因地、因对象而异。这几条是陈原先生提出来的，我认为对于建筑艺术信息的处理原则上也是适用的。

## 九、艺术作品本身是一个复杂的信息系统

语言是复杂的动态的信息系统(图 2)。一部(一件)艺术作品本身更是一个复杂的动态

的信息系统。

信息论是研究信息的传递和变换规律的科学，它与控制论有着密切的关系。信息论主要是着眼于对信息的认识（描述和度量），控制论则主要着眼于对信息的利用（处理和控制）。[7]

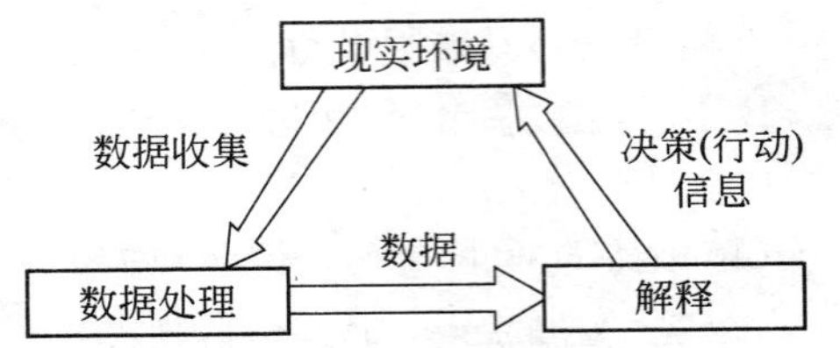

图 2　作品信息形成的动态系统示意图

用信息论的观点分析艺术作品的创作过程：

创作者正是从艺术家本身即外部环境、历史积累中收集有关材料（文字、录音、图像等），加以处理，使之成为输入作者头脑的信息素材，对处理后的素材加以解释（用文字、图像、戏剧等不同的艺术表现形式塑造形象），经过多次修改和调整，最终完成艺术作品，向社会的人提供各种信息——这是作品的创作过程，也是艺术信息输入输出的系统。

信息是对客观存在的一种表达。因此，信息对人有认识价值。艺术信息不但有认识价值还有美学价值。

总之，信息是人对客观世界的某种认识，可能是不同层次，不同深度广度的认识。信息是人的观念的输入和输出物，因此信息依存于人脑。信息是构成人的思想、感情的元素、零件、部件，甚至是支柱……

## 十、人的信息感觉通道（图 3）

众所周知，“外部世界的各种信息之所以能传到人们的大脑中，就是因为人们有视觉、听觉和触觉等能够接受信息的感觉通道”。

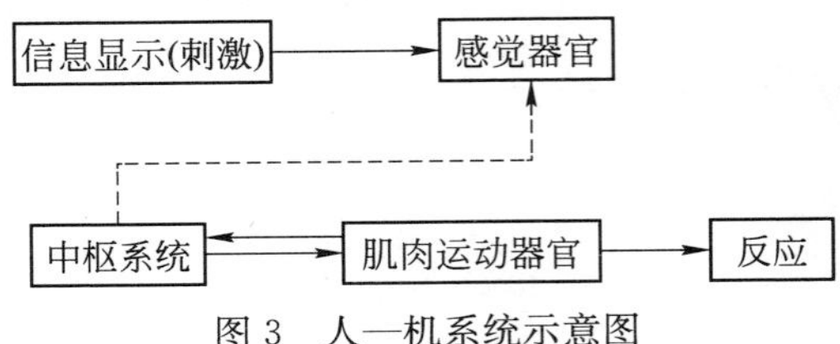

图 3　人—机系统示意图

“在这些通道中，视觉最重要，有 70%～80%的信息是通过视觉通道被接受的；另外，还有百分之十几是通过听觉通道——耳朵接受的；只有少数信息是通过触觉、嗅觉、味觉、温度觉和震动觉被接受。”[8]

艺术有空间艺术、时间艺术和综合艺术之分。不难理解，人们对艺术信息的感知，因艺术门类的不同，有相应的感知频道。复杂的是综合艺术，如建筑艺术、戏剧艺术等的信息频道以及其中的空间信息和时间信息的关系与转换课题，需要在比较建筑艺术或戏剧艺术与其他艺术的异同时作专题研究，不是本文所能承担的。

**【主要参考文献】**


[1]　辞海 [M]. 上海：上海辞书出版社 1979.
[2]　陈辽. 漫谈文艺信息 [N]. 文汇报 1984-2-18.
[3]　黎鸣. 谈谈力学的哲学和信息的哲学 [N]. 光明日报，1984-8-20.
[4]　朱筱，程明. 信码和信息量 [J]. 现代化，1984(3)：26、27.
[5]　刘宓庆. 交际语法的意义层次论与翻译理论的探讨 [J]. 翻译通讯，1984(7)：15.
[6]　陈原. 分析语言交际的信息量和效能 [J]. 中国语文，1983(5).
[7]　管见. 什么叫信息论 [N]. 工人日报，1983-5-4.
[8]　辛里延. 工程心理学·人·信息 [J]. 现代化，1980(12)：37.

# 建 筑 理 论

# 解读建筑理论

## 一、前言

作为建筑人，迄今为止，笔者一直认为建筑界首先要做的事仍然还是要树立科学的观念、科学的思想和科学的态度，而后才是科学的决策、科学的方法和科学的措施。

在我国，相当长的时间里，政治可以冲击一切，实践可以代替一切，建筑被简单化、庸俗化、概念化和僵硬化。建筑理论研究领域更是重灾区，真正称得上是原创性的理论研究工作几乎是空白点。

长期以来建筑科学、建筑技术、建筑工程界限不清的问题一直存在[1]。设计者视野狭窄，思路狭窄。建筑管理部门、科研部门、教育文化部门的工作几乎都是以工程为中心，视工程设计与施工高于一切，这也是建筑业“有业无学”的现象长期得不到改进的体制性原因。

经常遇到的建筑形式、工程结构、设计理论等问题，由于其相应的术语、概念、学科系统没有理清，都难以解决。

目前，急需研究解决的建筑理论问题有：建筑学的本质和特征；各类建筑设计原理（新增加的建筑类型很多，原有建筑类型的内容形式也发生了极大变化）；建筑风格理论；建筑评价标准；建筑构图理论；建筑创作理论；城市、建筑、园林的建设模式；城市、建筑的管理模式；建筑专业教育、职业培训标准的管理依据；人居环境学理论等等。

## 二、建筑理论

1. 建筑理论的定义及其研究现状

《简明不列颠百科全书》[2]上关于建筑理论的定义反映的是人们对建筑理论的阶段性认识。随着时代的发展，它已经不能涵盖当代人们对建筑理论的深化与发展的认识，需要做大量的补充和改进。

该书曾写道：“建筑理论是判断建筑或建筑方案优劣的依据，而这种判断是建筑创作过程中一个必不可少的部分。”该书还说：“一般认为，完整的建筑理论不外乎维特鲁威提出的三个拉丁词：‘实用、坚固、美观’，即空间布置适当、结构坚固、外形美观。一般认为，只有当建筑的结构形式和外观与结构体系相符时才具有‘真实’的美。”该定义基本上是关于建筑物的理论，这一理论对于建筑群、建筑环境、建筑区、城市等这类建筑系统则显得无能为力，它不能涵盖建筑物内部组成要素的内容。

《简明不列颠百科全书》还列举了关于建筑理论的两种相互排斥的见解：“一种认为，

建筑的基本原理是艺术的一般基本原理在某种特殊艺术上的运用；另一种认为，建筑的基本原理是一个单独的体系，虽然和其他艺术的理论有许多共同特点，但在属性上是有区别的。”

关于建筑理论的这两种相互排斥的见解目前仍然存在，在此基础上后来又派生出形形色色的建筑流派，形成了当前建筑多元化的现实。

笔者认为，建筑理论定义不清与建筑理论概念不清是导致建筑理论不清的根源。这里的两种见解都只反映了建筑的部分本质，是不够全面、不够深刻的。前一种见解过于强调建筑的艺术性，后一种见解过于强调建筑的特殊性。在建筑理论研究领域至今还存在着许多误区。如：把罗列建筑现象实例误认为是建筑理论；把套用某些建筑理论原则误认为是运用建筑理论；把整理建筑信息资料使之条理化误认为是建筑理论成果；把对于建筑中某些问题的一些想法误认为是建筑理论；把建筑中的一些政治原则、方针政策误当成建筑理论；把重要人物的只言片语误作为建筑理论根据；把形式服从内容误认为是建筑的金科玉律；把对建筑的历史研究等同于建筑的理论研究等等。

我国建筑理论研究工作与兄弟学科相比至今十分落后，据 20 世纪末全国有关软科学研究的调查统计，建筑科学的排行名次仅优于地质科学，位居倒数第二(图 1)。

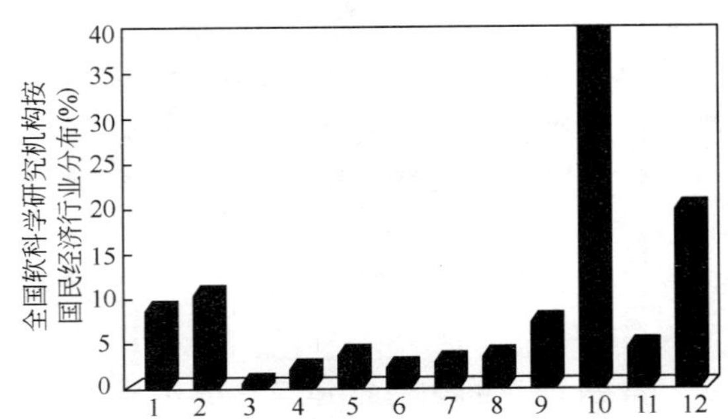


图 1　全国软科学研究机构的行业分布[3]

1—农林牧渔；2—工业；3—地质普查；4—建筑；5—交通运输；
6—商业；7—房地产；8—卫生体育；9—教育文化；
10—科学研究；11—金融保险；12—其他

建筑理论研究工作主要包括建筑历史的研究和建筑文化的研究两大类。建筑历史的研究主要还是从事一些考古或历史资料整理工作。建筑文化的研究，主要还是翻译引进一些外国建筑理论著作，而且大多是引进那些有实用价值的外国建筑理论著作，如有关设计原理和设计实例内容的教材、一些介绍外国建筑流派的书籍等。

2. 建筑理论的本质属性和特征及体系框架

那么建筑理论大致会有哪些方面的本质属性和特征呢？建筑理论是针对建筑对象或者建筑系统以及与建筑有关的内部、外部研究对象的定性、定量、定形态的知识体系，也是关于建筑系统的信息体系。

建筑理论大致会有以下十个方面的本质属性和特征。

(1) 概括性——以简练准确的建筑术语、概念、法则涵括复杂丰富的内容；

(2) 体系性——由建筑对象决定的术语、概念、法则相互补充、联系构成的理论系统；

(3) 普适性——建筑理论揭示出带有普遍性的内容，源于个性、高于个性、能启示和指导人们对建筑特殊性的认识和把握；

(4) 开放性——它既指导建筑实践，又接受建筑实践的检验；

(5) 阶段性——建筑理论是一个阶段的相对真理，并非绝对真理，它不具有绝对正确性，不是永远的正确；

(6) 局限性——建筑理论的局限性表现在很多方面，如建筑知识的局限性、范围和深度的局限性；

(7) 本质属性(统一性)——建筑理论只能揭示建筑对象那些带有普遍性的本质属性，一般不能指出建筑对象的全部具体属性特征；

(8) 形态方向性(原则性)——建筑理论的抽象概括特征，决定了它只能大致地指出建筑对象存在形态模式的方向性，而不能确定具体形态形式的细枝末节；

(9) 目标属性(目的性)——建筑理论追求的是建筑价值判定、目标选择的问题，实现价值和达到目标尚需要大量实践活动；

(10) 多样性——同一个论述对象或范畴可能引发出多种建筑理论，有建筑理论的多样性才有建筑形式的多样性。没有建筑理论指导的建筑多样性是"随意性"，不在此论。

笔者认为，建筑理论框架的建立应当由以物为中心转变到以人与社会的建筑需求、以人与社会的建筑哲学观念为中心的研究对象上来，研究的是人和社会与相关的建筑系统、内部要素、外部自然环境、社会环境、学科环境等相互作用的理论。为此笔者曾经试绘了一个建筑科学技术体系图(图 2)。

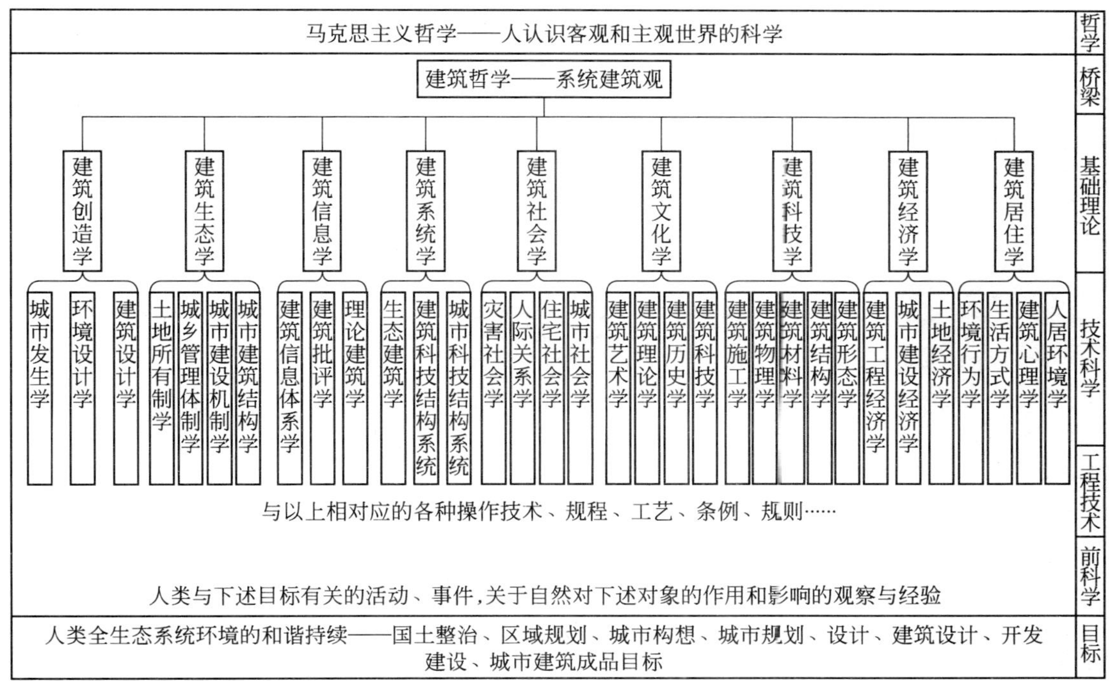


图 2　建筑科学技术体系结构图(1996 年 4 月 9 日初稿，2010 年 5 月修改稿)

在图 2 中，作为理论整体纵向轴的是一个学科理论的性质层次——建筑哲学、基础科学、技术科学、工程技术层次等；作为理论整体横向轴的是有关建筑学科的基础学科群，而不是建筑类型这样十分具体的内容。

## 三、建筑理论的起点、终点及其创新[4]

人们对建筑理论的起点和建筑理论的终点总是十分感兴趣。

建筑理论的起点和终点问题是科学学的问题，即科学的哲学问题。因此，建筑哲学是建筑理论的起点和终点。

科学经常是从猜测与假设开始的。

建筑理论的创新是建筑科学发展的关键，它要求我们要站在国际学术的最前沿，紧密结合先进生产力的发展要求，依靠多学科的交叉优势，努力进行建筑理论创新、推动建筑制度创新、建筑科技创新，建筑科技源头创新，让建筑科技成果加速转化为现实生产力。

介于科学和艺术之间的建筑科学，是一个大科学部门，发展建筑科学是建筑界责无旁贷的责任，加速实践建筑理论的创新迎接建筑理论的春天，是笔者解读建筑理论的目的。

**【主要参考文献】**

[1] 金吾伦. 必须划清科学和技术的界限 [N]. 科技日报，2000-12-15.

[2] 简明不列颠百科全书 [M]. 北京/上海：中国大百科全书出版社，1985.

[3] 全国软科学研究机构的行业分布 [J]. 中国软科学，1996(5).

[4] 格里芬. 后现代精神 [M]. 北京：中央编译社，1998.

# 关于建筑理论结构框架的思考

随着中国改革开放的深入发展，建筑业有业无学(有行业无学科)的问题更加突出。在改革建筑教育体制改革建筑业的同时，迫切需要加强建筑理论研究与建筑评论。张钦楠先生提出“中国特色的建筑理论框架研究”的问题，是十分必要的。我也一直思考着这方面的问题，现在扼要介绍一下我的思考，以便得到同道的指正。

20 多年改革开放的实践，使人们对理论研究的需求加强了，对理论对实践的指导作用有了更深入的认识。

江泽民在清华大学建校 90 周年大会讲话时，强调了“理论创新”的重要性。他说：“一流大学应该站在国际学术的最前沿，紧密结合先进生产力的发展要求，依托多学科的交叉优势，努力进行理论创新、制度创新、科技创新，特别要抓好科技的源头创新，并推动科技成果加速转化为现实生产力。”这里提出四个“创新”和一个“推动”，我认为，这四个创新中，理论创新是带头的，更为重要。而且实现理论框架的创新，应当属于科技源头创新(观念、思路的创新)它更有着突出重要的意义。

下面，就建筑理论结构框架的几个方面谈谈我的认识。

## 一、建筑理论的定义与概念

在中国，建筑理论是建筑文化和建筑科学技术的重灾区，这里有许多理论和评论的禁区。相当长时期，在“政治可以冲击一切”，“实践可以代替一切”的大背景下，建筑理论被人们，也被社会简单化、庸俗化、概念化和僵硬化了。

什么是建筑理论？

《简明不列颠百科全书》(1985 年版第 321 页)如是说：“建筑理论是判断建筑或建筑方案优劣的依据，而这种判断是建筑创作过程中一个必不可少的部分。”

“关于建筑理论有两种相互排斥的见解：

一种认为，建筑的基本原理是艺术的一般基本原理在某种特殊艺术上的应用；

另一种认为，建筑的基本原理是一个单独的体系，虽然和其他艺术的理论有许多共同特点，但在属性上是有区别的。”

“一般认为，完整的建筑理论不外乎维特鲁威提出的三个拉丁词：‘适用、坚固、美观’，即结构坚固、空间布置适当、外形美观。一般认为，只有当建筑的结构形式和外观与结构体系相符时才具有‘真实’的美。”

我认为，长期以来以上关于建筑理论的观点是导致建筑理论定义与概念模糊不清的思想理论根源。

《简明不列颠百科全书》关于建筑理论的定义虽被许多中外人士认同，但是我认为有它狭窄的一面。“全书”所列举的两种相互排斥的见解，一种是，把建筑等同于艺术，这虽然不完全对，但它仍然有着很大的市场，自身起很大作用；另一种，认为建筑与其他艺术有区别，强调建筑的特点是正确的，但至今并没有出现得到广泛公认的建筑定义与概念，也未建立起建筑科学自己的学科体系。没有分清建筑理论科学的属性、特点、范畴、种类、层次和系统等这些最基本的问题。

行业里和社会上错误观念，使理论工作者受到歧视，成为不利于理论成长的社会土壤。认为建筑理论可有可无，应当以建筑设计(或建筑创作)为中心，设计高于理论，甚至认为建筑理论与建筑评论是设计与创作的附庸，只有那些不会设计与创作的人才去搞什么理论。这些错误的认识必须扭转。

## 二、建筑理论的范畴与系统

欲建立科学的理论框架体系，必须首先解决什么是理论？理论的本质属性与特征是什么？理论与实践的中介是什么？划清科学与技术界限等一系列基本问题。对此我有如下的认识。

什么是理论？

我认为，理论是针对某个对象或者某个范围的定性、定量、定形态的知识体系，也是关于某个范围或对象的信息体系。它既解决“是什么”的问题，也解决“为什么”和“怎么办”和“是非优劣”等问题。

理论的本质属性与特征又是什么呢？

我认为，任何可以称得上“理论”的信息，大致会有以下十个方面的本质属性和特征(注：此段内容可参见本书“解读建筑理论”)。

第三个问题，理论与实践的中介是什么？

这里提出“中介”的问题是为了澄清过去“实践，实践，再实践”的本质，这种盲目强调实践的做法，实际上否定了“学习，学习，再学习”的必要性和重要性。实践的概念已经被偷换为“物质”，这不是唯物论，是实用主义，也是“唯我独革”、“唯我正确”的理论基础。它从根本上排除了理论(科学)的基础(前提)作用。

强调“中介”是为了实现将科学技术转化为生产力的大目标。“实践”并不一定就是生产力，有时是反生产力，或者是破坏生产力、浪费生产力。几十年前，我们在建设中的时间、财力、物力巨大的损失，这一惨痛的教训不应再重演。

我这里的实践是指物，是指科学技术的产物。理论(科学)是精神产品，由精神产品变成物质产品，要经过一定的机制和过程。因此，理论起码有三个相互依存的基本层次，即人—机制—物，也是张钦楠先生提出的三个互相依存的问题(创作实践、理论建设、职业体制改革)。稍有不同的是，我认为，这三个层次均存在自身的理论建设问题：①关于创作主体、实践主体的理论(包括一切与城市建筑实践有关的实践者，不仅指建筑师)；②关于转变为生产力的机制的理论(包括建筑师职业体制改革等内容)。人与物中间的机制(管理体制、社会制度等)是中介。改革开放的深化阶段，管理体制改革是最关键的问题。

第四个重要问题，划清科学与技术的界限，是研究理论首先要明确的问题：必须对科学、技术和工程作出明确的界定。

吴大猷先生早在20世纪80年代就指出：“中国创用‘科技’一词是很大的不幸。造成的不良后果是：①将科学经由技术和工程而与经济混同起来，片面追求科学的物质利益与价值；②科学观念淡薄，使科学观念、科学思想、科学态度等观念失落了；③模糊了政策界限，用规范技术、工程的政策措施和伦理原则来规范科学。”

科学与技术之间有一个结构性的、深刻的转化过程。这个转化过程从哲学的视角看，至少包括三个方面：①从科学因果性认识到技术的目的性认识的转化；②从真理性标准到技术功利标准的转化；③从科学的一元通则到技术的多样性的转化。

应用科学与基础科学则不同。应用科学是从已知的基本科学原理知识为出发点，求解有具体目标的问题(动机不同)。

建筑领域内科学、技术、工程界限不清的问题十分严重，建筑管理部门、科研部门，甚至教育文化部门，都基本上是以工程为中心，只抓与工程有关的少量科学技术问题，这是建筑业“有业无学”的现象，长期不能改进的体制性根源。所以视野就极其狭窄，把工程设计视为高于一切。即使讲理论，也只重视那些与设计有关的理论。而实际上，建筑理论的范围、范畴、内容十分宽广。我们认识到的几乎是九牛之一毛。作为一个建筑人，我认为迄今为止，建筑界首要的问题是树立科学观念、科学思想、科学态度的问题，而后才有可能实现科学决策、科学方法、科学措施。目前经常遇到的建筑形式、工程结构、设备等理论问题许多都未能解决。相应的术语、概念、学科范畴系统等都尚未理清。

建筑理论建设的任务是十分繁重的。目前急需研究解决的建筑理论问题有：①各类建筑设计原理(新增加的建筑类型很多，原有建筑类型的内容形式也发生了极大变化)；②建筑风格理论、评价标准；③构图原理(手法理论、建筑语言)；④创作理论；⑤城市、建筑、园林的建设模式理论；⑥城市、建筑的管理模式理论；⑦专业教育、职业培训标准的管理依据；⑧人居环境学理论……

## 三、建筑理论的纵横框架

建立建筑理论的框架，既要考虑纵横问题，也要考虑内外问题、时空问题，即不能就建筑论建筑，不能就中国论中国，不能就目前说目前。也就是说，建立建筑理论的框架时，要有整体观、系统观、时空观和历史观。

张钦楠先生提出纵横结合的问题很重要。但是，我认为，作为纵轴的是学科理论性质——哲学、桥梁、基础理论、技术科学、应用技术、前科学；作为横轴的是学科种类而不仅是建筑类型。横轴，从现代科学体系构成图上可以看到，建筑科学属于第十一个科学大部门，它介于科学与艺术之间。建筑是科学的艺术和艺术的科学。这讲的是建筑理论(科学)在现代科学体系整体中的纵横结构和内外关系。在建筑学科领域内也存在这种纵横结构和内外关系。作为更具体的建筑理论(如建筑价值观)又有其历史的连续性和阶段性。建筑史表明，6000年来人类对建筑价值的认识与选择，先后经历了实用建筑学、艺术建筑学、机器建筑学、空间建筑学、环境建筑学、生态建筑学等几个阶段，目前正在向信息建筑学(数字建筑学)时代迈进。

20世纪90年代，我建立了一个信息塔，形象地分析了信息的属性、层次和结构。建筑理论本身属于信息体系，因此，从这个信息塔上也可以看出建筑理论信息的属性、层次和结构。建立建筑信息塔的工作也可以称作建筑信息学。当我们明确了现有的建筑信息的属性、层次和结构时，我们便能采取科学的信息对策，决定弃取的选择，明确理论建设与创新的方向。

总之，建筑理论框架的建设必须有信息意识、信息观念，采用信息方法、信息技术，达到信息科学、信息文明的要求的高度。才能对目前的理论与实践现状水平做定性的判断。

## 四、建筑理论的起点和终点

建筑理论的起点和终点是什么？换一句说，人的正确思想(包括建筑科学思想、建筑理论)从哪里来？

这是一个在我国几乎是几代人耳熟能详的问题。答案是现成的“正确的思想从实践中来”，“正确的设计从实践中来”……然而，这个答案并不能解决我们的建筑理论的起点和终点问题。新中国成立后，半个多世纪的城市建设与建筑设计实践，完全可以证实这一点。按照陈腐的建筑学观念和方法，即使再有千百次更多的实践，也难逃出低水平重复的怪圈。

建筑理论的起点和终点问题，是一个科学哲学的问题，也是建筑科学学的问题，齐康教授曾提出要重视建筑科学学的研究，但至今尚未引起建筑界的足够重视。科学哲学对于建筑领域而言，就是建筑哲学。建筑哲学是建筑科学大部门通向马克思主义的桥梁。它才是研究建筑理论的(建筑科学)的起点和终点——总而言之，马克思主义是人类科学知识的最高概括，必须用马克思主义指导和检验我们的实践的起点和终点。

科学哲学的发展史表明。科学的发展或者科学理论的形成，前后经历了四个历史阶段：前科学时期、科学证明时期、科学发展时期和科学创新时期。20世纪初，科学哲学侧重于考虑科学的证明问题，科学经常是从猜测与假设开始的；40～50年代，人们开始关心科学发展的逻辑与研究心理学问题，二次世界大战后，将科学与社会生产紧密结合，迅速地转化为生产力，也大大推动了科学技术的发展；而70年代以来，人们普遍关心科学的创新问题，随着高新技术与生产的结合，创新将成为我们认识世界的主导方面。所谓“不怕做不到，只怕想不到”的说法，今天似乎可以实现了。正如格里芬在《后现代精神》中所指出的：“我们不单是作为社会产品的社会存在物，我们是能在某种程度上对我们所处的环境作出自由反应的具有真正创造性的存在物。”

创新理论可以有各种途径(或者讲不同的起点)，其一是对原有理论进行批判或否定，然后提出新观点；其二是改变原来科学认识的方法，通过新的方法创新理论；其三是通过想象，甚至违背原有的逻辑规则，来提出不同于以往理论观点的假说，如此等等。通俗地讲，可以是“接着说”，也可以“反着说”或“想着说”。当然，无论以何种途径为起点也不是随意的，是有其确切依据的。

**【主要参考文献】**

[1] 简明不列颠百科全书 [M]. 北京，上海：中国大百科全书出版社，1985.
[2] 金吾伦. 必须划清科学与技术的界限 [N]. 科技日报，2010-12-15.
[3] 格里芬. 后现代精神 [M]. 北京：中央编译出版社，1998.

# 后科学时代建筑科学发展观的基本理论

## 一、时代背景

在科学技术产业一体化，经济全球化、本土化、城市化、多元化的大背景下人类社会已进入后科学时代，即科学理论引领社会发展的新时代(表 1)

知识经济的基本特征　　表 1

| 比较内容 | | 工业经济 | 知识经济 |
|---|---|---|---|
| 1 | 动力 | 蒸汽机技术和电气技术 | 电子和信息革命 |
| 2 | 产业内容 | 制造业 | 知识和信息服务成为主流 |
| 3 | 效率标准 | 劳动生产率 | 知识生产率 |
| 4 | 管理重点 | 生产 | 研究与开发、信息与职业培训 |
| 5 | 生产方式一 | 标准化 | 非标准化 |
| 6 | 生产方式二 | 集中化生产 | 分散化生产 |
| 7 | 劳动力结构 | 直接从事生产的工人占 80% | 从事知识生产和传播者占 80% |
| 8 | 社会主体 | 工人阶层 | 知识阶层 |
| 9 | 分配方式 | 岗位工资制 | 按业绩付酬制 |
| 10 | 经济学原理一 | 以物质为基础 | 以知识为基础 |
| 11 | 经济学原理二 | 收益递减原理 | 收益递增原理 |
| 12 | 经济学原理三 | 周期性 | 持续性 |

资料来源：顾孟潮据袁正光“知识经济时代已经来临”一文整理而成。

后科学时代的中国城市建筑业、房地产业，虽然已成为国民经济的支柱产业之一，但是，亟须通过建立建筑科学大部门实现学科综合化、科学技术产业一体化，改变目前普遍存在的“有业无学”，“有硬无软”，“有量无质”，观念陈旧，缺乏基础理论研究依据，缺少整体观念和宏观战略思路，做法不规范的现状。

## 二、学科理论背景

建筑科学基本理论的范围十分宽泛，这里只能从建筑科学发展观——建筑哲学的层次，扼要介绍 6000 年来建筑文明史所表明的，在进入后科学时代之前所经历的六个阶段的建筑观念理论(图 1)。

(1) 实用建筑学阶段(原始社会至新石器时代)；

图 1　现代科学技术体系构想图

(2) 艺术建筑学阶段(青铜时代至铁器器时代);

(3) 机器建筑学阶段(原始前机器时代至机器时代);

(4) 空间建筑学阶段(20 世纪 50 年代);

(5) 环境建筑学阶段(20 世纪 80 年代);

(6) 生态建筑学阶段(20 世纪 90 年代)。

正如 1999 年国际建协第 20 届世界建筑师大会上，吴良镛院士执笔的《北京宪章》所指出的，世界建筑界有识之士经历了 20 世纪的“大发展”和“大破坏”，对大自然的报复、混乱的城市化、技术“双刃剑”、建筑魂失色有了深刻的认识，开始有了共同选择的未来——对建筑科学“学科和专业体系重新定义”。笔者认为重新定义建筑科学这乃是后科学时代建筑界共同的历史使命。

## 三、钱学森的建筑科学发展观

钱学森先生高瞻远瞩、高屋建瓴，于 1996 年 6 月 4 日，明确提出建立建筑科学大部门的问题，同时将建筑科学纳入他的现代科学技术结构体系图(图 1)。

笔者认为，钱学森的建筑科学发展观的理论价值与实践意义主要体现在以下几个方面：

(1) 明确指出发展建筑科学，改进建筑现状的总的指导思想是马克思主义。

(2) 明确发展科学，推动实践活动的科学总方法和总对策是把还原论与整体论结合起来，采用大成智慧工程的现代方法。

(3) 明确对现代科学技术理论发展具有奠基意义的总的框架体系。

(4) 明确主张建立现有学科的领头学科，如城市科学中的城市学，建筑科学中的建筑哲学，园林艺术中的园林学，发挥领头学科对学科理论创新(源头创新)的带头作用。

(5) 明确建筑科学中的两个总概念——宏观建筑(城市)与微观建筑(建筑)，有助于改变长期徘徊、停滞不前的局面，从而推动建筑科学整体向前发展。

21 世纪第一个十年即将结束，建立建筑科学大部门的基本理论与实践尚无实质性进展，令人焦虑。我们中国建筑界再不能等待下去了！学习、研究、传播钱学森建筑科学发展观，对于学科和行业发展将会有深远影响，此事做好也是对世界建筑科学领域的重要贡献！

## 四、构想建筑科学技术结构体系

建立建筑科学大部门，必须从现代建筑科学技术结构体系整体出发，进行调查研究，探索发展建筑科学的切入点和突破点。

1996 年 4 月 9 日，在钱学森现代科学技术结构体系思想的启示下，为开设建筑哲学课，笔者曾构想了一个建筑科学技术结构体系图，虽然说明了一些问题，但当时远远未能站到后来(1996 年 6 月 4 日)钱学森提出“建立建筑科学大部门”的高度，所以，这次做了重要的修改补充(图 2)，希望通过大会交流得到各位的指正。

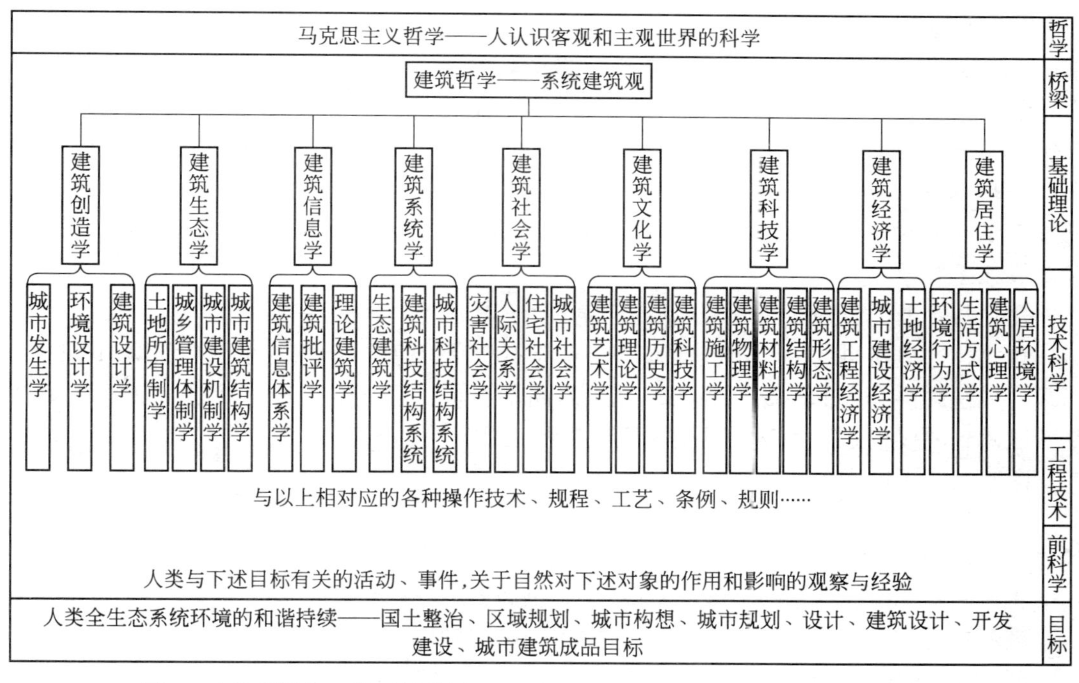


图 2　建筑科学技术体系结构图(1996 年 4 月 9 日初稿，2010 年 5 月修改稿)

## 五、建立和不断完善建筑哲学观(系统建筑观)

后科学时代是系统建筑学的时代，必须建立和不断完善建筑哲学观(系统建筑观)。

后科学时代(知识经济时代)的最大特点是科学技术成为第一生产力，急需科学和理论的创新。建立和不断完善建筑哲学观(系统建筑观)，便属于这种创新。这是让建筑哲学观继续推进信息螺旋(图 3)和信息单元(图 4)中的建筑科学信息转化为现实生产力。

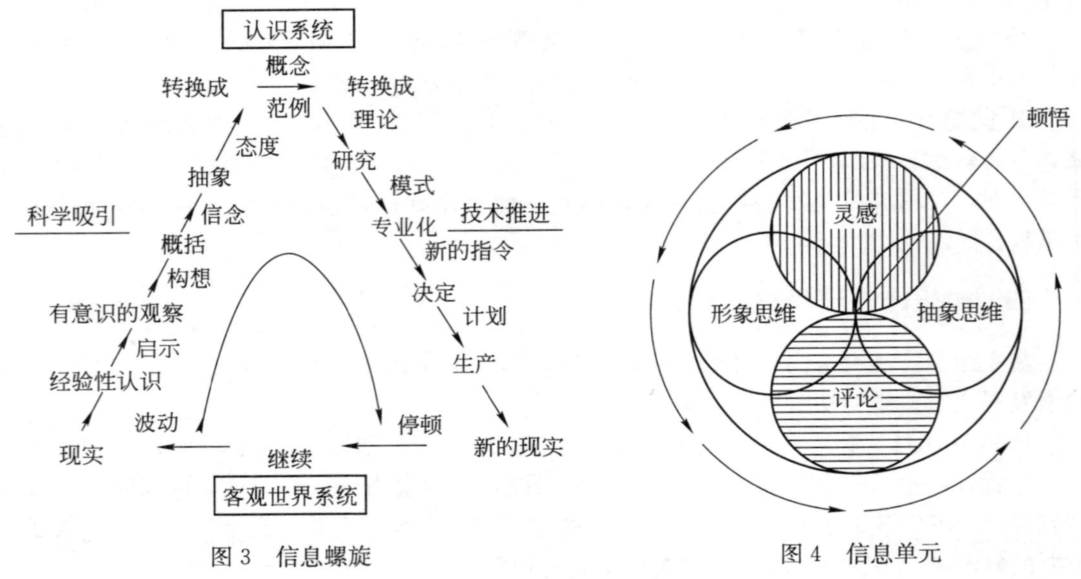


图 3　信息螺旋

图 4　信息单元

英国著名哲学家罗素(Bertrand Russell，1872—1970)曾这样表述过他所理解的哲学："哲学，就我对这个词的理解来说，乃是某种介乎神学与科学之间的东西。它和神学一样，包含着人类对于那些迄今仍为确切的知识所不能肯定的事物的思考；但是，它又像科学一样是诉之于人类理性而不是诉之于权威的，不管是传统的权威还是启示的权威。一切确切的知识——我是这样主张的——都属于科学；一切超乎确切的知识之外的教条都属于神学。但是介乎神学与科学之间还有一片受到双方攻击的无人之域，这片无人之域就是哲学。"

建立与不断完善建筑哲学观(系统建筑观)任重道远，笔者愿与各位同好者共勉！

总之，这里所讲的一切，包括强调建立与不断完善建筑哲学观(系统建筑观)的重要性问题，只是讲讲个人的思路。要实现这个思路的目标，仍然要采取大成智慧工程的方法。我所能做到的仅仅是"抛我之砖引彼之玉"的工作。

谢谢大会主席和各位同道给我这个交流机会！

**【主要参考文献】**

[1]　袁正光. 知识经济已经来临 [J]. 科普研究，1998(2).

[2]　顾孟潮. 知识经济时代的城市规划学与建筑学 [J]. 规划师，1998(2)：101～104.

[3]　顾孟潮. 建筑学观念的变迁 [J]. 百科知识，1993(4)：42～44.

[4]　吴良镛. 建筑·城市·人居环境 [M]. 石家庄：河北教育出版社，2003：122～127.

[5]　钱学森. 哲学·建筑·民主——钱学森会见鲍世行、顾孟潮、吴小亚时讲的一些意见 [M]//鲍世行，顾孟潮编著. 钱学森建筑科学思想探微. 北京：中国建筑工业出版社，2009：463～465.

[6]　顾孟潮. 试论钱学森建筑科学发展观的理论价值与实践意义(纲要) [J]. 新建筑，2010(1)：

135～136.
[7] Eskil Block Tiber Hottry. Future Cities and Information Technology [R]. The National Swedish Institute for Building Research，1988.
[8] 顾孟潮. 系统理论与建筑设计创新 [J]. 世界建筑，1995(5).
[9] 罗素. 西方哲学史(上卷) [M]. 商务印书馆，1981：11.
[10] 童鹰. 哲学概论 [M]. 北京：人民出版社，2005：1.

# 怀疑和批判是建筑评论创新的灵魂

## 一、质疑

关于建筑评论，建筑界内外众说纷纭。下面试举八种比较有影响的说法进行评论[1~4]。

(1) 一个艺术品是评论者创造的起点。评论与现实的距离比艺术品离现实的距离更远。这种说法忽视了评论与现实的距离常常比艺术品更近而不是更远的事实。现实是艺术品作者和评论者共同的创造起点，要创作必须先进行评论，包括评论现实和评论已有的艺术品。

(2) 建筑评论是由建筑理论、建筑历史及建筑评论三者相互影响与相互制约的关系所决定的。这种说法把评论内容简单化、狭隘化了。评论首先是社会现实的普遍需求，把评论只局限在理论、历史和评论三者之间，往往会将评论变成少数评论家几个人的事情。

(3) 建筑评论是建筑理论的一个组成部分。这种说法只讲到了建筑评论的理论属性一面，建筑评论属性的另一面是它的实践性，它也是运用已有的理论和经验评论对象、提升对象的一种社会实践。

(4) 批评是一种思想行为的模仿性重复。这种说法是与第一种说法的观点类似，已作评述。

(5) 建筑史本身就是一种建筑批评。这种说法指出了批评的历史作用，而未指出评论干预实践，推动实践前进的现实作用。更为重要的是现在进行时的建筑评论。

(6) 建筑是凝固的音乐。这种说法只是一种比喻，而不是建筑的科学定义。

(7) 每个人都是建筑评论者，有评论的权利。这句话只说对了后半句，每个人都可以评说建筑，但并非这些评说都可称为建筑评论。科学的建筑评论要求评论者要有相应的理论、经验、知识积累。

(8) 20 世纪是评论的世纪。评论是永久的需要和永久的存在。从这个意义上讲，任何一个世纪都是“评论的世纪”。

## 二、解读

建筑评论是什么？在此姑且作广义的解释。

建筑评论的内容丰富而复杂、它可以是对某个建筑作出的价值判断，可以是对建筑赖以存在的社会与环境的批评与分析，也可以是对建筑师的创作思想与过程或者是对其设计手法，使用效果。经济效益等作出的局部鉴定与评价[5,6]。

2002 年，马里奥・博塔，这位当代著名的现代主义理性建筑大师，从瑞士来到中国。

他徜徉在北京壮丽的故宫建筑群里，对身边的中国建筑师说了这样一句话："你们没有必要生搬西方的东西，只要把故宫研究透就够了。你看，故宫只有两三种色彩、两三种建筑材料，就是用这么简单的东西就营造出如此震撼人心的建筑环境!"

马里奥·博塔这番话便是言简意赅的建筑评论。

建筑评论是一门中间性、中介性十分强的学科。它既是有极强理论性的理论活动；又是有极强实践性、针对性的实践性活动；它是沟通理论和实践、业内和业外、业主和建筑师的纽带，也是提升自己实践水平、思维水平的中介环节。

简而言之，建筑评论是对建筑对象(作品、人物、事件、现象、过程等)进行全面系统分析后，作出的判断、区别、评价、科学分析、概括和总结[7,8]。

## 三、创新

建筑评论的最终目标是创新。怀疑和批判是建筑评论创新的灵魂。这两句话可分三层加以说明。

第一层，科学性是建筑评论创新的基础。建筑是科学，因此建筑评论是探索建筑科学的理论与实践，因此，建筑评论是建筑学科和建筑事业发展指向求真知的科学，但建筑和建筑评论的科学性至今并不为建筑界内外认识和重视，可见在建筑上求真知难。

目前我国的建筑评论理性不足，感性较多，随意性较多，远远未能发挥建筑评论应有的明是非、辨真伪、求真知的作用。建筑评论无论在数量上还是质量上都存在着不少亟待解决的问题。社会上大量存在的叫卖式的、宣传广告式的、炒作式的建筑评论，常常对城市建设、建筑设计、建筑创作产生误导作用，使一些不应入选立项的项目入选、开工甚至获奖，造成决策失误。

建筑评论必须真正贯彻科学精神才能有生命力，而科学精神的实质，至少应当包括以下几个要求，即：评论的依据要客观，评论的怀疑要理性，评论的思考要多元，评论的争论要平等，评论的环境要宽松，评论的结论要实践检验。只有贯彻这些科学精神，建筑评论才能生存和发展[9,10]。

第二层，怀疑和批判是建筑评论创新的灵魂。笔者赞同英国著名哲人科学家皮尔逊(1857～1936)的观点："通向知识和最终确信的唯一真实道路是怀疑和怀疑论。"

皮尔逊这番话把怀疑和批判的意义讲得十分深刻。是的，怀疑和批判是通向知识和最终确信的惟一真实道路，我们只有登上怀疑和批判这个通向科学探索的第一个阶梯，才能走上通向知识和最终确信的唯一真实道路。

同样，对于建立建筑科学、建筑作品和建筑人物的确信，形成正确的舆论导向的建筑评论，也必须从怀疑和批判开始。

为了使人们对建筑建立科学理性的确信，建筑评论必须贯彻理性怀疑与批判的精神，对评论的对象加以质疑和批判。否则建筑评论便会步入轻信与盲从的误区，出现错误的评论导向。评论最忌轻信与盲从，轻信与盲从是反理性的无知的表现。

在建筑界，轻信与盲从常常表现为教条主义和崇洋思想。我国建筑事业发展缓慢与此有密切关系。无论是在建国初期一些人不加分析批判地搬用苏联模式，还是改革开放初期一些人又不加分析地搬用欧美模式，他们的思想毛病都是一样的。20 世纪 50 年代，有些人曾片面提倡"社会主义现实主义"的创作方法，搞所谓"社会主义内容，民族形式"的建筑，把“大屋顶”当作民族形式的唯一表现手法等等。20世纪80～90年代又生搬硬套方盒子、现代主义、后现代主义、解构主义等建筑手法。这些都大大压抑了有生命力的、有中国特色的本土模式的成长，盲目建了许多今天看来只能称为建筑垃圾的东西。历史证明，这种生搬、照抄、模仿的道路是行不通的。

第三层，建筑评论是通向建筑创新之路。建筑评论的怀疑—批判—判断的全过程，其目的就在于促进创新、启迪创新。破与立、批判与创新是一对孪生的弟兄。建筑评论中的怀疑与批判是建筑创新的先导。从创新的角度去理解和把握怀疑与批判，我们才能认识到它们是建筑评论创新的灵魂。从另一个角度说，既然任何一个建筑评论都是一种求异行为，它必须创造性地表明赞成什么、反对什么；这种赞成与反对的思考就会是有风险的。

中外建筑史上不乏这样的实例：卢斯这位欧洲新工艺美术运动的代言人，曾高呼“装饰就是罪恶”的怀疑与批判口号向折衷主义宣战；现代主义建筑旗手勒·柯布西耶曾呼吁“向飞机轮船学习”、“不是住宅就是革命”，高擎现代主义大旗把现代建筑理念带给世界；后现代主义的精英则有时间、有地点地宣布“1971年×时×地现代主义建筑已经死亡了”……这一切表明，每一次充满科学精神的怀疑和批判，都会把人们的建筑价值观念提升到一个新的高度，都会补充和发展前人的认识。

科学的建筑评论者还应当具有这样的品质——理解城市，理解生活，承认建筑与规划是一门科学。

著名建筑师贝聿铭曾因他的两位业主对他的评论不同，从而导致他设计上的一失一得。1971年，贝聿铭参加了法国巴黎德方斯新区尽端规划设计，为了与巴黎的凯旋门遥相呼应，他沿主轴线做了一个中间为“U”和“V”形开口的孪生双塔方案，贝聿铭的创新设计没有被当时的业主认识，未被采纳。直到今天，仍有不少人为此方案未被实施而痛惜。10年后的1981年，密特朗当选为法国总统，他支持和保护贝聿铭创造性地设计出卢佛尔宫广场上的玻璃金字塔入口和卢佛尔宫的地下扩建工程，使其当之无愧地成为巴黎最宝贵的杰作。贝聿铭称密特朗总统这样的业主为“伟大的业主”。

可以看出，建筑评论对于建筑创新的作用极大。合格的建筑评论者面对有所创新的建筑评论对象时，他一定是鼓励创新而不是压制创新，鼓励创新是建筑评论者最难能可贵的品质。可以说，一个建筑评论者能否鼓励创新，是其建筑评论水平高低的试金石。

需要强调的是，科学的建筑评论是建筑创新的舆论环境与保护神。特别是专业性建筑评论更具有说服力，它通过对创新作品的解读和宣传，使人们理解和接受作品的创新之处。1956年，著名的悉尼歌剧院设计草图险些遭到遗弃，是被建筑大师沙里宁从废纸篓里捡回来的，而悉尼歌剧院现已成为超越时代的建筑杰作，它的设计者伍重，在85岁高龄时荣获普利茨克建筑奖。这又一次证明，建筑评论对于保护创新、支持创新有多么重要，又是多么艰难。

**【主要参考文献】**

［1］ 郑时龄．建筑批评学［M］北京：中国建筑工业出版社，2001.

［2］ 崔勇．建筑评论何为［J］．华中建筑，2001(1)：13～14.

［3］ R. 勒克韦．批评的概念［M］．张今言译，杭州：中国美术学院出版社，1999.

［4］ 顾孟潮，张在元．中国建筑评析与展望［M］．天津：天津科学技术出版社，1989.

[5] 顾孟潮. 建筑评论的作用与艺术——致《建筑评论何为》作者崔勇同志 [J]. 鞍山科普，2001 (4)：20.
[6] 顾孟潮. 关于建筑评论学的通信 [J]. 鞍山科普，2001(2)：22～23.
[7] 顾孟潮. 建筑评论与建筑评选——喜读郑时龄先生的《建筑批评学》[N]. 中华建筑报，2001-02-17.(5).
[8] 罗小未，张晨. 建筑评论 [J]. 建筑学报，1989(8)：41～47.
[9] 鲍世行，顾孟潮. 山水城市与建筑科学 [M]. 北京：中国建筑工业出版社，1999.
[10] 鲍世行，顾孟潮，涂元季. 钱学森论宏观建筑与微观建筑 [M]. 杭州：杭州出版社，2001.

# 当代中国建筑艺术的危机与其他

大概是基于信息社会背景的特点，近年来出现了世界性研究语言的热潮，建筑艺术方面也不例外。据我所知，相继出版的专论建筑语言的中外文书便有：约翰·萨姆森的《古典建筑语言》，查尔斯·詹克斯的《后现代建筑语言》，布鲁诺·赛维的《现代建筑语言》，亚历山大·克里斯托芬的《模式语言》等，无论其篇幅大小，都成为风靡世界，至今为人们瞩目的建筑理论著作。这一现象本身就值得我们重视和思考。

## 一、语言决定风格

自1763年鼎鼎大名的约·杨·威盖尔曼把“风格”这一概念引入他所编写的艺术史，成为用以概括历史上艺术现象的术语沿用了200多年。直到20世纪初以前，人们普遍关注建筑风格的讨论。我国新中国成立后也相继有三次关于建筑艺术风格的大讨论(第三次是1978年以后的新时期内进行的，一直到1986年《中国城市导报》组织的“中国建筑风格”讨论)。当20世纪20年代现代建筑运动崛起后，才开始有对历史上的风格概念的反思和批判。现代建筑运动的旗手，建筑艺术大师勒·柯布西耶强调说“风格是谎言”，“建筑艺术与各种风格毫无共同之处”，另一位现代建筑艺术大师格罗皮乌斯也说，“我们寻求新方法，而不是风格”，他们二位从理论到实践都在革历代风格之命。然而传统的力量如是之大，不无讽刺地反而把柯布西耶、格罗皮乌斯二位封为国际建筑风格的创始人。人们并不知道他们的历史性贡献，反而把他们当作千篇一律的火柴盒的始作俑者。直到20世纪60年代以后，才兴起了研究建筑语言的热潮。我认为，建筑艺术上从讲风格、抄袭历史风格——反风格——强调语言，这一进程的变化本身是一种进步，是人类对建筑艺术本质认识的深化。要提高我国建筑理论的学术水平，必须循此大势所趋前进。

这里我所谓“语言决定风格”命题的含义是显而易见的。风格首先来源于要“说什么”(语义)，至于“怎么说”，即“风格”则是第二位的、派生的东西。然而，自有艺术史以来，往往把重点放到对“怎么说”——风格的议论上。其实未来的风格是并无定格的，不可能也不应该主观地先定个某某风格而后去追求；相反地，对未来的追求只能是尽力明确要“说什么”，随后才会有相应的风格出现。目前往往把中国特色、民族风格、社会主义等划定为某种风格是不足取的。这就是我之所以建议关心建筑艺术发展的建筑界内外的读者读有关建筑语言的三本书(均有中文译本)——《走向新建筑》、《现代建筑语言》、《后现代建筑语言》的原因。

阅读和讨论这三本书，我以为不仅对建筑师有利，对于社会各界广泛人士也是很有意义的，会有助于我国建筑观念的更新，这是相互理解和合作的前提。

从不久前北京举办的，群众评选北京20世纪80年代十大建筑的活动可以看出，建筑师和一般公众对建筑艺术有自己不同的选择。并非建筑师欣赏的群众便一定喜欢，有时还差得很远。看来建筑语言上的相互沟通是很必要的。中国建筑要走向世界，首先要走出建筑界，得到国内社会各界的理解和支持才行。

语言是社会交流思想的工具，有很强的社会性，它可以作为桥梁，使建筑界的学术活动产生更大的社会效益，促使更多的人读读这类有针对性的论述建筑艺术的书是个好办法。

研究建筑语言，可以毫不夸张地说，无论从内容还是从方法的角度看，都达到建筑理论研究的新阶段，新的高度和更加宽广的研究范围，不再是就建筑论建筑的层次了。

## 二、当代中国建筑艺术的危机

当代中国建筑艺术的危机何在？

可以从人们常常发出的呼吁中得到反映：呼吁“给建筑师松绑”，“提高建筑师地位”是出现频率最高的；其次是建设体制急需改变(目前建设部的成立是个开端)；缺少建设资金，即发展建筑艺术的经济基础薄弱；亟待立建筑师法、规划法……；有“反对千篇一律、鼓励创新”的呼声，而缺少有力的措施；存在复古主义趋势，满足于靠老祖宗的遗产混日子；不合格的设计不少，屡次发生安全事故；设计竞赛的评选不公正，投标不合理现象不断出现；建筑人才不仅奇缺，而且观念陈旧、水平不太高；建设规模过大，并且一直压缩不下来；中青年难得有破土而出的机会；认为“越有民族性就越有世界性”的错误观念普遍存在；盲目抄搬国外的现象也不少……

在《后现代建筑语言》一书中，詹克斯对历史上至今存在的三种建筑体系(个体建筑体系、公共建筑体系、开发者的建筑体系)作了精辟的分析和比较。联系我国的具体情况应属于体系二——公共的建筑体系。其本质特点是：公家的建筑师，雇主不是使用人，建筑师与使用人之间既无直接的对话也无直接的合作。其设计都是按抽象的使用人，过于粗略的设计任务书要求(其实是长官主观制定的)凭良心作，完全可以按旧法炮制，抄用旧图纸，因为既未形成竞争机制，也无必要的监督体制。

建筑艺术本质上应是建筑师(设计者)与使用者和管理者“合作的艺术”。而我们的体制使建筑成了“恩赐的艺术”——由长官定，给你就比不给强，不仅使用者无选择性，连管理者也无选择性。这种方式完全无整体长远的考虑，“脱离了历史性城市的尺度”(文化的脉络)，对建筑师和社会两方面都是一种异化。因为我们目前的管理和分配体制需要“千篇一律”(面积、朝向、设备、结构、样式等等千篇一律才便于施工、管理与分配)。异化的最大原因在于：今天设计规模“太大”(喜欢推倒重建，不喜欢改造)，“旅游者(住户也是一样)被当成一群肉牛”，顺溜而连续地从一个地点转移到下一个地点。

正如詹克斯所分析的，今天的建筑恶俗、粗野又过于庞大，“因为是按不露面的开发者的利益，为不露面的所有者，不露面的使用人制造的，并且假设这些使用人的口味与陈词滥调等同”。这里的三个不露面(开发者、所有者、使用者不露面)即是病根。人们只关心面积和利润、奖金，使用人被抽象化、简单化了。这种建筑艺术上的“千篇一律”不是建筑师一方面的积极性和创造性所能扭转的，需要有三个方面的积极性。需要把现行建筑艺术生产体系来个彻底的改造。当然，不改变传统的风格观念或建筑师的思维方式，不会改变整个状况。

我认为，改造现行建筑艺术生产体系的道路是：实行建筑产品的商品化(不仅是住宅商品化，应包括一切建筑产品，包括土地、道路、桥梁、城市公共设施、交通工具等)，形成竞争体制和相应的立法制度，实行定质定量的管理责任制，缩小建设规模，多渠道(国家、集体、个人)地筹集建设资金，加强开发者、所有者、使用者三方面的联系和合作……到那时建筑语言的形式和内容才能丰富。

## 三、观念决定语言

有什么样的建筑观念便会选择什么样的建筑语言。

当把建筑当作雕塑、绘画，当作凝固的音乐和立体的诗时，人们就选择古典建筑语言，追求比例、尺度、对称、韵律、节奏、宏伟、壮丽……；当把建筑当作“居住的机器”时则会选用现代建筑语言，强调赛维所说的七条准则，按物质功能要求进行设计，反对对称和协调、反对三维透视、主张四维分解等。只有在把建筑看作环境的科学和艺术的观念下，才会学习和创造出后现代建筑语言。后现代语言像其他语言一样，绝不会纯而又纯的，同样会有用词不当、句法不对、求新生造，甚至污秽的部分，有脏字和粗话、含糊不清，模棱两可的成分。但从本质上讲，后现代建筑语言是强调人性的、环境的、当代的，正在发展的建筑语言。它不像古典语言是“万能的神的语言”，充满了虔诚、迷信和崇高；也不像现代建筑语言是“机器美学的语言”，渗透着工业逻辑和理性，后现代建筑语言是商业社会的语言、广告式的语言、小人物的地方方言，追求交往和对话语境及气氛的语言。后现代建筑产生和发展的1/4世纪(30～40年)表明，尽管有那么多讽刺、挖苦、打击，它还是发展起来了，而且来到中国，并且挤到全国优秀设计奖作品的行列之中。

《后现代建筑语言》的字里行间反映着后现代派建筑师新的建筑观念。文丘里是后现代主义建筑的旗手。他的第一本书《建筑的复杂性和矛盾性》(1996)旗帜鲜明地声明了他的偏爱：以复杂性和矛盾性针对简洁性；宁要模棱两可和紧张感而不要直陈不误；宁要“两者兼具”而不要“非此即彼”；要双重功能性元素而不要单打一；要混杂的，不要纯粹的元素；要总体上的杂乱，而不要一目了然的统一。

文丘里认为，建筑艺术应当是一种交流思想的工具。他坚决主张，建筑物应当看来像装饰性门面而不是“鸭子”门面是带标志性的简单外壳，而鸭子是一座由功能而得外形的建筑，其结构、构造、体量都成了装饰。后现代派认为建筑要与人对话，所以追求标志和隐喻。

他们认为，建筑艺术比诗歌更为依凭感受者摆布。建筑艺术作为一种语言比口语具有更大的可塑性，并服从于寿命不长的译码的变迁。在一座建筑物的300年寿命中，人们看待和使用它的方式可能每十年改变一次。基于这种“建筑寿命观”，后现代派追求的不是永恒的伟大史诗，而是眼前的视觉和使用上的享受和刺激。

显而易见，人们经常是漫不经心地体验着建筑艺术，或者在情感上和愿望上带着最大的偏见——这与人们欣赏交响乐或艺术作品的方式大相径庭。这意味着，如果建筑师想使他的作品能达到预期的效果，并不因译码变化而被糟蹋，他就必须利用流行的符号和隐喻所具有的冗余度，使其建筑物有过多的代码性。这大概就是我们有时看到后现代派作品时，会感到符号多余的答案。

我认为，建筑是全频道的体验的艺术(不仅仅是视觉艺术)，它给人以眼耳鼻舌身心的体验。而人们体验建筑如同坐在家里看电视剧，需要不断有母题重复，画面重复，语言展开，插入旁白和附加……因为观众的漫不经心，没有必要的重复和强调往往被人们忽略。所以用后现代建筑语言说话，可以说搞建筑设计就是为人们编写“电视连续剧的脚本”。电视剧和后现代建筑是同步发展的艺术。当代中国建筑艺术要发展和提高必须正视这一背景。建立正确的建筑艺术观念，选择适当的建筑语言。后现代主义特别强调地方性和文脉，所以中国的后现代主义建筑当然应当有别于外国的后现代，但本质上是相通的。这大概就是学习和思索这本小书的意义所在吧。此书出版 11 年后，更证实了他的许多论断是经得起时间的考验的。

# 建筑美学四题——形势、对象、经验、后现代

美学，是近年来我国学术界理论界的热点之一。从基础美学到技术美学、各种行业美学以及商品美学、服务美学等等，各类美学著作不断涌现出来。最近，又有杨思寰主编的《美学引论》问世，据此听到中国美学走向成熟的评论。此论如何，我不敢妄言。下面仅就建筑美学谈一点个人看法。

## 一、建筑美学研究的形势

**1. 我国美学研究的总形势显然很好**

正如著名美学家蒋孔阳先生所指出的，其发展趋势主要表现在三个方面：

趋势之一：在继续进行哲学的、心理学的、艺术学的综合探讨的同时，着重从理论上探讨美学的各种基本问题，如美的本质、美感、美的创造、美学范畴等。

趋势之二：进行纵向的历史研究，追本求源，探索美学发展的规律已经取得重大成就。中国美学史、外国美学史以及一些重要的流派和思潮等领域，都有同志披荆斩棘，辛勤耕耘，取得不少成绩。

趋势之三：加强了美学研究的横向联系。适应近代各门类学科相互分工而又相互渗透的发展趋势，美学也就突破了自身传统的范围，与各门类艺术，各种科学以及各个社会生活各领域发生联系，从而形成了各种各样的门类美学。

**2. 开展门类美学研究的重要意义**

也如蒋孔阳先生所指出的有两个方面：一方面，扩大了美学研究的范围和领域，加强美学理论与实际的联系；另一方面，加强了美学理论的社会作用，使它们积极地在现实生活中发挥作用，套用一句时髦的话说，叫做将美学理论转化为社会的现实生产力，不仅有社会效益也有着深远的经济效益。

**3. 建筑美学的理论体系急待建立**

与整个美学界的情况类似，近年来我国研究建筑美学、出版建筑美学书籍的温度也很高，而且也出了几本建筑美学专著。但真正称得上建筑美学的研究，起步较晚，以前主要是建筑艺术或园林艺术鉴赏的著述较多，因此可以说，建筑美学的研究水平远远落后于美学基础理论的研究。某些自称建筑美学的研究文章似乎尚未跨入美学的门槛。远远不满足近年来我国城市化和城市建设的高速发展形势的要求，迫切需要建筑美学的科学研究加速、提高，以发挥其指导实践的作用。有三件事可以反映这种需要的迫切：

（1）著名科学家钱学森等倡议我国现今的城市建设要汲取古代园林建筑的优秀传统，建设“山水城市”，涉及不少建筑美学和城市美学的问题。[1]

(2) 北京市委领导在优秀住宅设计方案表彰大会上讲话时强调，坚决夺回古都风貌，体现时代精神、民族传统、北京特色，并防止千篇一律[2]。同一天的《北京日报》二版开设《我喜爱的具有民族风格的新建筑》候选建筑专栏，介绍了北京港澳中心、北京仿唐饭庄的位置、面积、用途、设计特色及主要设计人的名字。这是建国44年来的创举，让市民更了解自己城市中的当代建筑文化及其主要创作者，并请北京市民投票评选最喜爱的“具有民族风格的新建筑”。就此也需要普及一些建筑美学知识。

(3) 文化部副部长高占祥在《中国文化报》理论版，以《在改革开放中建设社区文化》为题发表的长文中，明确提出三个“要十分重视”，即要十分重视建筑艺术，要十分重视环境艺术，要十分重视群体艺术。他指出，建筑艺术是一个地区文化艺术中最普遍、最宏大、最壮观的体现物。建筑艺术既有历史的连续性和对未来的限定性，又直接对人们的心理、生理施加影响，起着能动地传播新的物质文明和精神文明的作用。

建筑是人类文化的纪念碑。环境艺术是社区文化建设的重要方面，属于“环境文化”、“背景文化”的建设，要精心设计，注重其艺术性。在社区的发展过程中，人们形成的相近和相同的审美理想、表达方式和活动形式的群体艺术，具有很强的吸引力和凝聚力，它能够转化为社区物质文明和精神文明的影响力和推动力，应当十分重视。[3]高占祥的三个“要十分重视”，既是美学研究对象，又是发挥美学理论力量的重要方向。

以上讲的是建筑美学所面临的形势和任务。

**4. 20世纪80年代中国建筑界出现“美学热”**

曾先后召开的多次有关城市美学、建筑美学、园林美学、环境艺术等学术会议不算，仅从建筑美学著作的出版上便可看出热的程度。首先是翻译引进了一些国外建筑美学论著，特别是有关后现代主义建筑理论的书，如罗杰斯·斯克鲁登［英］的《建筑美学》，哈姆里［美］的《建筑形式美的原则》，文丘里［美］的《建筑的复杂性与矛盾性》，詹克斯［英］的《后现代建筑语言》，芦原义信［日］的《隐藏的秩序》等。其次是出版了国内学者撰写的几部建筑美学专著，开始建立自己美学体系的构架，取得了可喜的成果。如：

汪正章的《建筑美学》，全书紧扣“建筑美”这一中心论题，就建筑美的产生、意义、特性、进展、原则、形态、机制及其艺术品位，展开了多侧面、多层次、多角度的论述，构建起了一个明晰的建筑美学理论框架……着重于揭示建筑美的普遍规律和探求建筑美的内在奥秘。[4]

邓焱的《建筑艺术论》作为系统理论是比较严谨的，具有体系新、角度高、跨度大、内涵广和信息多的特点。他把中国建筑的美学特征概括为“气韵生动、纡余委曲、神形兼备、体宜因借、淳熟柔和”，从技术美学思想向“有机”、“文脉”乃至“回到自然”方向发展。[5]

王振复的《建筑美学》，对建筑美的本质作了系统解析，概括为八种特性——物质材料性、实用性、自然性、空间(时间)性、抽象性、模糊性、系统性与移情性；对建筑美的“模糊”论有所丰富与发展；对中华传统建筑美进行了颇为系统的理论总结，认为中华古代建筑美，是中华传统哲学、科学、宗教、伦理学、美学与艺术情趣在东方地平线上的本土树立起来的巨大文化现象；令人信服地论证了中华古代宇宙观与建筑空间(时间、意识之间的深层文化结构……)。[6]

曾昭奋《创作与形式》一书中，《后现代主义来到中国》和《20 多年来的后现代建筑》两篇论文，对于后现代建筑流派产生、发展以及来到中国的初期情况(1987 年以前)，并对有关后现代建筑的五本洋书、三次展览、七位明星、五个倾向、两种反应作了扼要的论述。

许溶烈主编的《建筑师学术·职业·信息手册》[7]，在第三篇信息篇中，"当代主要建筑思潮"与"流派和当代国外知名建筑师"两章，专门论述后现代主义及其代表人物，力求客观、真实，具有相当的权威性，代表了目前国内对此流派及其代表人物的基本评价。

与当代和历史上其他建筑流派类似，后现代主义者提出了新的建筑审美价值观，并且产生了广泛深入的影响。因此，我认为不应当只对建筑美、建筑艺术等基本概念作静态的研究，而应当作动态的、纵向的建筑审美价值观念变迁的考察。须知，艺术技巧、手法、感受、形式美原则等等，都是伴随着审美价值观的变化而变化的。前述有些建筑美学专著的致命弱点便在于此：对于建筑审美价值观这个审美出发点或审美的背景意识认识和分析不足，结果将陷入把一些技巧、手法、形式美原则、审美判断绝对化的境地而不能自拔。

## 二、建筑审美价值观的变迁

美学研究的首要任务是解决本体论的问题。解决其哲学、心理学、艺术学根据问题，即在于对某种美学思想认识的正确理解，对美学体验和判断能力的理解。因此，讨论建筑审美的价值和性质问题，首先必须解决什么是建筑？什么是建筑学？建筑审美价值判断的标准问题。[8]

**1. 当代建筑学观念形成与发展**

什么是建筑？什么是建筑学？这是多年来困扰当代学术界、建筑设计工作者的问题。英语 architecture(中文常译作建筑、建筑学和建筑艺术等多种)一词来自拉丁语 architectura，可理解为关于建筑物的技术和艺术的系统知识，即我们所称的建筑学。

然而，有关建筑学的观念和知识，随着人类对主客观世界认识的深化，在历史发展进程中，其内涵和外延都在不断地拓展和变化。要考察当代建筑学观念的形成与发展，首先得把它还原到世界范围的框架——相应的历史长河和广阔的社会变更总的背景之中，才能看得更清楚、更准确。我认为，就建筑的价值观而言整个建筑观念的发展史，从有文字记载的 6000 年前到目前为止，经历了五个阶段(也可谓五种建筑观或五个里程碑)：

(1) 实用建筑学阶段。

(2) 艺术建筑学阶段。

(3) 机器建筑学观念的阶段。

(4) 空间建筑学观念的阶段。

(5) 环境建筑学观念阶段。

**2. 中国建筑美学观念的现状与未来**

当今中国建筑学观念处于上述五个阶段中的哪个阶段呢？从空间上讲，全国各地持前三种观念的人属绝大多数，持第四、第五两种建筑观念的人属于正在补课阶段，尚不成熟。从时间上讲，1976 年以前，前两种建筑观属主导地位，第四种是近 10 来年才发展起来的。自 20 世纪 50 年代提出的"适用，经济，在可能条件下注意美观"的说法是旧建筑学观念的典型表述。历史上地看，继续用这样一个不够全面、不够深刻和严密的提法来指导我们的现代城市规划、建设和建筑设计是远远不够的。在大力从事经济建设的同时，也亟须加速我们建筑学观念的更新，建设能指导中国特色的城市建设与建筑设计的理论。下面我将国内有关建筑美学、建筑艺术的定义作概略介绍：

（1）Architecture 指建筑物、建筑群和其他构筑物的科学和艺术，即功能合理、结构正确、经济和美观的科学和艺术。[9]

（2）建筑美学，是专门研究建筑与现实审美关系的一般规律的美学学科。它十分重视研究的内容主要为——建筑艺术特征、风格和形式美的原则，艺术鉴赏理论和方法。[10]

（3）建筑美学是一门正在兴起的美学学科，是研究建筑领域中美学问题的科学。英国美学家罗·斯克鲁登是建筑美学的创始人。目前，建筑美学正趋向于研究建筑美学和城乡环境的关系、建筑美的审美效应、建筑美和山水园林的关系。建筑美学在西方又和美学思潮相联系。[11]

（4）建筑艺术、建筑美学是一定的社会意识形态在建筑形式上的反映。它运用群体、空间、体型、比例、尺度、色彩、质感、装饰等建筑“语言”，构成特定的艺术形象、美学形象，以表达时代精神和社会文化风貌。[12]

（5）建筑的美，首先呈现给我们的当然是它的形式，建筑形式的构成是前后相接的两个相反过程：任何建筑形式体现了“统一、均衡、比例、尺度、韵律与秩序”五大原则；其次，建筑的美不单纯是形式，而是性格，它包括三方面：一是它的内在定性，二是它与环境的关系，三是它在社会与文化学上的含义。建筑的美，常常成为某种理念的象征。特别是一些优秀建筑物，人们从它的形式中能够读到一些也许建筑家自身也不曾想到的东西。[13]

（6）建筑艺术是一个多义词，它既指作为艺术门类之一的建筑本身，也指它们的艺术形式，艺术语言和艺术手段。本身的空间造型为其形象特征。具有艺术的基本共性，又有本身独具的特征。前者如：①其形象具有艺术感染力，能够引起人们的审美心理感受；②能以自身形象反映生活中的主题，即一定的社会内容；③有鲜明的艺术风格，主要是时代风格、民族和地方风格；④它的创造需要经过形象思维的“构思”，即创作或设计。其独有的特征为：①实用性；②群众性；③纪念性；④正面性(无所谓进步、落后，革命、反动)；⑤时空交汇性；⑥环境的特定性；⑦艺术的综合性；⑧象征表现性[14]。

（7）环境美学是从人类环境的角度来研究的美学。环境美学把环境科学与美结合起来，并综合生态学、心理学、社会学、色彩学、园艺学、建筑学等学科的知识，而形成的一门新兴的边缘学科。环境美学回答：什么样的环境才是美的环境？什么是环境美的本质？环境美的规律？怎样创造一个有利于人类身心健康的美的环境等问题。[15]

从以上关于建筑艺术、建筑美学、环境美学论述中，可以看出对建筑美学性质、范畴和研究对象的认识、确立的深化过程。我认为，既然建筑是为人类建立生活环境的“环境的综合艺术和科学”，那么建筑美学理所当然地具有环境美学性质，属于门类美学，有美学共同的问题，更有门类美学特有的问题需要研究。当代建筑美学观念未来的成熟，在极大程度上依靠环境美学研究的成果。

## 三、建筑的审美经验

当明确了建筑的审美价值与性质之后，必须研究和掌握审美经验——审美过程，提高建筑审美的感受力和理解力，从而把握乃至具有再现审美意境的能力。这当然是很高的目标，不可能上一堂课、读一本书便能达到，需要持之以恒的修炼。首先需要学习和认识建筑的审美特征及建筑审美过程的特征。

建筑是环境的科学和艺术，因建筑的审美感受不得不注定带有环境、影响全身心的特征——建筑是全频道的体验的艺术。它不仅是视觉艺术如雕塑、绘画，更不仅是听觉艺术，人对建筑的美学感受是通过眼耳鼻舌身心实现的，而且由于时间、时代的不同又有着十分丰富的变化。用罗·斯克鲁登的话说，建筑的特征具有象征性、功能性、地区(场所)性、技术性、公共性与装饰艺术的连续性[16]。具体有如下七个方面：①实用性；②地区性；③讲究总效果；④技术性；⑤呈公共生活现象；⑥政治性最强；⑦建筑的鉴赏是本质性鉴赏。[17]

建筑的审美特征。对建筑的审美判断取决于我们的概念。非建筑使用者把它当作画，当作雕塑，使用者主要从使用过程得到美的感受，不同的人却可以有不同的视角对建筑加以审视和判断，因此很难有十全十美的建筑艺术作品，即使历代的建筑杰作，也可以找出它在某方面不尽如人意或不美的方面。如巴黎圣母院的背面，埃菲尔铁塔的古老装饰，悉尼歌剧院糟糕至极的功能和可怕的造价……

建筑艺术的上述特点来源于它作为环境艺术作品的结构特点，主要表现在六个方面：

(1) 综合性、整体性特征。建筑物、建筑群和城市是空间、时间和人的行为综合统一的整体。它与时、空、人三者之间的关系密切到不可分离的状态。

(2) 空间的充满性，空间内的物质流、能量流、信息流，包括人流都作用在人的眼耳鼻舌身心，所以城市环境艺术是全频道体验的艺术。

(3) 具有多种评价标准和模糊性、无定性的结构及风格特征。对于环境艺术作品，由于服务对象、鉴赏对象的复杂，其艺术评价常不是简单明确的一种，而是多种或混合型的，褒贬不一状态。

(4) 有序和无序共存，创作中必须善于处理无序、无调、杂乱无章的方面，因为总有被认为是多余的、不想要但又去不掉、变不了的东西。

(5) 城市与人之间需要一系列中介空间或者中介物体、作为环境链条，形成整体环境艺术。

(6) 光线，是环境艺术存在的重要条件，光线是视觉艺术的生命，环境艺术在很大程度上便属于光与影的艺术。

从接受美学(reception aesthetics)角度出发，对于建筑美学的研究，应以审美主体欣赏、接受审美客体的具体过程为研究中心。这大大扩大了对艺术本体的研究，不仅要研究作家和作品，更要研究鉴赏者的阅读活动和读者能动地接受活动上来。以往的建筑美学研究对审美的主体——鉴赏者和读者重视不够，对这一审美过程重视不够，而建筑艺术审美活动与其他艺术审美活动的最大区别恰恰在于审美过程上体现的最为突出。建筑的审美经验的最大特点，在于是不自觉发生的，已有的感受尚未意识到，而意识到时又往往不能正确地感受。这成了建筑师等专家们所感到苦恼的事，有时专家们自认为很好的建筑艺术作品，一般公众并不认同；而许多为社会公众所鉴赏的作品，专家们又不以为然。因此，与接受美学相对应的。我认为应当建立一门知识学科，即创作美学，对如何创造出符合社会需求的美好学问。我以为后现代主义、环境艺术等，在某种意义上讲，堪称当代的创作建筑美的美学主张。

例如，城市是一个巨大的环境艺术作品，要创造城市特色，必须了解和掌握环境艺术作品的创作过程和结构上的特点。其创作过程上的特点主要表现在四个方面：

（1）创作构思的出发点是实物环境，而不是什么其他主观意向。必须以实物环境为依托和归宿、决定利用什么、取舍什么、创造什么。

（2）构思的走向不同，是由客观发现到引起主观的内省，再修改客观存在的过程。

（3）是公众参与的艺术。往往不能一人做主，需要多方面、多专业的配合、协作和公众参与。

（4）始终处于“未完成”状态和不断的修改之中。不断有人的参与、自然的参与、环境的影响、历史的参与和经济的冲击等因素在起作用。

加强对鉴赏过程和创作过程的研究，才有助于我们取得更完整的审美经验和审丑经验。对鉴赏者和创作者来说，取得审丑经验的重要性绝不亚于审美经验的重要性。有了对过程的研究，才能捕捉到审美的时效性和时代特征。

下面以北京地坛公园中的方泽坛为例，看一下人们在使用方泽坛的过程中是如何感受其建筑艺术魅力的。

地坛原名方泽坛，占地 37.3$hm^2$，约为天坛面积的 1/8，位于北京东城区安定门外路东，是明清两朝皇帝祭祀皇地祇神之所。建于明嘉靖九年(1530 年)，嘉靖十三年始称地坛，嘉靖十八年六月建方泽坛祭拜二殿，后于乾隆年间扩充改建，有坛墙两重形成内外坛。方泽坛、皇祇室、斋宫、神库、宰牲亭、钟楼、神马圈等建筑都集中在坛内。主体方泽坛位于中轴线上，是皇帝行祭地礼的地方。其他建筑布置在坛的西侧，形成完整的布局。

方泽坛是地坛的祭坛，古代的祭地大典在这上面举行，因古代有“天圆地方”之说，所以坛平面取正方形。坛两层，每层 8 级台阶，上层 1.28m，边长 20.34m，下层高 1.25m，边长 35m。坛面上有象征六八阴数的墁石，下层 4 个石座是祭礼时安放五岳、五镇、五陵山、四海、四渎神位用的。坛四周为方泽，祭祀时由暗沟引水。据记载，周朝时已有了“祭地于泽中方丘”的制度。方泽就是形象化的“泽中之丘”。

貌不惊人的方泽坛却有着高超的建筑科学艺术文化内涵。为了形成净化的祭神环境，去掉一切多余的东西，精炼到最低的限度。只凭借门、墙、地面、台阶这些最基本的建筑元素组合，诉说出丰富感人的建筑语言。实现了一系列艺术构思，不仅很好地完成祭祀地祇的功能要求，还烘托出宗教建筑应有的气氛和作用——感染人，启发人，使人感到静谧、神秘和超脱，从而产生深思、虔诚、景仰之情，而有小中见大、低中见高的艺术效果。

方泽坛是“全频道艺术”的杰作。当人们沿着神道，向方泽坛的拜台一步一步走近时，便会进一步体会到：真正的建筑艺术献给人们的是一种“全频道的艺术感受”。它同时诉诸人的视觉、听觉、触觉、味觉和心理感觉。古代建筑艺术家在这“方寸之地”和“有限的元素”上，综合运用了象征、对比、透视效果、视错觉、夸大尺度、突出光影等一系列艺术手法。使人站在 2.5m 高的平台，即还不到一层楼的高度上，竟然能得到几十米高外国教堂才有的“与天对话”的感受，可见其艺术技巧精炼高超的程度。

## 四、后现代主义建筑与建筑美学

如前所述，后现代主义建筑，这一当代极为重要的建筑文化现象，任何一位研究建筑美学的人，绝不能不加以重视和研究。不错，20 世纪 80 年代中期，我国介绍、研究、模仿国外的后现代主义建筑思潮曾经温度很高。但是不能不承认当时与后来以至今日，对这一重要的建筑文化、美学现象研究的深度是很有限的。明显的标志是，建筑界内外把后现代主义建筑等同于高技、白色等等建筑手法的流派，觉得不值一顾，不应引进。甚至认为它对我国建筑的现代化不利，促成了“复古主义与后现代主义错接”。国外(如芦原义信)也有类似中国现在不应谈后现代主义的论点，还有宣称后现代主义死亡的论调。然而国内外后现代主义建筑作品和著作不断涌现出来，而且后现代派的代表人物文丘里，荣获被称作“诺贝尔建筑奖”的普里茨克奖这一殊荣。事实本身告诉我们，必须加深对后现代主义建筑的认识和反思。

**1. 什么是后现代主义**

后现代主义是现代主义之后的一种建筑思潮。现代主义建筑思潮曾经十分理性地，企图用几条机器美学、城市功能分区等原则畅行于世界各国的城市和建筑设计，并于 20 世纪 50～60 年代达到高潮，其建筑形式的风格被称为国际式。而实际上 20 世纪 50 年代后期，现代主义阵营内部已产生对这些现代主义原则的不满、怀疑和指责。如 1958 年 P. 约翰逊宣称：“同那些现已 70 岁出头的老家伙的关系应该结束了”，“国际式溃败了，在我们的周围溃败了”。1961 年纽约大都会美术馆举办研讨会，议题是“现代主义建筑：死亡或变质”。1966 年文丘里发表《建筑的复杂性和矛盾性》提出种种同现代主义建筑原则相反的论点和创作主张。这是后现代主义建筑思潮的纲领性文献。

后现代主义对建筑美学价值观念有一些新的贡献，主要表现在：

(1) 建筑艺术是一种语言——应当起交流思想工具的作用；

(2) 建筑艺术是合作的艺术——应当是设计者和使用者合作完成的，不能轻视使用者；

(3) 建筑艺术应当商品化——满足市场要求的建筑文化产品；

(4) 建筑艺术应当兼而有之，不应当单纯。

正如文丘里所表述的，他赞成二元论，喜欢兼顾彼此(both/and)，不赞成非此即彼(either/or)，喜欢有白有黑，有时呈灰色的东西，不喜欢全黑或全白，反对“少即是多”(less is more)，提出“少不是多”，“少即枯燥”(less is bore)。他对城市中自发形成的商业街道和商业店铺备加推崇，说大街上的东西“几乎全都不错”，“民间低俗的酒吧和戏园子”对建筑师很有启发性。提出“向拉斯韦加斯学习”的口号。

**2. 后现代主义的代表人物**

如曾昭奋先生所指出的，目前作品较多，名声较著的后现代派建筑师已有好几十位。他介绍的 7 位代表人物为文丘里(R. Venturi)、格雷夫斯(M. Graves)、约翰逊(P. Johnson)、博菲尔(R. Boffil)、霍莱因(H. Hollein )、矶崎新、穆尔(C. Moore)。但是贡献最大、最典型的代表人物是罗伯特·文丘里。

文丘里于 1991 年获普里茨克奖。据称，该奖是每年一度授予一位在世的建筑师，以表彰其在建筑设计中所表现的才智、洞察力和献身精神，以及通过建筑艺术为人类及人工环境方面所作的持久而杰出的贡献。1966～1991 年，历时 25 年即 1/4 世纪，文丘里有着持之以恒的突出贡献，故此是当之无愧的。他之获奖与其说是由于他的建筑作品，还不如说是由于他的建筑理论著作，特别是他 1966 年出版的第一本专著《建筑的矛盾性与复杂性》这本里程碑式的书。具体讲，他的获奖主要基于三方面原因：

(1) 他以一种崭新的眼光看待美国的建筑景观，描述出普通建筑物所固有的真实感与天生丽质。由此提出了一种新的建筑审美价值观，他对美国民俗建筑的重要性重新给予评价，令人惊诧地提出向拉斯韦加斯消费者建筑学习的口号，并切实地行动着。

(2) 他缓解了现代主义建筑的抽象性，再次赋予它以文脉性。

(3) 以他的理论修养和艺术技巧完成了伦敦国家美术馆、西雅图艺术博物馆等几项大工程(得奖时此几项大工程尚未竣工)。

**3. 后现代主义建筑的代表作**

现有的建筑书刊介绍后现代主义建筑的代表作时，一般都列举 20 世纪 60 年代以后的例子，特别是于 1980 年威尼斯第 39 届艺术节上的建筑，1984、1985、1986、1987 年的"后现代建筑 1960—"国际巡回展，1987 年西柏林国际建筑展，因此给人们形成一种错觉，似乎是先有后现代主义建筑理论，而后才有后现代主义建筑现象。事实恰恰相反，先有后现代主义现象，而后才有文丘里集大成的建筑理论。如 1955 年建成的迪斯尼乐园，以及拉斯韦加斯城的大量建设，已经是后现代主义建筑现象。现在人们熟悉的是栗子山住宅、意大利广场、波特兰市政厅、美国电报电话公司新厦、筑波中心、维也纳士林珠宝店、巴黎拱门公寓、斯图加特新美术馆、休斯敦最佳产品展销馆等。

后现代主义建筑也传到了中国，比较早期的是 1986 年的北京西单商场设计方案，当时还被作为《建筑学报》封面刊出。该设计一反商场常用的大玻璃窗大跨度做法，用厚墙、小窗、冲天牌楼等符号和象征手法取得异乎寻常的效果，引人瞩目(关肇邺、傅克诚等设计)，几乎同时出现的还有项秉仁设计的马鞍山富园市场等。随后不久便出现了后现代主义热潮，甚至不问合适与否也要加上点后现代的符号、图案、装饰等，以表示时髦和新潮，成为时下的经济大潮中的浪花。出现了令人深思的建筑文化现象：[18]①城市的建筑设计上反映出"潇洒走一回"的"超前消费和文化包装的风气"；②无视需要，不管文脉的缺口山花、马头山墙、大屋顶、小亭子、釉面砖、玻璃幕墙的滥用，形成新的"千篇一律"；③声、光、色、浮躁的构图、名贵的材料、争奇斗富的广告等太多、太杂、或无用的信息，造成"综合污染"；④高层、高技术、大跨度、大尺度等使"尺度异化"……当然，决不能把这些归咎于后现代主义建筑理论的奠基者和代表作的始作俑者。

**4. 关于后现代主义建筑的思考(略)**

**【主要参考文献】**


[1] 顾孟潮. 城市特色的研究与创造 [J]. 建筑学报，1993(2)；钱学森. 社会主义中国应该建设山水城市 [J]. 建筑学报 1993(6).

[2] 陈希同. 在优秀住宅设计方案表彰大会上的讲话 [N]. 北京日报，1993-10-21(1).

[3] 高占祥. 在改革开放中建设社区文化 [N]. 中国文化报，1993-10-17(3).

[4] 郭固. 为何拨好艺术的钟摆——读汪正章《建筑美学》[J]. 建筑学报，1992(7)：55～57.

[5] 何迈. 评《建筑艺术论》[J]. 建筑学报，1994(2).

[6] 方舟. 建筑理论的"意外"收获——读王振复《建筑美学》、《中华古代文化中的建筑美》两书 [J]. 建筑学报，1993(3).

[7] 中国建筑学会编写组编. 建筑师学术·职业·信息手册 [M]. 郑州：河南科学技术出版社，1993.

[8] 顾孟潮. 建筑学观念的变迁 [J]. 百科知识，1993(4).

[9] 邹大箴主编. 现代艺术辞典 [M]. 北京：中国国际广播出版社，1989：332.
[10] 肖王. [N]. 中国城市导报，1986-08-14.
[11] 周忠厚主编. 美学新学科手册. 北京：中国城市经济社会出版社，1991：95～96.
[12] 袁镜身. 建筑美学的特色与未来 [M]. 北京：中国科学技术出版社，1992：9.
[13] 阎国忠. 对建筑的审美解释 [J]. 北京大学学报(哲学社会科学版)，1991(5).
[14] 王世仁等著. 建筑美学 [M]. 科学普及出版社，1991：4～13.
[15] 刘韵涵. 建筑美学. 昆明：云南人民出版社，1989：12.
[16] 罗杰·斯克鲁顿. 建筑美学. 刘先觉译. 北京：中国建筑工业出版社，1992.
[17] 顾孟潮. 城市特色的研究与创造 [J]. 建筑学报，1993(2).
[18] 黄康宇，陈纲伦. 城市传统的困境与出路 [J]. 建筑学报，1994(2).

# 住宅社会学

住宅社会学(Housing Sociology)是国外在解决居住环境和住房问题的研究和设计过程中，逐步发展起来且正在发展着的一门学科。由于住宅社会学研究有助于政府决策当局正确认识住宅建设在社会稳定即国民经济中的地位和作用，近年来在各国均受到普遍重视。

## 一、住宅社会学的概念与缘起

住宅问题是社会发展进程中的重要问题，贯彻于社会发展的全过程，住宅社会学是伴随着人们对住宅的社会属性认识的深化而产生的一门学科。住宅社会学是从社会学角度分析研究住宅问题的交叉型学科，又是介于建筑学、城市规划学及社会学等学科之间的一门边缘学科。

一般认为，有关住宅社会学问题的研究始于有住宅设计和规划行为之时，其缘起时间可追溯到 19 世纪中叶。如恩格斯在其英国工人状况调查及《住宅问题》中，对于随工业化、城市化高潮到来，出现的城乡差异、城市规划混乱、无产者赤贫和非人的居住环境等情况进行的描述与揭露。随后出现的霍华德“田园城市”理论，20 世纪初美国芝加哥学派(Chicago School)对城市内部分化及居住区社会隔离问题的研究，以及 1929 年贝瑞(Perry)提出“邻里单位”理论等，均可列为住宅社会学早期活动。

随着第二次世界大战的爆发与破坏，使住宅建设更成为最为迫切的社会问题，成为 20 世纪 40～60 年代进一步确定物质环境对社会生活所产生的影响，以及邻里单位、居住小区合理的规模，各类建筑的比例和配套内容、服务半径等，并且开始有环境社会学、环境心理学、行为科学等方面的研究。

20 世纪 60 年代后期，欧美等发达国家住宅问题的缓解、城乡差异减小，住宅郊区化(Suburbanism)问题突出出来，城市中心区待振兴等现实成为住宅社会学的重要课题。即 20 世纪 70 年代以前，主要研究真正的社会问题(Social Aspect)为主，70 年代以后，转为研究住宅的社会学问题(Sociological Problems)为主。

我国目前基本上处于欧美国家 20 世纪 70 年代以前的研究阶段，尚未从住宅社会学整体考虑研究思路与成果。目前住宅社会学的研究范围主要关注四个方面：

(1) 从规划角度切入的研究，包括：城乡对立学说、田园城市理论、郊区化问题、城市中心区振兴等。

(2) 宏观社会经济角度，探讨住宅建设同重大的社会经济因素相互关系的研究。

(3) 住宅建设发展前景的预测性研究。

(4) 居住区良好社会环境的研究。

## 二、社会经济因素与住宅建设的关系

显然，这方面的研究对于一个国家制定本国的住宅政策是极为重要的依据。根据英国学者约翰·格雷夫(John Greve)对挪威住宅建设和住宅政策为期两年的研究报告(1969年)认为，影响住宅需求量、功能分配及形式的社会因素主要有六个方面(图1)：

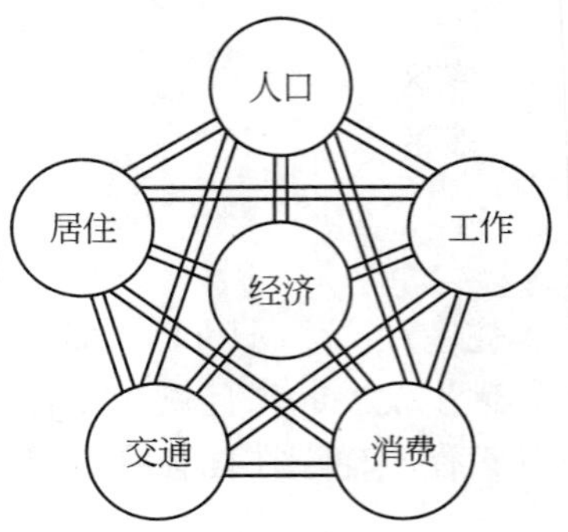

图1 若干社会与经济因素同居住之间的关系

(1) 经济因素，其中包括国民产值，私人和公共收入及消费水平、居住水平、社会福利；

(2) 人口发展，受经济因素影响，同时也反过来影响经济因素，其中包括人口规模、年龄构成、结婚率、家庭构成、出生率、死亡率、伤病残人口等；

(3) 居住情况，受经济活动和方式的影响，也受人口迁移，人口增长、停滞和下降的影响；

(4) 工作，受经济发展的影响，其中包括职业种类、工业结构的变化及其他变化，如工作地点的变动等，同时它又对公共和私人消费，对死亡、病残有影响；

(5) 消费，主要依赖于经济因素，同时也刺激经济的发展，包括住宅、食物、医疗及其社会福利，它们都影响到住宅需求量、特点、类型和地点；

(6) 交通，很大程度上取决于经济的发展，但是各种交往也会刺激经济进一步发展，其中包括交通形式和投资，交通量，到工作地点的路程，旅游，城区的发展，郊区的保护和发展。

在上述六个因素中，经济和人口因素是决定因素，对住宅建设影响最大，需要首先考虑。

对于这一关系的研究的另一方面为，对居住环境质量的宏观社会效果的研究。这些研究是根据整个社会经济角度进行的，从而使我们对住宅建设的社会效果有更深刻的认识。正如联合国1968年版《确定住宅建设与环境发展目标和标准的方法》资料所强调指出的：住宅及其所需要的市政公用设施，同工厂或煤矿一类“生产性”项目比，并不是“非生产性”投资。住房生产之所以重要，不再仅仅是从社会福利的角度来考虑，而且被看成经济发展本身的一个组成部分。具体些讲，如印度的马图尔(G. C. Mathur)所说，较好的住宅建设所带来的好处，它的社会效益远远大于住宅投资的经济效益，即：

(1) 提高个人居住标准和健康水平；

(2) 改善环境，减少破坏，增加社会团结；

(3) 提高工作能力或工作愿望，从而增加每年每人的生产量，提高生产率并减少旷工；

(4) 促进住户节约和住户储蓄的增加。

马图尔认为，判断住宅对于经济的重要性方面，基本的宏观经济指标或工作指标主要是：

(1) 住宅建设在国民收入中所占的比重；

(2) 住宅建设在总的资本形成中所占的比重；

(3) 提供就业的潜力；

（4）投入和产出的比率和工业部门之间的联系。

还有一个从地区开发角度的住宅社会学研究值得重视。

据美国对西部新兴工业区开发的研究，发现普遍存在两种现象，一方面工业的迅速发展有其积极的效果，另一方面住房和服务设施不足，有时则造成严重的不良社会影响，甚至储蓄所谓的“恶性循环”或“三角循环”（图 2），为防止这种现象产生，美国采取建立所谓“地区发展控制模型”和“工程项目通用的影响控制模型”的办法，将工业的发展即服务设施的建设加以协调(图 3、图 4)。

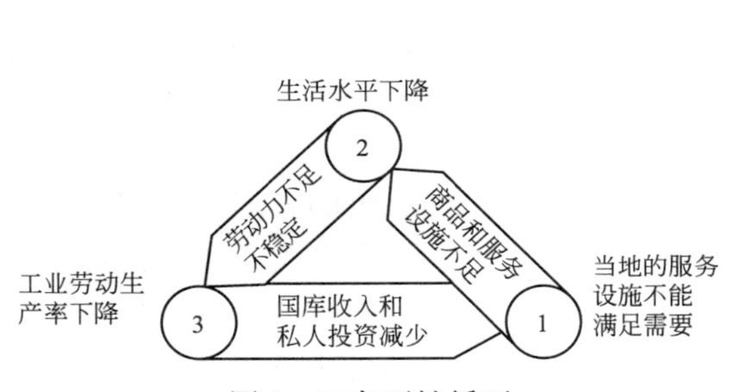


图 2　三角恶性循环

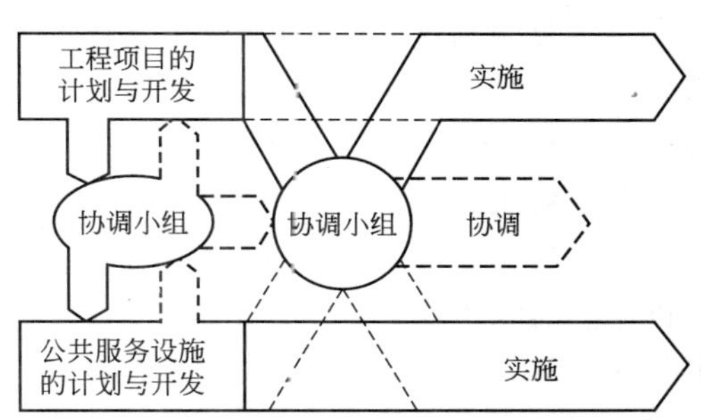


图 3　地区发展控制模型

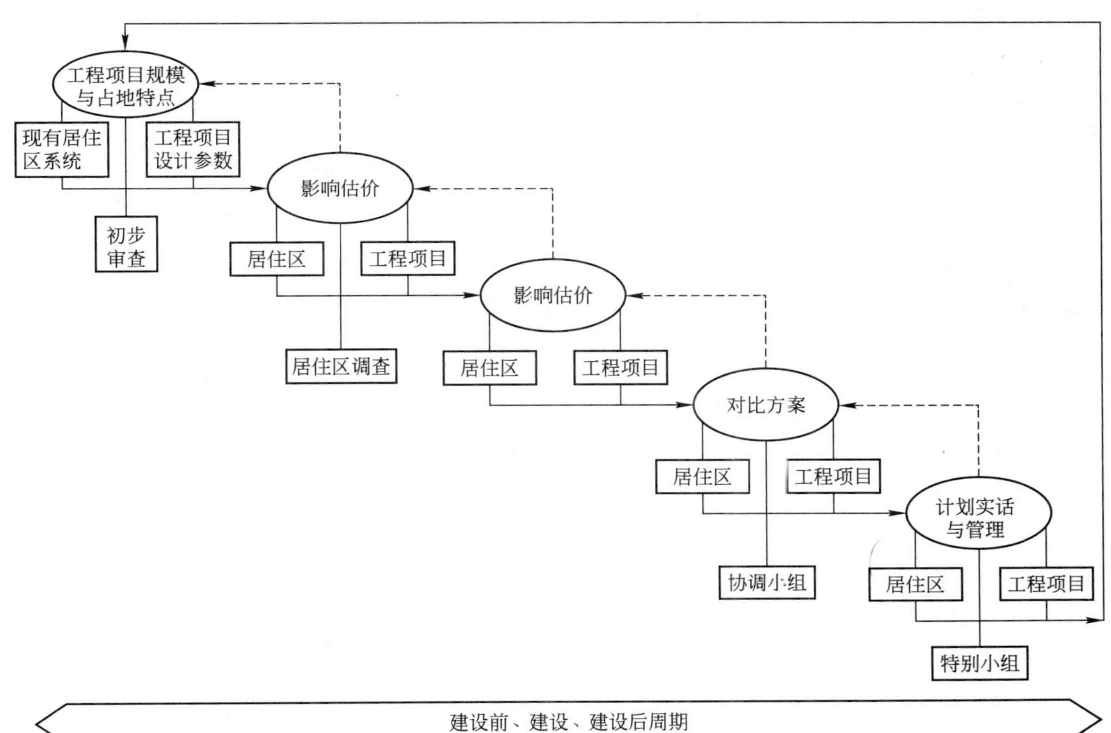


图 4　通用的影响控制模型

## 三、住宅建设发展前景的预测性研究

住宅建设预测研究是为住宅政策提供依据的重要手段，是合理进行住宅建设不可缺少的一环，在各国都受到了极大重视。其研究内容十分广泛，大致可归纳为下述三个方面：

(1) 住宅现状的调查评价及住宅需求预测；

(2) 住宅建设经济能力的评价和预测；

(3) 住宅建设技术途径的评价和预测。

住宅普查工作量很大，一般每 10 年进行一次，也有的国家 5 年一次，多数国家是与人口普查结合进行的。例如，第二次世界大战后开展住宅普查的有 44 个国家，其中 37 个国家是与人口普查结合进行的。

美、英两国这样做得比较早，分别于 1790 年和 1801 年把住房普查作为人口普查的一部分。为了统一普查口径，1958 年，联合国提出《住房普查原则》，随后又对 1970 年和 1980～1982 年的住房普查提出了普查建议。

大多数国家采用了联合国推荐的住房定义，即住户这一概念是基于人们、个人或一组人，为了为自己提供食物或其他生活必需品所作的安排出来的。成组的人们可能程度不等地将他们的收入集合起来，并可能有一个共同的预算。他们可能有亲戚关系或者是无亲戚关系的人员，或者兼而有之。住户通常占有一个住房单元的全部、部分或者多于一个住房单元，但他们也可能住在校园里，寄宿住房里或者旅馆里，或者是机构里居住的人员，或者是无家可归人员。

当前住宅需求预测一般可分为两大类：一类是标定住宅需求预测(normative estimates of housing need)，另一类是有效住宅需求预测(estimates of effective demand for housing)。前者是根据各级行政当局或有关机构制定的各种有关住宅的规定和标准进行的，其预测结果是符合标准和规定的住房需要；而后者表示的是人们对于住房的期望，而且这种住房是人们能够并愿意支付的，因此也称主观需求预测。两种预测的步骤与内容在图 5～图 7 中可见一斑。

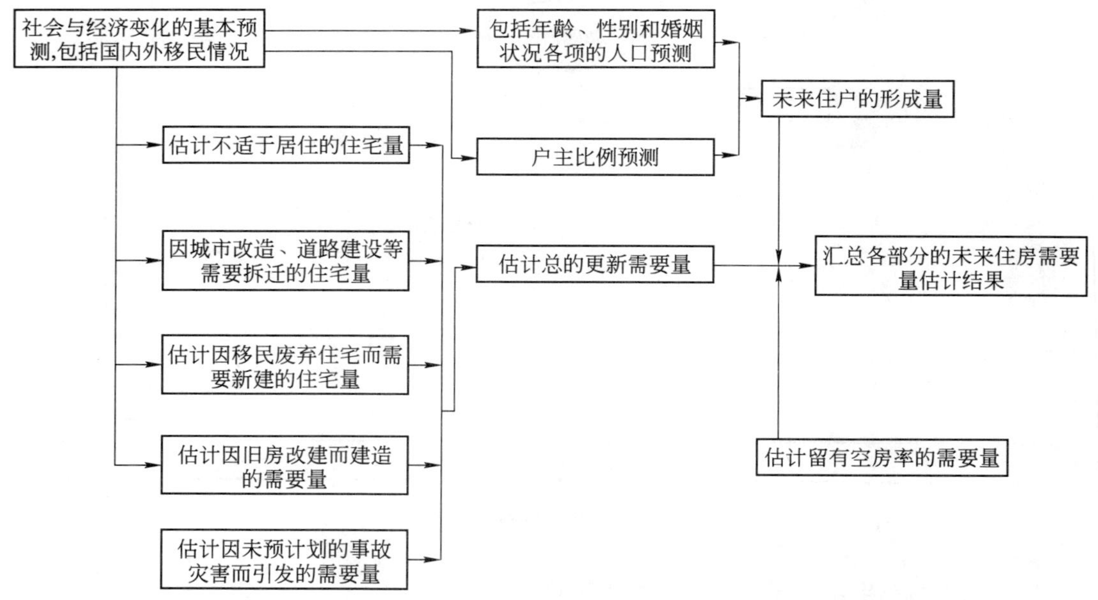


图 5　估计未来住宅需要量的步骤

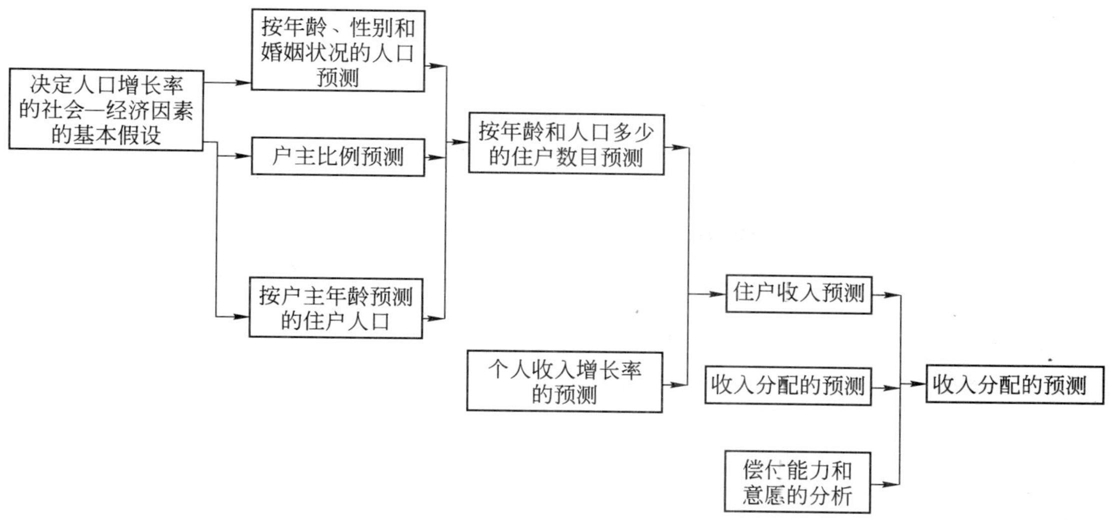


图 6　预测未来住宅需要量的步骤

住宅建设经济力的评价和预测的内容大致可以分为三个方面：

(1) 住宅建设投资占国民生产总值(GNP)的比例及其与社会经济发展水平的关系；

(2) 住宅建设投资与城市基本设施投资之间的比例关系；

(3) 住宅建筑的平均投资标准。

从社会学的角度来平均和预测技术途径、技术手段与社会经济因素的相互关系，以求得出一些定性的结论，而不是在于给出定量的答案。国外研究较多的方面有：技术的价值标准问题、住宅技术工业化问题即适用技术问题等。

## 四、居住区良好的社会环境的研究

作为住宅社会学研究主要内容的居住区社会环境研究的重点为：

(1) 建筑空间环境与社会生活相互关系的研究；

(2) 居住区规划方面的研究；

(3) 居住区社会隔离方面的研究；

(4) 住宅层数与密度的研究；

(5) 低造价住宅生活问题的研究；

(6) 居住习惯的调查研究。

在这里建筑环境被看作是允许或阻止某些社会生活活动通过的过滤器，认为一定环境中所发生的行为受物质特点和社会准则两方面的影响。为保证居住区环境的社会学要求，瑞典建筑科学院斯特凡·达尔格瑞姆(Stefan Dahlgrem)提出几条原则建议：

(1) 居住区的规模要较小，不应当是过大的公寓住宅群。居民人数要合理，发展速度要适中。

(2) 要能保护当地的文化传统。不应当过分隔离与过去生活方式和各种生活风貌的联系。

(3) 具有多样性。建筑物不应当千篇一律给人以呆板的感觉。

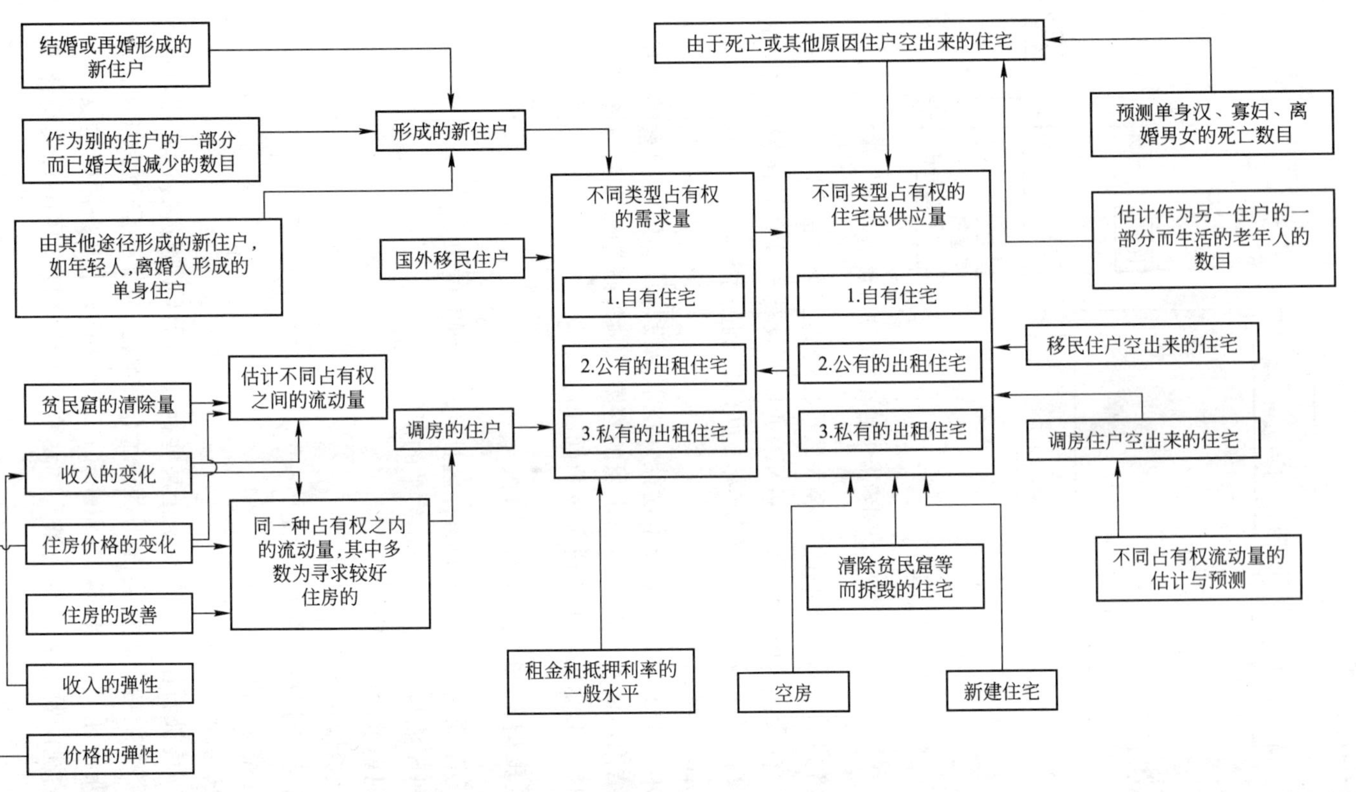


图 7　根据住户流动量对住宅需要量进行预测的基本步骤

(4) 具有活动的自由。在考虑面积的使用时，不应当将环境刻板地规划得过分细微。

(5) 有合理的服务设施。另外，公寓住宅层数、密度，以及老人住宅，残疾人住宅，外地人和外国移民住宅等的社会学研究也是各国近年来关注的重点。

**【主要参考文献】**

［1］ 许宗仁编. 国外住宅社会学研究［R］. 中国建筑科学研究院建筑情报研究所，1982.

# 当代建筑科学技术发展的现状与未来

一个国家的城乡建设与建筑事业，如果真想有更大的发展，必须按照科学发展观的思路前进，才能开辟出光辉的前景。

城市与建筑是一个国家和民族可见的形象，又是一个国家和民族物质文化、科学技术积累的最重要、最大量的成果。建筑业又是国民经济的一个重要支柱产业。一个国家科技文化水平、经济实力的发展，以及人民生活物质、文化水平的提高，必将在极大程度上取决于城市建设和建筑业所完成的城市基础设施建设、各类建筑物、构筑物、各种建筑产品的设计、施工质量和数量。同时，建筑业的兴旺发展还会带动其他产业的发展，在扩大就业、积累资金等方面都有巨大的作用。

新中国建立后的 60 多年来，中国建筑业有了很大的发展，为发展社会生产力，调整生产布局和产业结构、改善人民生活、奠定国民经济发展的物质技术基础作出了很大贡献。

目前，中国正在为实现“十二”计划的目标而奋斗。思想在进一步解放，改革开放的步伐在加速，相应地，对城乡建设和建筑业的各个方面，也提出了更加迫切更加严格的要求。与此同时，整个世界经济的全球化趋势，促使世界各国之间的经济竞赛和竞争更加激烈而日趋白炽化，然而这种竞争的实际就是科学技术上的较量。必须清醒地认识到，现今所面临的这种既是机遇又是挑战的严峻形势。

面对经济全球化、竞争白炽化的形势，必须通过科学技术革命抓住这一机遇，迎接新的挑战。为此，将世界和中国建筑科学水平的现状与未来认真对比和分析是十分必要的。因为，在 1978 年以前的较长时间内，中国极其缺乏这种宏观比较分析，尤其缺乏以科技为主要内容的分析比较。往往总是自己同自己比，满足于微小的进步，因此丧失了多次机遇，延缓了发展速度。

本文拟从以下三个方面作些分析和介绍，即：中国建筑科技发展的现状与水平；国外建筑科技发展的现状与水平；当代建筑科技发展的新趋势与对策。

## 一、中国建筑科技发展的现状与水平

中国建筑业 60 多年来取得了极大的建设成就。从其在国民经济中所占的比重，及其对整个国家、社会发展、人民生活的影响来说，处于正在逐步建立和形成其支柱产业的地位。无论在设计、施工、专业科技理论研究、建筑管理各个方面都有新的突破，达到了新的水平，出现了一些接近或达到同期国际水平的成果。

**1. 设计方面**

从建筑设计、地基基础、高层建筑结构、空间结构、预应力钢筋混凝土结构，到传统的砖石土木结构的设计方面均有新的发展。

中国在建筑设计方面的成就，可以将弗莱彻(英)在《世界建筑史》1987年版中首次介绍中国当代著名建筑43幢和名建筑师16位，作为达到国际水平的重要标志。体育建筑以亚运会场馆建筑业代表，住宅设计的中国“八五”新住宅设计竞赛，1300多个方案、一百几十种不同类型的设计为代表，显示了中国建筑设计水平的迅速提高，设计队伍的空前壮大。

中国设计人员开始对深基础、高层建筑、大跨度、复杂技术工艺要求的设计理论和技术熟悉起来，并逐渐有所创造。地下建筑的设计、地下空间的利用，已开始引起更多的重视。

**2. 施工技术方面**

在深基础和复杂地基施工处理上，中国已逐步掌握了近年发展的强夯法、挤密法、深层搅拌法、排水固结法等多种手段和大直径灌注、地下连续墙、土层锚杆、逆作业法等多种深基础施工方法。掌握了高层、超高层钢结构和钢筋混凝土结构施工的成套技术，施工速度达到每层2～6天。中国钢筋混凝土电视塔发展很快，已有了一座高度超过400m，为亚洲之最。钢筋混凝土施工技术有全面的进步。包括采用工业化模板、泵送商品混凝土、构件加工、节约能源等方面有明显提高。其他为防水作业、质量管理运用计算机技术等也有很大发展。

**3. 建筑材料和施工机械、设备方面**

中国的水泥工业发展很不平衡，现在仍以地方小水泥为主，占总产量的80%。墙体材料的产品结构开始变化，黏土砖的比重开始下降，空心砖、砌块、轻质板材品种增加，比重上升。屋面防水材料发展较快，已基本形成沥青防水卷材、高分子防水卷材、防水涂料、密封材料和刚性防水材料等较完整的防水体系，但仍以350号低胎油耗为主，占总量的90%。绝缘材料、装饰装修材料的发展蓬勃。

中国施工机械是1949年以后才逐步发展起来的，60多年来发展很快。现在中国已能生产斗容量为12$m^3$的挖掘机、功率为235kW的履带推土机、起重量为125t的汽车起重机、斗容量为4.6$m^3$的输式装载机、自重18t的振动压路机、拌筒容量6$m^3$的混凝土搅拌车等。许多产品不但能满足中国建筑施工需要，每年还有一定数量的出口。

**4. 建筑专业基础学科的研究现状**

随着科学技术和市场经济的发展需要，越来越显出建筑专业基础学科的研究需要大大加强，特别是要研究有关经济、环境、房地产开发、节能、节地的一些学科。在过去的数学和科研上，这些学科都属于明显薄弱的环节。

近年来，国内对设计理论、方法，特别是室内外环境、城市环境设计的研究是大大加强了，不少院校专业设置了环境设计或室内设计专业和有关的课程，明确提出环境艺术的概念，开展相应的活动，出版或发表一些论述环境艺术、城市设计的书籍和文章。设计者从环境出发的观念大大加强。开始对生态建筑学的研究和设计实验。

建筑经济类专业基础学科的研究随着改革开放形势的需求上得很快，无论宏观、微观、中观方面均有所发展。如：开展了生态经济学、环境经济学、城市建设经济学、土地经济学、住宅经济学、建筑技术经济学、旅游建筑经济学等方面的研究。而且引进和开始推广可行性研究、价值分析、全寿命费用分析、风险分析、决策分析与经济效益评价等经济操作方法。这使建筑领域的经济活动向科学化、定量化、可操作性大大迈进了一步。

建筑物理学，特别是建筑节能、锅炉节能、太阳能利用等方面有较大的发展。1986年建设部颁布了《民用建筑节能设计标准》(采暖居住建筑部分)，首次用立法手段推动建筑节能水平的提高。到1991年止，各地已建成的节能建筑共约300万 $m^2$，其中试点建筑10万 $m^2$。北京已建成安苑北里北区节能试点小区，哈尔滨嵩山节能试验小区尚在建设中，这些都提供了一些有实用价值的成果。

与建筑业发展相关的学科的研究和介绍也有进展，如建筑美学、建筑社会学、建筑心理学、灾害学、大众行为学、人体工程学等。但也必须看到，以建筑节能为例，中国单位面积采暖能耗为同等条件下发达国家的3倍左右。这些专业基础学科的研究，基本上尚处于起步阶段，距离转化为现实生产力还有一个不小的距离。

**5. 建筑管理方面**

近年来，正值中国的经济管理体制由大一统的计划经济体制向有计划的商品经济逐步过渡的时期，大力培育和发展市场经济的时期。建筑业，包括计划、设计、施工、经营管理等，都处于不断实验、改革的动态过程中。鼓励竞争，实行招标投标和承包责任制。同时建立新形势、新问题所需要的建筑法规体系和相应的法律、法规，把经济活动纳入稳定持续发展的轨道。

建筑科学技术管理的一个重要方面，便是及时确立科学的工程标准、规范，以保证工程产品的质量，促进科技进步，保障人身、财产的安全和人体健康，提高工程建设投资效益和社会效益。中国现已制定的工程建设的国家、行业(部)标准共267项，其中国家标准152项，行业标准115项，已从单项制定发展到综合制定，形成中国规范标准体系的阶段，从工程标准的数量和质量上，基本上适应勘察、设计、施工的需要。即有解决共同性问题的通则，又能单项封口的设计规范、标准。本身统一化程度较高，技术上比较先进，吸收了国内外的先进技术和科研成果，具有科学性、合理性和可行性。

建筑工业化，是中国建筑业发展的重要方面和目标。从20世纪50年代借鉴前苏联的经验便开始这方面的努力，经过60多年的发展，现有各种新型建筑体系(如大模、滑模、侧模、外板、装配式大板、中小型砌块体系，以及隧道模、整体预应力板柱、钢结构、盒子结构等新建筑体系)不断完善。配套的新材料、新制品、新设备不断涌现，建筑能力大幅度提高。技术装备程度、机械化水平进一步提高。

## 二、国外建筑科技发展的现状与水平

国外建筑科技界，近半个多世纪以来，无论在设计观念、理论、设计技术、手段、方法方面，还是在施工技术、专业基础理论、管理方式、技术、手段方面都发展得十分迅速。由于科学技术的迅速发展，20世纪20年代现代建筑诞生，把新观念、新理论、新技术、新科研成果吸收运用到城市建设与建筑的设计、施工管理上来，使人类环境的质量、面貌、类型、发展速度，都发生了历史上前所未有的变化。了解国外建筑科技发展的现状与水平，能给我们提供一个真实可信的参照系，经过与国内现状的比较，有助于确定中国今后的建筑科技发展方向。这里从设计、施工、材料设备、管理四个方面作些介绍。

**1. 国外的建筑设计与结构设计**

建筑设计的重点，近二三十年时间，先后跨越了功能建筑学、空间建筑学、环境建筑学观念，现在更加注重整个建筑环境、城市环境的整体设计，改善人类居住环境的质量；大量采用新技术、新工艺、新材料，创造了不少新的建筑类型，新的城市规划与建筑设计理论，出现了各种学术流派、风格，如现代主义、后现代主义、高科技派、解构主义、新理性主义等等；开始注意传统的乡土建筑，认真解决低收入居民的住房需求，出现了低造价住宅的建设高潮，以及发动居民群众参与，建筑师深入居民区，共同建筑美好居住环境的“哈克尼现象”。建筑设计对于经济和节能问题给以更多关注，如住宅设计的目标是“长效、低耗、舒适”，而不再只是在形式上赶时髦。近年来，国外进行了人工智能建筑、生态建筑、绿色建筑、低碳建筑、节能建筑、水下建筑等试验；并且非常重视旧城、原有建筑的利用和改造，保证和发展城市与建筑的文化内涵，满足随着信息社会而来的人们对审美、心理、高科技、高个性生活的要求。

结构设计上，许多国家根据本国本地区特点，研究出不同的基础类型，丰富多彩的高层结构、空间结构和大量广泛运用的钢筋混凝土、预应力钢筋混凝土结构类型。在设计计算理论和方法上也有很大发展，特别是电子计算机在结构设计上的运用，大大解放了设计人员，使复杂繁琐的结构计算变得简单易行，许多问题迎刃而解。如为了提高基础单桩的承载力，节省工程造价，常用的桩型有预制钢筋混凝土桩、钢筋混凝土空心管桩、大直径钻孔或控孔灌注桩(墩)等多种。

国外的高层建筑近 20 多年来发展迅速。据对世界 100 幢高层建筑的统计分析，所使用的结构材料钢结构下降(从 65%降到 53%)，混合结构增加(由 22%到 26%)，钢筋混凝土结构增加(由 13%增到 19%)，用途方面多功能建筑增加(自 8%增至 12%)。再就是高层的新型体系巨型桁架和巨型框架的应用增多了。

国外建筑的空间结构方面，薄壳和折板混凝土结构发展很快。如巴黎法国工业技术中心展览馆屋盖，三角形平面，单壳边长达 218m。美国西雅图金县体育馆用钢筋混凝土圆形穹顶，直径为 201m。其他如网架结构、悬索结构也有很大发展。

目前国外最常用的结构材料是钢筋混凝土和预应力钢筋混凝土，特别是预应力钢筋混凝土结构，设计算理论到构造体系均有很大发展。国外目前通用的预应力张锚体系可以归纳为支承式、夹片式和浇注式(或挤压式)三大类。在预应力混凝土结构设计原理上，突破传统概念，通过中间预应力度的有限(限值)预应力和部分预应力将两者联系起来，从而达到保证质量、经济合理的目的。砖石土木结构的设计也有所改进。

**2. 国外的建筑施工**

在 20 世纪 70 年代，国外已能建造 110 层、高 443 米的超高层建筑，近年来发达国家正在酝酿与建高 500～1000m 的多功能摩天大楼。在 20 世纪 70 年代和 80 年代已陆续建成一批超过 200 米跨度的体育馆、飞机库，并在研究能覆盖一座“城市”的新材料、新结构和相应的施工方法。

随着建筑用地的紧缺，基础工程、地下工程、海底工程的施工技术有很大发展。以及高耸构筑物如电视塔、水塔、蒸馏塔等特种工程，室内外装饰装修工程的施工技术也有空间的发展。大量施工现场工作改为工厂化、工业化方法，只有少量人员操纵，危险、有害、有毒工作部分地由机器人代替人来做。高层、超高层建筑的施工已形成钢结构和钢筋混凝土结构的多种成套技术，施工速度达到每层只需2～6天。特别是大模板、滑板、爬模、隧道模和飞模、密肋模壳等现浇和现浇与预制相结合的施工方法发展更为迅速。目前世界上以高553m的加拿大多伦多电视塔为最高。

钢筋混凝土是基础工程和主体工程的基本结构材料，近年来在现浇和预制两方面都在发展。现浇技术集中在工业化模板、泵送商品混凝土和钢筋连接方式的进步上，预制构件的成型工艺和养护工艺，在提高构件的功能、质量、效益和节约能源方面有新的进展。

国外建筑装饰工程的施工，外墙涂料发展不燃或难燃的水溶性涂料和无机涂料，减少污染和公害，以及普遍采用表面带花纹和浮雕的混凝土墙板。内装修开发应用新型材料和制品，由湿法施工向干法施工方向发展，不断提高建筑工业化水平。

建筑安装技术方面，国外通常采用各类大型起重机吊装。如起重量达100～1000t的轮胎式、汽车式、履带式、塔式起重机等。焊接技术上，一方面开发新的能源，研制新的焊接工艺，另一方面大力开发焊接机械化和自动化。

在施工管理中，广泛应用多种现代科学技术，如网络计划技术、全面质量管理方法、电子计算机应用技术等，使工作效率和工作质量有明显提高。

**3. 国外的建筑材料与设备**

国外建筑材料的发展十分迅速。品种上已突破传统的三大建筑材料和砖、瓦、灰、砂、石的格局，形成数以千计的花色品种，包括建筑结构材料和建筑功能材料的完成的建筑材料体系；数量上达到年产300亿t；生产技术上出现窑外预分解水泥干法生产、浮法玻璃生产、陶瓷一次烧成，自动码卸空心砖生产新工艺，以及高效、节能、自动化生产所需的先进设备，实现计算机控制，质量稳定，节约用材、合理用材。

发达国家建筑钢材的用量，一般占钢材总量的1/3，日本、前苏联多到占1/2，其中结构用钢占10%～15%(中国建筑用钢占全国钢材总量的1/4)。发达国家钢材利用率在80%以上(中国为67%)。

由于木材采伐量大，全世界每年约损失森林0.12亿$hm^2$，各国均采取以钢代木、以塑代木、以混凝土代木等措施，合理利用木材，发展各种木材深加工制品。

建筑陶瓷生产60%集中在欧洲，1989年世界产量近12亿$m^2$，人均0.2$m^2$，意大利产3.86亿$m^2$，居世界之首。中国为1.12亿$m^2$。意大利、西班牙等国生产的建筑陶瓷产品精度好、强度高、色彩丰富、图案新颖、规格品种繁多，畅销世界各国。

近20年来，各国都在因地制宜地致力于墙体材料产品结构和改革，黏土砖所占比重不断下降，欧美等国黏土砖年产量只有几十亿块，比重不到30%，日本只占30%。1989年世界黏土砖产量约为5000亿块，中国为4506亿块，占90%，而且其中95%为实心砖。

屋面材料，美国和日本采用以三元乙丙橡胶为主的高分子卷材，使用寿命可望达到50年。

1973年世界能源危机以后，发达国家十分重视建筑节能，进入20世纪80年代新建住宅全部作建筑保温，美国为90%，日本为50%。

建筑施工机械是二次世界大战后发展最快的一个工业部门。如日本的建筑机械1957～1975年的18年间，年平均增长率达20%，大大超过了日本机械工业同期的13.4%。得到较大发展的有挖掘机、推土机、装载机、塔式起重机、轮式起重机、铲运机、振动压路机、混凝土搅拌机、混凝土搅拌运输车、混凝土振动器、施工升降机等。它们无论在品种、规格、数量、功能等方面均有发展和改进。

挖掘机已由早期的机械式发展为液压马达驱动，最小的微型挖掘机功率只有6kW，最大的RH300型，自重480t，功率为173kW，斗容量达34m³。土方工程机械中应用最广泛的推土机增加液力变矩器，使操作简单、生产率提高、能保证发动机等优点，功率最大的为73kW，自重120t的日本造推土机。

装载机是世界各国重视发展最快的施工机械之一。1985年世界主要发达国家装载机总产量已达12万台，其中履带式占10%左右，最大型的轮式装载机为美制的675型，斗容量18.4m³，功率88kW，机重173t。履带式装载机目前最大的是日本制D1555型，容量4.5m³，功率257kW。

**4. 建筑科技管理**

建筑节能、工程标准以及建筑工业化均是建筑科技管理的重要内容。

发达国家的城市及乡村房屋冷天均普通采暖，主要用燃料油、煤气或电，采用固体燃料较少。采暖温度一般为20～22℃，多用恒温设备控制，1年里采暖时间较长，并常年有家用热水供应。在能源供应紧张的压力下，随着科学技术进步的情况，各国均每隔几年提高一次节能标准。如英国标准外墙传热系数最大值1963年时为1.6W/(m²·K)，1982～1983年降为0.6，1988年再减至0.45。丹麦由0.6和1降到0.3和0.35。建筑保温性能明显提高。中国与条件类似的发达国家比，采暖能耗约为4～5倍(外墙)。

除了重视外墙、屋顶、门窗的保温隔热节能措施，国外还重视建筑环境中合理的利用绿化、水面、土壤的调节气候、冬季挡风、吸收阳光，夏季遮阳降温，利用土壤蓄热功能，减少受室外温度变化的影响。对建筑朝向也比以前更加重视。

国际上，经济发达国家工程建设标准化水平高，他们制定必要的涉及国家工程建设安全、卫生、环保、经济等具有重要作用的标准，作为强制性标准执行，大多数标准均为推荐性标准。标准问题比较齐全，技术水平高、功能质量好、节能节材。在实践中，绝大多数设计、施工、工厂等部门不仅主动遵守强制性标准，为了保证质量和本部门的信誉，还主动执行推荐性标准。

这些国家的质量监督和产品认证技术突出，有严密的质量保证体系，有完善的质量体制和机构，系统的质量检测机构、设备和技术，尤其对产品质量推行质量认证标志等控制技术来保证质量，收到良好的效果。使工程标准在工程建设中得到贯彻实施。现在世界上有100多个国家有标准化协会和学会来推进本国的标准化。而且早在1946年成立了一个国际标准化组织(ISO)，制定国际标准，1969年，把10月14日定为“世界标准日”，在这一天各国举行庆祝活动，宣传国际标准化。

始于20世纪50年代，为解决房荒而兴起的建筑工业化，对于加快建设速度、节约用工、缩短工期、降低造价、提高质量有显著成效。在建筑构配件、制品、设备的专业化社会化生产方面，美国最为发达，日本也比较典型。

美国在发展标准化的前提下，全国形成100多个与土建工程有关的制造行业，不仅生产制品、设备，而且生产一些主体结构的构件，如各种用途的预制钢筋混凝土梁、板等。各制造厂商的系列化、通用化产品列入全国产品目录，供用户选用。社会分工较细，生产专业化程度高，房屋建造能力大，工业化水平高。

日本到1981年，在内外装修、室内设备和信息与传输设备方面，经审查合格的通用部件生产厂商已达350家，产品786种。法国和前苏联是对主体结构通用化建筑体系探索较多的国家。其“构造体系”和构件目录，能使建筑师像搭积木似的设计出该体系的多样化建筑。前苏联在改进定型设计方法上下了很大功夫，目前正在探索实现“第二代建筑工业化”的途径，开发新型材料、制品和设备，以及现场施工的合理化技术途径。

## 三、当代建筑科技发展的新趋势与对策

预测21世纪世界和中国建筑科技发展的趋势，乃是恰当确定今后奋斗目标、作出科学决策之前所必不可少的一项重要工作。而做好这项工作谈何容易。因为，建筑科技本身的综合性、学科交叉性很强，它涉及社会科学和自然科学广泛的学科领域，又与国家、社会、城市、居住使用需求的变化紧密相连，绝不是某一个专门学科所能涵盖的，也不是涉及的所有学科的发展趋势简单叠加就能明确的，必须有综合的研究与分析。但是，说到底，城市与建筑的问题乃是恰当处理人与环境关系的问题，因此，本文选择人、环境、发展的角度对建筑科技的发展趋势作些分析，即从人类发展需求和可能在环境方面的表现上做些分析和判断。

鉴于全世界人类共同面临的最重问题是：人口危险、资源危机、环境危机和能源危机。因此，总的讲，建筑科技发展的总趋势必然是，也正在向有助于摆脱这些危险的方向发展。这是决定建筑业、城市建设能否持续发展的大问题。我们再不可粗心大意，一味追求短期效应，满足于眼下的高速度、大数量，而要更认真注重建筑产品的品种、质量、效益，特别是环境质量的提高，以使人类长期受益。为了节约土地、材料、能源，不仅要重视采用高新技术和高投入的方法，而且要采取少投入、不投入的传统方式和适用技术，解决不同层次的需求。

目前，包括发达国家在内，都是按照这样一个总的趋势向前发展的。它主要表现为五个方面的特点：

(1) 由“大拆大建”转向“重建复苏”，即注意老城区、原有建筑的改建、翻修，原有闹市区的恢复；

(2) 发展“城市乡村”，使人们有更方便的就地工作、生活、学习、购物、文体娱乐设施；

(3) 注重降低建筑耗能，包括通过设计、生产、管理、立法等各个环节、各种手段实现节能目标；

(4) 致力于促进材料革命，采用高新技术，发展成本低、性能好的复合材料，作为原有结构材料、功能材料的代用品；

(5) 抓紧大小各类环境质量的改善，包括城市乡村的大气、水体、土壤环境，到居民室内外的生活、办公、娱乐居住环境的医学质量。

与发达国家建筑科技发展的特点类似，今后发展趋势表现在以下几个方面。

**1. 科技研究与发展、事业与企业一体化**

建筑科技的发展必须对人口、资源、环境、能源四方面的危机作出反应，提出了大量的崭新科技课题，促使研究与开发，事业与企业的关系更密切，甚至一身二任，发挥“小实体、大弹性”的优势，及早研究、及时转化，突出发挥“科学技术第一生产力”的先锋作用。使基础理论和应用学科的研究更有活力，更有物质基础和后动。

**2. 建筑科技发展的综合化、系列化趋势**

过去主要是各部门各自为政地设计、生产、管理一幢建筑物、一种设备、某几种材料或制品，现在更重视把制品放入系列、体系中安排，把建筑作为城市或乡村整体环境的一部分来处理问题，重视建筑群、建成区、城市整体效益、体系或系列产品的设计、生产和管理。考虑合理的产品结构、比例，满足不同环境、不同使用对象多样化的需求。

**3. 充分发挥空间效益、土地效益，加大空间的灵活性**

发展大跨度、高层、地下等通用可变的空间柱网和结构，形成能适应各种不同需求分隔的空间单元，包括灵活车间、大开间、垂直方向的自由调整可能，以满足生产、生活、工作、交往、展览、表演、体育活动等性质不同的用途。

**4. 发展节能节地建筑、节能区域**

不仅重视建筑物墙体、屋顶、门窗保温、隔热性能的提高、采暖能耗的降低，发展利用太阳能的建筑物，而且要发展"零能建筑"、"零地建筑"，即占天不占地，充分利用自然能的建筑。

**5. 创造生态建筑、生态城市**

近年来，世界上生态圈 1 号、2 号、3 号实验建筑的出现，明显地说明了这一趋势。一些城市生态工程的起步也取得了可喜的经验。从理论到实践近年都有引人注目的成果。

**6. 发掘并以现代科学方式重新运用传统技术、乡土材料**

如生土建筑和掩土建筑，近年来再次引起全世界建筑界的瞩目，这种建房方式被认为更符合大自然生态平衡的规律，又是解决众多居民住房问题的切实可行方法，只是需要做某些方面的改进而已。

**7. 不断开拓创造新的建筑类型**

随着信息社会、老龄社会、高科技社会的发展，出现了创造新建筑类型的迫切要求，各种多功能建筑、智能建筑、老人住宅、游乐设施不断出现，而且形式、功能也会日趋多样化、个性化。

**8. 建筑科技体制和产品研制、开发的进一步商品化、市场化，已成为必然趋势**

建筑业作为各国国民经济支柱产业部门，极大程度表现在房地产业的主导作用上。体现在由土地开发、房屋建设、商品房出售及售后管理和进入全社会的市场过程。不仅在中国是这样，在发达国家也是这样，随着生产生活水平的提高，人们的住房需求发展很快，不断增加质量和数量上的要求。相应的商品化、市场化的程度也会提高。

对于上述的当代建筑科技发展的新趋势，毫无例外地会影响到社会上下左右各方面，它们都必须对此作出自己的反应，而首要的是各主管部门和从事有关行业的领导要采取科学的对策。因为城乡建设与建筑活动是涉及全社会、跨越时代的历史性行为，考虑相应的对策必须立足于社会全局和时代特点，才能促使中国建筑科技的发展达到新的高度。本文提出有关对策的几个基本观点作为决策的参考，并做些扼要的说明如后。

**1. 观念的现代化、科技化**

这里主要指牢固树立"科学技术是第一生产力"的科学观念，真正认识到邓小平这一科学论断的划时代意义。这一论断完全符合当代世界生产力的特点，即科学走在生产的前面；科技进步在经济增长中所占的分量最大；科学技术被全面应用；科学技术在加速发展。这一论断也是指导我们认识思考建筑科技发展道路、努力方向的指导思想。

**2. 行政体制改革上实现“小政府、大社会”原则**

即借鉴海南省政府体制改革的经验，做到政府部门层次少、机构少、人员少；同时进一步转变政府经济管理职能。他们的主要做法是，以“社会化”为核心，勇敢地反叛传统体制那些“国家化”的弊端，以改变过去对社会活动，特别是经济活动干预太多，使社会无力形成有效的制约机制的现象。过去由于国家化的超常发展导致了社会的萎缩，什么都由国家包下来，导致商品经济衰弱和官本位强化。为淡化“官本位”意识，海南让政企分家，将原有的行政主管局和行政性公司转为经济实体，实行企业化管理。海南“小政府，大社会”体制运行4年多来，在实践中显示了巨大活力。

**3. 科研事业单位(包括学会、协会等)实行“小实体、大弹性”原则**

建议事业单位采用以田夫同志为首的中国管理科学研究院所创造的，实行6年来颇有成效的“小实体、大弹性”的管理模式。这是指院里有一支相对稳定的研究骨干队伍和科学带头人，有一个精兵简政的领导机关；而根据学院工作需要，广聚人才，聘请各种类型的兼职研究人员，开展多层次、多方面的协作——始终是借天下的智力，发挥集体创造力，来完成各项任务。这种“小实体、大弹性”科研体制的优点是：机动性强，研究室随课题而设，随课题解决而散，人才流动大，人才任用面广。效率高，约为常规机构的2.4倍。创造力强，有助于填补国内空白，走向国际舞台，国家投资少。国家给他们拨的开办费十分有限，主要依靠自己的知识和技术，向社会服务，向社会要经费。对于与社会经济、人民生活关系十分密切的城市建设和建筑行业，这条路是切实可行的。

**4. 做到重要信息的社会共享**

事业发展要舆论先行这是多年来人们比较熟悉的。不同的是，这里不仅指一般性地宣传建设科技的地位、作用，让社会理解和支持，对于一些重要的信息，如当前国内外建筑科技发展的水平和趋势，中国的优势和不足，使社会广为了解，形成一定的舆论，促进科学决策和各个方面的支持。这也是提高本行业素质和职业精神的重要方面。有关法律、法规的贯彻更需要做到家喻户晓。

**5. 逐步实现企业科研、开发、生产、管理的一体化**

长期以来，中国的建筑产品和某些工业品的质量、品种、效益为什么上不去？关键的一点是由于发挥科学技术第一生产力的主导作用不够，缺少采用新理论、新思路、新的科学技术、新材料、新工艺、新方法和新设计。而新理论、新思想的产生，主要来源之一是基础理论和应用学科的研究。掌握了最先进的科学理论和技术，企业才具有参与竞争的实力和后劲。如目前首先要加强研究的是，房地产经济开发理论和技术，以及建设经济学、建筑经济学、建筑设计学、环境评价等基础理论和应用技术的研究，培养相应的技术人才。建筑公司、房地产开发公司，包括设计院、装饰设计公司等均应设立科技开发部门，从组织上保证科研、开发、生产、管理一体化的实现。

**6. 促进建筑产品的商品化、市场化**

土地、房屋、建筑产品和制品的商品属性，最近年才在国内得到重视和承认。这类产品的商品属性在中国远远没有发育成熟，更未能形成使其进入市场流通的完善体制和环境，包括经济环境、法制环境和社会心理条件等还不太具备。因此在这方面也要下大力气研究、实验、及时总结推广成熟的经验，调整改革不利于商品化、市场化的因素，以便充分发挥市场调节的作用，鼓励竞争，鼓励创新。

**7. 使集资与监督社会化、法制化**

筹集资金和完善建筑法规体系是关系着科技发展动力和方向的两大问题。建立法规体系是发展道路和发展机制的总体设计、总体动员的大事。必须有科学的法规体系，才能把蕴藏在人民群众和各地各界的积极性解放出来，真正实现“人民城市人民建”、“社会的事情社会办”，包括筹集资金、社会监督、培养人才等，做到有线出钱、有力出力，有好主意的积极建议，齐心协力搞好经济建设的生动活泼局面。

（原载于台湾《空间》第55期，75-82页）

# 设计哲学论

# 新时期中国建筑艺术观念的变迁

## 一、空间、历史、行为的还原

1976～1986 年这 10 年，是世界建筑界发展变化节奏空前加速的 10 年。由于世界性的城市化、信息化和科学技术革命浪潮滚滚向前的总趋势，建筑观念也在不断更新。最为耸人听闻的是两个“死亡”——后现代建筑的代表人物宣布，现代建筑 1972 年 7 月 15 日下午 3 点 32 分于密苏里·圣路易斯城死去(见［英］查尔斯·詹克斯：《后现代建筑语言》)；新精神的鼓吹者也宣布“后现代主义已经死亡了”(见 E. M. 法雷利：《新精神》)。虽说这种说法不免夸张，但也不是全无根据，它起码表明了观念更新的周期在加速度前进。

要考查我国新时期建筑艺术观念的变迁，不能不首先把它还原到世界范围的空间框架，即相应的历史长河和广阔的社会变革总背景之中，才能看得更清楚、更准确。

粗略地讲，建筑学观念的发展史经历过五个阶段(也可谓五种建筑观或五个里程碑)：①最初建筑只被当作遮风避雨防野兽侵袭的谋生存的物质手段的阶段；②第二阶段，把建筑奉为“艺术之母”，所谓“凝固的音乐”的阶段；③建筑被当作大工业产品所谓“居住的机器”的阶段；④被看作空间艺术的阶段；⑤认识到建筑是“环境的科学和艺术”(1981 年国际建协《华沙宣言》指出)的阶段。第一阶段，基本上是满足人类生存本能和实用目的阶段，经历了几千年；第二阶段，从文艺复兴时期算起不过几百年的历史；第三阶段如从勒·柯布西耶(Le. Corbusier)发表《走向新建筑》一书译成英文版算起才 60 多年光景；第四阶段，以 1976 年联合国人类居住建设会议产生的《温哥华宣言》为标志，到今年刚满 20 年；第五阶段，即把建筑看作环境科学和艺术的观念的正式提出是 1981 年 6 月，还不满 6 年；观念更新节奏的加速度是显而易见的。有什么样的建筑观念就有什么样的建筑风格，相对应于各个历史时期有原始建筑、古典建筑、现代主义建筑、后现代主义建筑。需要明确的是，作为建筑文化是一种历史现实，既有物质又有精神，它有更新有代谢，而没有绝对的“死亡”。对于作为观念意识的东西更不是容易“死亡”的。各个历史时期、各种风格的建筑都在今日建筑上留下自己的烙印、身影，作出了自己的贡献。社会变更、阶级斗争对建筑观念的影响更加深刻。笼统些讲，1918 年以前(即第一次世界大战结束)和资本主义社会以前的建筑史，基本上是城堡、宫殿、庙宇的建筑史，而 1918 年以后综合性城市、平民住宅才登上历史的殿堂受到重视。现代建筑革命的旗手就是法国建筑大师勒·柯布西耶(1887～1965)。今年是他诞辰 100 周年，他一生为城市规划、住宅设计建设和建筑运动的推进作出了不可磨灭的功绩。

中国新时期的建筑观念就是在上述国际环境、历史背景和社会条件下逐渐产生的。可否估计一下，当今中国的建筑艺术观念的现状处于五个阶段中的哪一个阶段呢？我认为这需要具体分析。从空间上讲全国不同地方不同人的建筑观是有区别的，五种建筑观都有反映。比较众多的人(包括领导和专业人员)持第一、第二、第四种建筑观，而持第三、第五种建筑观的属于正在补课阶段尚不成熟；从时间上讲，1976 年前的情况居主导地位的是第一、第二两种建筑观，第四种还是新时期这 10 年中才发展起来的。对于我国目前各种建筑观深入人心的状况作这样的基本估计，是否恰当，还希望更多的同志予以关注探讨。

建筑史表明，每次建筑观念的更新或突破都是伴随着重大的社会变更或科学技术革命而来的。创作的高潮与理论的活跃也是此呼彼应、互为因果的，每次较大规模的实践之后，随之而来就有理论上的前进，形成良性循环。

## 二、新时期建筑观念的主要表现

### 1. 两个代表作引起的反思

毛主席纪念堂和“前三门”住宅设计是新时期开始阶段的代表作。当时正值刚刚粉碎“四人帮”，它们成了众所瞩目尽最大力量要搞好的工程。而其最终的建筑艺术水平和现代化水平都表现出极大的局限性，甚至可以讲尚未达到 1959 年“十年大庆”时的“十大建筑”水平。把最好的位置、最有利的条件给了这两幢建筑，然而给人民、给城市带来的实惠还不如留下的遗憾多。纪念堂像是一百几十年前的设计、有隔世之感；前三门住宅的设计还停留在“睡眠型”、“温饱型”的观念上，小面积、多摆床，构思上缺乏现代化的远见。

### 2. 第三次风格大讨论的交点

设计纪念堂精神功能要求突出了，建筑艺术形式问题显然更加重要，因此人们开始反思，呼吁为形式正名，讨论建筑艺术理论、风格的要求应运而生。于是那些在第一、第二次风格大讨论中涉及未来解决的问题再次被提出来，如风格、民族形式、传统与革新、大屋顶、“适用、经济、美观”方针等都成为讨论的交会点。建筑的艺术属性和建筑形式的规律才逐渐恢复了它应有的地位。

### 3. 学术组织的恢复和思想的解放

1981 年中国建筑学会召开第五次代表大会，会上思想空前活跃，对于建筑创作上“左”的思想、瞎指挥和封建主义进行清算。促进了创作思想的解放，对于如何认识“适用、经济、美观”原则，如何对待“大屋顶”和“民族形式”、“国际风格”，怎样评价天安门广场的规划等一系列很重要但一直被视为“禁区”的领域进行了学术讨论。随后更多的学术组织陆续成立了，如中国园林学会、圆明园学会、文物保护学会、中国现代建筑创作研究小组、城市研究会、住宅研究会、当代建筑文化沙龙等。它为繁荣我国建筑创作、推动建筑理论研究、发现人才、积聚力量、促进探索等方面分别作出了自己的贡献。而且每个学术组织的成立本身，都标志着我们对于某个学科或某种专业的作用和地位在观念上有所前进。

### 4. 三个饭店的冲击

香山、建国、长城三个风格迥异的饭店相继建成，从不同角度对我国建筑传统观念起了冲击作用。自 1980 年香山饭店一开始设计，便参与了国内的第三次建筑风格大讨论，它成为学术讨论的中心议题长达数年不衰。贝聿铭先生当时明确提出，要走“第三条路”(不走国际化和恢复民族形式的路)——把民族化和现代化结合起来的道路，最后在创作上取得极大成功，引起国内外广泛的瞩目和评论，因而香山饭店的设计和落成成为新时期最具有冲击力影响的一个杰作。先或后于香山饭店不久完成的建国饭店和长城饭店的设计、施工、管理都带来了一些新观念、新手法、新材料、新技术、新工艺，也形成了不同程度的冲击。如，通过建国饭店实践，国内在旅馆设计观念上有进一步的认识和借鉴，更重视把旅馆作为“无烟工业”改进其功能设计和提高经济效益问题；长城饭店的玻璃幕墙、空间的开放、内外融和、四季厅、不锈钢柱、音响系统、喷泉、水景、屋顶花园等，对国内的设计观念和手法都有很深的影响。

**5. 壁画家、雕塑家与建筑师新的合作**

自 1977 年建设纪念堂群雕，1979 年建设首都机场壁画开始，壁画、雕塑艺术同建筑的关系重新密切起来了，为创造优美舒适的室内外环境，建筑师与美术家、雕塑家加强合作，出现不少壁画、雕塑的佳作，到举行全国城市雕塑展览会达到了一个高潮。据全国城雕组副组长王克庆同志讲(见 1987 年 2 月 10 日《人民日报》载，《城市雕塑建设漫议》)：“自 1982 年以来，全国已落成的作品约 1400 座，涌现出一批相当优秀的作品”，足见形势发展之快。

## 三、新时期建筑艺术硕果的透视

1986 年建设部优秀建筑设计的评选，乃是对我国新时期建筑艺术成就的一次大检阅(详见《建筑学报》1986 年 11 期)。其中一等奖 3 项，二等奖 12 项，三等奖 22 项，表扬奖 8 项。这是新中国成立以来规模最大、水平较高的一次评优活动，无论在建筑类型的创新、艺术风格的多样化、民族化、地方化、现代化的探索上，都取得了可喜的成绩。它展现出当代中国建筑艺术繁花似锦的前景，不愧为新时期中国建筑文化的丰碑。

下面就三个获金奖的作品谈一点看法。拉萨饭店、阙里宾舍、中国国际展览中心，这三个实例地理位置相距甚远，艺术形象各具特色，而同时获得金奖，这事实很典型，意味深长地说明许多问题。

(1) 拉萨饭店，赵复兴、陆宗明设计。它成功地将西藏建筑的文脉特点和气质极好地融入有现代美感的艺术形式之中。如果身临其境，更能体会到这获金奖作品的建筑艺术魅力，其最突出的是其地方特色、藏族建筑特色。一位藏族技术员不无骄傲地对我讲：“过去我们有布达拉宫，现在我们有拉萨饭店!”该饭店一位来自北京的经理说，他原在的北京丽都饭店是一座“美丽的监狱”，而“拉萨饭店是一座美丽的花园”。我深有同感，这赞美和骄傲是有根据的。当来宾下车瞬间的一瞥，便会感受到浓郁的藏式建筑艺术风味，它使我想起了大昭寺的入口和布达拉宫墙上的写意斗栱，达赖喇嘛嘎厦几品官的顶戴……但是拉萨饭店外貌和入口开朗、亲切地迎接着来宾，而绝无神秘和压抑人的色彩和气氛，这大概正是聪明建筑师的选择和提炼吧。大面积浅黄色的墙面，为表现作为“日光城”拉萨那碧蓝碧蓝的天空，和表现那透明而多层次的阴影创造了好条件。大片草坪的淡绿色反射到墙面上，给人春意盎然的感受。起伏的体形、墙顶的抹坡都是写意之处。正如评委会评语所说的：“设计构思新颖，一气呵成。较好地将现代建筑技术、材料与西藏地区风格传统相结合，体现了民族化、地方化，有时代感。”在建筑艺术形式上，它确实具体体现了藏式建筑因地制宜、就地取材、布局自由灵活、形体浑厚、手法粗犷、色彩鲜明、气势雄伟、气氛浓重等优良传统和地方特色。

（2）山东曲阜阙里宾舍，戴念慈、傅秀蓉、杨建屏、黄德龄设计。阙里宾舍堪称在特定条件下，现代建筑继承和运用传统形式的范例。阙里宾舍的特色集中体现在“淹没”二字上。其设计者著名建筑师戴念慈同志不无自豪地向大家介绍。有位学院的教授到曲阜去后竟然没有发现阙里宾舍的存在，可见“淹没”之成功。该设计一开始就遇到争论，人们提出三个问题：①在原有建筑近旁绝对不能搞新建设，搞了就要破坏曲阜孔庙的环境；②现代化的使用要求和中国旧有的建筑形式绝对排斥；③中国建筑的旧形式是和新的科学技术绝对排斥的。设计者却深信，这三个方面的矛盾完全可以得到正面答案(详见《建筑学报》1986 年第 1 期)。为了把这个 13000 多平方米的现代旅馆“淹没”在孔庙孔府的建筑群中，设计者把建筑物化整为零，缩小每块每组建筑物的体量，以便和孔府的体量尺度相一致。没有采用琉璃瓦，不强调商业气氛，而突出文化气氛，不追求珠光宝气，而以朴实典雅为建筑主调，这一系列手法和追求都很有效地使这座在特定位置的建筑物被淹没了。作者接受了当地的三条建议，即：①宾舍的东面不能高于鼓楼，西面不能高于钟楼；②靠孔庙孔府两个面的围墙要保持原样；③外表形式要与孔庙孔府相协调。可以想见，建筑师是在多么苛刻的条件下进行创作。而最后的作品，被不少人赞扬为是“中而新”的典型。

（3）中国国际展览中心 2～5 号馆，柴裴义设计。该设计突破大方匣子的呆板结构，变成既有鲜明现代建筑特色，又有光影雕塑艺术味道的佳作。它与前两项设计全然不同，很难发现它有什么传统特色或者丝毫的“北京味”。展览中心作为展览场所是公用大空间、大体量的方盒子，采取集中式布局，沿北三环路一字排开。当人们对方盒子群起而攻之，口诛笔伐为“千篇一律”的时刻，青年建筑师柴斐文仍然选用了大方盒子方案，并获得金奖，这本身就是极大的成功。这既说明了作者的魄力、大手笔，也说明了作者的艺术修养和力排众议、快刀斩乱麻的能力。每个展厅是边长 63m×63m 的单元体，屋顶网架下皮距地 10m，在这 36000 多立方米的大空间内，适应布置各种各样展品的需要应当如何安排？在此异常巨大的空间中又如何排除“人像蚂蚁”一样渺小的压抑感觉，而使人感到亲切，感到自己是空间的主人？这绝非轻易可以解决的课题，更加可贵的是，在处理如此众多的难题时，并没有求助于壁画、雕塑、装饰图案等附加艺术手段，而是依靠对建筑物本身体量、体形本身的切削、加减等大刀阔斧而又十分简练的手法，运用阳光和阴影这些大自然赐予的手段，使建筑作品焕发光彩、变化丰富(详见《建筑学报》1986 年第 2 期)。设计人柴斐义自己介绍道：“为充分利用空间，外圈框架柱两面挑出，在 45m 标高处周围设展览平台，供较小型产品展出，四角分别以开敞的三跑或螺旋梯上下联系，……使单一的超大尺度的展厅增加了层次，丰富了空间。”将展览馆外立面大胆地以实墙为主，只按照造型和构图需要，将小窗子集中布局，与下面的 27m 宽的大凹口形成虚实、疏密、明暗、粗细的对比。特别值得称道的是建筑师大刀阔斧地砍了几刀：“一刀砍在四角，每个展馆四角都从檐下凹进去 4.5m，再从阴角凸出一个大尺度的玻璃角窗。另一刀砍在底层正中三开间(即 27m 宽处)，利用框架柱后退的有利条件，将底层退进去并做大片玻璃窗。为了打破建筑物方方正正的构图形式，将角窗做成斜锥形，底层做大片斜玻璃窗从凹口中又突了出来。与之相呼应，二层上部正中也开了一排带混凝土格片的高窗。既解决了采光问题也均衡了立面构图。”(柴斐义文)每相邻方形展厅间隙的连接体处理得也十分巧妙。通过形状方圆对比，体量高低对比和不同层面上光影的处理，丰富了空间层次，变不利为有利，变次要的间隙为主要入口和中央大厅，成为尺度巨大带有象征性的空间，这一切都给人以简洁、明快、理智、现代化的印象。

## 四、突破与走向

怎样看待风格迥异的三组建筑群(拉萨饭店、阙里宾舍、中国国际展览中心)的艺术风格呢？难道今后的中国建筑可以选择其中的一种而舍弃另一种吗？显然不行。三者都受到群众的欢迎和社会的承认，所以才获得金奖。这本身就告诉我们创作的道路无比宽广，可以也应当因时、因地、因人、因对象而异地作出不同的选择。通过对获奖作品的分析和更多实例的考察，可以明显感到新时期中国建筑艺术观念上的突破和变化趋势：

(1) 正在突破只重建筑个体，只重形式的旧观念，开始表现出强烈的环境意识。无论是拉萨饭店和阙里宾舍的分散式布局、控制高度的做法，还是国际展览中心的集中式大空间处理，都是从整体环境着眼，千方百计为人的活动和展览功能创造适宜的室内外环境，并与自然环境和已有建筑环境相协调或者对比。

(2) 突破重物质功能轻精神功能(建筑的文化价值)的旧框框，开始有明确的“文脉”思想和寻根意识。因此新建筑的文化味比过去浓了，文化的价值也在提高。但是需要指出，继承文脉和寻根头脑必须清醒，不能不分析“根”的优与劣便轻易接上去，那是一种危险的倾向。近年来，有些“××一条街”正是这种寻根意识的拙劣表现，其后果是很不好的。新中国成立后这几十年来建设的新建筑，很像是一个家族的延续，而缺少大的进步和突破。

(3) 突破单纯摹仿、求同的旧辙，转向理性的提炼和感性上对求异的宽容。在新时期众多的新建筑上，符号语言的提炼(如新疆一大批新建筑)，几何母题的运用，以及南北风格、中外手法的交融大大增加了。1959 年周恩来总理有一句名言：“古今中外一切精华皆为我用。”讲得很深刻，识“精华”就需要进行理性的提炼，“皆为我用”就是主张感性上的宽容，能允许多种风格、多种途径、多种流派各显神通。这句话如今更多地实现着，看来建筑创作真正繁荣的局面将不声不响地来临。

(4) 突破一种模式、统一口号的做法，多元化的思想正在日益深入人心。尽管从实质上看，新时期有关建筑风格的讨论，基本上还停留在形似—神似—多样化这些表层的议论上，实际上许多内涵的，本质的问题尚未涉及。但总的情况是，绝大多数人反对过早作结论、提口号、定模式，并且已开始有人对建筑作文化角度、哲学角度、行为角度、美学角度等各个角度的思考，正在孕育着新的突破。

(5) 突破只依靠经验搞建筑创作的心理状态，建筑师们开始在创作实践中加强理论的反思和新观念的形成，更多人对于建筑理论的重视是个好兆头。包括引进新理论和创造自己的理论其意义都是很深远的；作为新时期住宅设计中的杰作——支撑体住宅体系(鲍家声设计)就是在引进新理论基础上，有理论、有实践，发展较快、效果突出的实例。

## 五、布鲁诺·赛维的原则

因为开头提到两个“死亡”，这里特别明确一下我的观点：现代主义和后现代主义建筑如今都没有死亡，它们还在发展和共存，并且都作出了自己的贡献，值得我们去研究，去认识而后决定我们的取舍，这有助于我们形成自己的建筑艺术观念。

这里列出意大利罗马大学建筑历史教授，世界著名的建筑理论家布鲁诺·赛维(Bruno Zevi)在《现代建筑语言》中反复强调的七条原则，供同志们思考。

什么是现代建筑艺术？赛维用七条原则作了高度的概括：①功能原则；②非对称和不协调原则；③反对只看透视图效果的三维观念和方法；④四维分解的原则；⑤用悬挂、薄壳和薄膜结构进行技术革新的原则；⑥时空连续原则；⑦建筑、城市和自然景观的组合原则。

回顾新时期的中国建筑文化，在多大程度上有多少人对现代主义建筑的原则理解和运用了呢？如果对现代主义尚不理解或了解不多又怎么理解和掌握由现代主义基础上生长出的后现代主义呢？盲目地一头扎进后现代主义的怀里的人应当警醒，我们很需要补一补现代主义的课。

# 空间环境设计的智慧从哪里来？

智慧是一个非常重要的概念，是一个既古老又年轻的概念。设计思维一分一秒也离不开智慧，而当今缺少智慧的设计随处可见，让人目不忍睹。

智慧与知识不同。如果说“知识是力量”，那智慧应当是超级的力量，更加持久的力量。所以我要对智慧“觅踪”。以下从五个方面探索。

## 一、设计哲理的新需求

当前的设计需要大智慧。现代主义、现代派是大智慧，以勒·柯布西耶为旗手开辟了一个建筑的新时代。而后现代主义或后现代派只是一种“修补”的小打小闹，是一种“复归”，“解构”是更激烈的“复归”，但还都没有到位，还没有形成建筑学上的大智慧。因此我们看到的是今日建筑徘徊在十字路口，在有可能做出大建树的时刻，却最多玩点新材料、新技术、新样式的小花样，建筑界缺少大的建树。可以用杜乐天的公式来表达：[1]

可能性＋不理解＋没本事＝0

历史上，或者我们周围不是没有大智慧，只是我们没去汲取，或者是忘记了，或者是知道而没有身体力行，因此没有激发出自己的智慧，只有平庸的操作，而我们更需要的是智慧型的操作。人们熟知的大智慧如：

老子说：知人者智，自知者明，胜人者有力，胜己者强。[2]

培根说：知识就是力量。

毛泽东告诉我们：正确的思想从实践中来。

邓小平强调：科学技术是第一生产力。

这些话是不朽的真理，有着宇宙般的涵盖力、亘古历史的穿透力和科学的概括力，是大智慧的体现，又启示着新的智慧。而且从古至今，一次比一次讲得更深入、更准确。

老子所谓的知、培根说的知识、毛泽东说的思想、邓小平强调的科学技术，以及笔者强调的智慧，都可以用一个词概括它，那就是信息。从信息学的角度重温这些我们耳熟能详又充满智慧的话，便会发现其更为深刻的内涵，发现我们从事空间环境规划设计思维所需要的内涵，即智慧包括些什么，从哪里来到哪里去。

正如老子所说，我们想做成任何事情都逃不出知人、知己、胜人、胜己这四个方面。我们有些设计规划水平之所以不高，或者有些失误，往往就是因为在这四个环节上的某一方面出现了问题。

现代人普遍患浮躁病，忙于操作，疏于思索，还美其名曰“节奏快”是时代特点。实质上高智能才是信息社会的特点。人们寄希望于“手册”、“大全”、“实录”，可以拿来就用，却不思索一下，这些宝贝把你引向何处？（我无意于否定一切手册、大全、实录，因为其中有些内容确实是需要普及的。）计算机够先进吧，但人们已开始意识到“计算机公害”的问题，它使更多的人变得没有头脑或缺少智慧。因此，科学家们致力于计算机的智能化。在这样的背景下，我们的设计思维、设计原理、建筑理论若缺少哲理，达不到概括新情况，预见新动向，引导新思路的层次，便赶不上新时代的新需求。

## 二、人与环境关系的新阶段

空间环境规划设计从本质上讲就是调整改进人与环境关系的过程。人与环境的关系，由于环境构成本身的变化和人自身的变化，大致经历过这样四个阶段(图 1)：

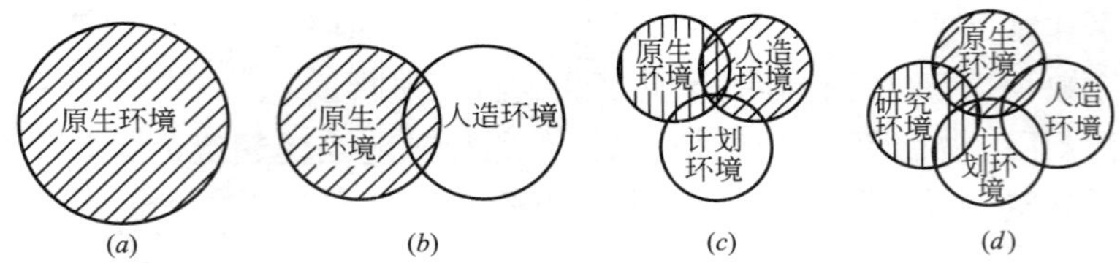


图 1　人类居住环境构成变化的四个阶段

(a)适应关系(自然界与动物的关系)；(b)利用关系(环境与半自然、人的关系)；
(c)改造关系(环境与工具人的关系)；(d)融合关系(环境与智能人的关系)

(1) 像动物一样适应自然环境的阶段——适应关系。人对自然界的资源直接加以利用，如食用植物、种子、鱼、木材和石头，甚至庇护所也是在自然界发现的。

(2) 利用自然环境的阶段——利用关系。人类直觉地仿生制造、建造部分人工环境，耕种和保存谷物；风干或腌制鱼、兽肉，保存水果、浆果，发酵；把木材、金属和石头加工成工具形状，开始能提炼金属，开始建住宅、造船、造车、砍树、修路。

(3) 改造自然环境的阶段——改造关系。人类开始有规划、有设计地做每一件事情，包括对人居环境的建设，使有规划建造的人工环境多了起来。

(4) 以科学研究带动规划设计的新阶段——融合关系。人居环境的迅速城市化与科学技术、经济发展、人类物质精神要求的增长，若要持续发展必须加强对环境的研究，才能形成高质量的环境。因此出现大量的试验建筑物、试验住宅、试验小区甚至试验城市。用这些科学研究试验点，引导规划设计与建造水平的提高。

有关人与环境的学问实际就是建筑学内容。我 1983 年时曾将建筑学观念的历史变迁划分为五个阶段，[3]即①实用建筑学阶段；②艺术建筑学阶段；③功能建筑学阶段；④空间建筑学阶段；⑤环境建筑学阶段。1987 年我又预言未来的世纪是生态建筑学时代。[4]看来这六个阶段与人和环境关系的几个阶段有着相互对应、互相参照的关系。而且可以认为，这里的空间建筑学、环境建筑学、生态建筑学三个阶段也可以统一称为智能建筑学阶段。因此现阶段人居环境建设的总体目标是：人与自然的高度和谐、持久发展以及高智能、高情感特征。

## 三、当代科学技术发展的新特点

对于科学技术怎样成为第一生产力，《现代科学技术基础知识》一书作者，从主导、超前、动力、高技术产业崛起四个方面进行了分析：[5]

（1）科学技术成为生产力诸要素的主导要素。这主要由于 20 世纪以来，随着生产自动化程度的提高，劳动力结构向着智能趋势发展，体力劳动与脑力劳动的比例不断发生变化。两者之比，由机械化初级阶段的 9∶1，经中等机械化条件下的 6∶4，到全自动化条件下的 1∶9，脑力劳动者人数远远超过体力劳动者。科技型人员成为主体劳动者；智能型机器体系日益成为最重要的劳动工具；再生型和扩展型资源正在成为主要劳动对象；科学管理水平不断提高。

（2）现代科学技术明显的超前性。在当代，生产、技术、科学的相互作用机制已经完全逆转过来。科学理论不仅走在技术和生产前面，而且为技术生产的发展开辟了各种可能的途径，形成了科学—技术—生产的发展顺序。比如，先有量子理论，尔后才有半导体能带模型理论技术和电子计算机的发展。

（3）科学技术已成为现代经济发展中最主要的驱动力。该书从产业高次化、产品科技含量高密化、科技应用于生产的周期大为缩短三个方面证实，科学技术对经济增长有决定性影响。

（4）高科技及其产业的崛起和发展，是“科学技术是第一生产力”的重要体现。20 世纪 80 年代这已经成为一股世界性潮流。如 1982 年，美国使用电子计算机完成的工作量，相当于 4000 亿脑力劳动者 1 年的工作量。仅此一个数字足以使人振聋发聩！然而电子计算机对建筑、城市乃至各种人居环境的影响如何，人们的重视和研究显得实在太不够了。信息产业正在逐渐成为经济发展的主导产业、支柱产业，即将成为支柱产业建筑的支柱和主导。

王兴田、徐苏斌从科学技术角度将建筑分为五个阶段的提法值得重视（图 2）。[6]

| | 1800　　　1900　　　2000 | |
|---|---|---|
| 构造阶段 | 1850———功能主义<br>玻璃、水晶宫<br>铁、埃菲尔铁塔<br>水泥、最初的混凝土公寓 | 功能 |
| 设备阶段 | 1930——超高层<br>电梯　下水处理<br>人工照明　空调<br>手扶电梯<br>白炽灯　荧光灯 | 性能 |
| 情报阶段 | 1960—<br>电子管　计算机/电子<br>真空管　半导体<br>电视<br>晶体管 | 效率 |
| 机器人阶段 | 1970—<br>自动机械<br>自动化<br>机器人 | 能率 |
| 智能阶段 | 1980—<br>超导<br>光纤<br>生命科学<br>激光 | |
| | 非结晶体 | |

图 2　建筑的五个阶段

从图3信息螺旋示意图上，可以十分明确地看出邓小平有关“科学技术是第一生产力”论断的科学正确。从左半部的科学进程可以看到，逐渐形成的科学的巨大智慧吸引力，不断把人类的认识提升到更高的层次；从右半部的技术过程可以看到，有了正确的理论，还必须有应用技术的推进，才能变成巨大的技术推动力量，创造出新的现实来。简而言之，科学让我们站得高、看得远，总览历史文化中的问题和规律；技术使我们钻得深、抓得细，具体完成人类需要办的每一件事情。因此，我对“科学技术是第一生产力”如此精炼深刻的概括心悦诚服，这一论断根据当代科学技术发展的新形势、新趋向，揭示出当代科学技术发展的最大特征。

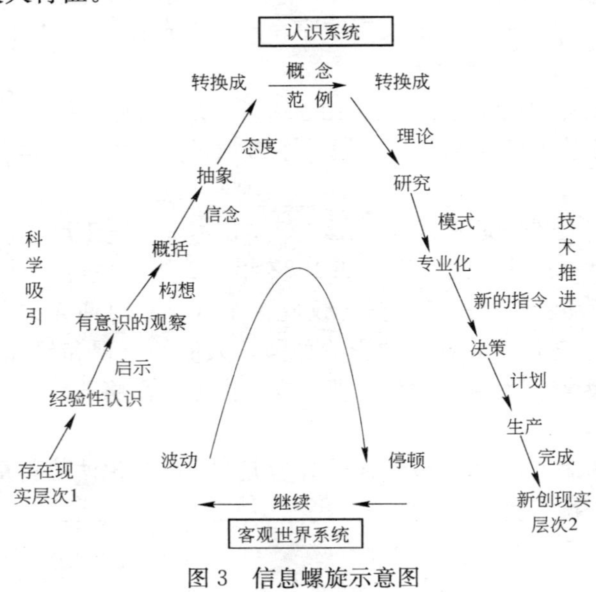


图3 信息螺旋示意图

## 四、空间环境设计智慧的新来源、新要求

在科学技术成为第一生产力的当代，生产力的发展速度、空间距离、人们的时间观念、寿命、知识、智能水平、物质精神需求等众多方面都发生了巨大变化。地球、区域、城市在缩小，人的寿命在延长，闲暇时间增多，人们生活、工作、交往的方式有极大改变……这一切都对人类居住的空间环境提出了新的要求，是规划设计智慧的新来源。特别是人的科技化、智能化，机器体系的智能化，资源主要依靠再生型和扩展型的，生产体系和组织管理也更加科学化，这四方面的变化对环境规划设计有决定性影响。拓展人类生存空间，改善提高人居环境质量的问题更加严肃地摆在设计者面前。

当然，设计问题的解决可以有三个基本档次：①下意识的解决——人云亦云，模仿盲从，只操作不思考；②知识型的解决——在现有设计模式上调整、重组、修修补补；③智慧型解决——从提高认知水平入手，达到新的领悟，而有所发明创造。我们追求的是智慧型设计，因而必须认识新来源、达到新要求。

智慧水平即认知与思维的水平。智慧型设计的完成，必须对信息、对思维规律有一些基本认识与了解。正如钱学森指出的，信息离不开认识过程，信息对认识过程有着非常重要的意义，研究信息和信息过程的学问称为信息学，是思维科学的基础科学之一。[7]

我这里强调智慧型设计，就是希望有更多人重视设计思维的过程（简称“思路”）。思路要有一个较高的起点，才能作出水平较高的设计。规划设计是用一套形式符号（或称语言）表达的，但关键不在于语言的形式而在于无声的言语——思维。可是人们往往只重视语言而忽视言语的背景——思维的依据。一时有关建筑设计语言的著作蜂拥而起，如《后现代建筑语言》、《现代建筑语言》、《古典建筑语言》、《建筑模式语言》、《图式思维理论》等书，都对这种倾向有不同程度的推波助澜作用，试图用一种思路代替另一种思路，殊不知这是不可能的。因此，我也更赞赏如爱德华·T·霍尔《隐藏的量度》（*The Hidden Dimension*）、卢原义信《隐藏的秩序》（*The Hidden Order*）这类对人更有启发的智慧型著作。

## 五、设计观念新思维觅踪

曾有人讲过：“新东西不一定是好的东西。”这话可能是没有错，但我不同意这种看问题的角度，我主张争取达到新而好。好，可以有多种标准，起码有新旧两种标准。用旧标准就会对新事物看不惯，百般挑剔、求全责备；而以新标准看问题就不一样了，应当讲，新东西不一定不是好东西，它可能是不成熟的东西，但不一定是没有生命力的东西。因此我十分欣赏《新建筑》这个“新”字。十分热衷于觅新、创新，提倡“不成熟思考”，赞成淡化权威意识，进行无头衔思考、多角度读书、逆向思维、非历史思维、非仿生思维、异构思维、非零起点思维和超前思维。总之，千方百计希望激发出新的思想火花来。这类火花属不属智慧先让它冒出来再分辨。本文所列举的信息塔、信息螺旋、知识球、环境创作的金字塔、创作单元、情绪球便是这类火花，也可以叫做我觅踪的记录，欲与各位交流。

从信息螺旋示意图（图3）上，我们可以看到信息提升、转化、运转的全过程，以及每一个阶段人们要进行的有意识的加工与提炼。如，图中从左半部到右半部的全过程为：从现实中获取经验—得到启示—经有意识的观察—形成新的构想—进行必要的概括—形成某种信念—进行抽象—明确态度—提炼出概念—建立理论—深入研究—提出模式—形成专门化技术—根据新的指令—作出决策—制定计划—进行生产—最终产生新的现实。这里从感性、经验性认识，提高到概念、理论认识，以及提出相应的模式，解决技术操作、生产的问题，都必须经过分析、总结、归纳，进行有意识的观察、设想、概括、抽象的努力，以及深入的研究和建立相应的专业应用技术，作出正确的决策和计划。如果没有这一切，尽管一个人思想活跃，不断有所“波动”，但如下方曲线所示意的，这种“波动”只会不断地“停顿”，于事无补，决不会形成信息的良性上升——大循环螺旋，即不能从客观世界系统到认识系统不断提高，不断形成新的生产力，创造出新的现实来。

为了便于认识、掌握信息的属性和分类，我绘成一个“信息塔”模型，可以一目了然（图4）。信息塔分五层，由下至上依次为：原始信息、操作性信息、知识性信息、理论性信息、综合性信息。这五类信息分别属于不同的层次，从运作的角度，由下至上为原生层、需求层、经验学科层（应用基础理论）、理论概括层（基础理论）、指导层（哲学、行政层）。从空间地位来分析：原生层处于边缘地位；操作层处于专业地位；认知层处于程序地位；理论提高层处于思路地位；哲学、综合、指导层才是我们所要追求的中心地位——大智慧地位。

知识球是我根据科学史专家赵红洲先生关于知识系统的壳层结构的论述[8]绘成的示意图(图 5)，并作了一些发挥性的阐释。即：我的信息塔是此知识球的一个部分，只是用语不同，可谓“异曲同工”。而且从信息形成的角度，我把此球的四层由外至内称之为：实践层、碰撞层、结晶层、升华层。

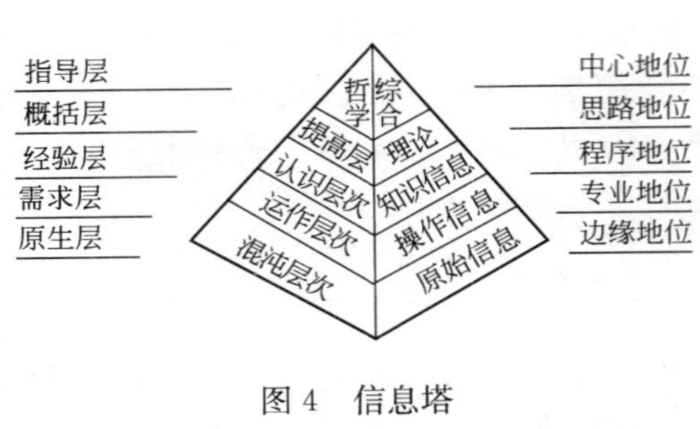


图 4　信息塔

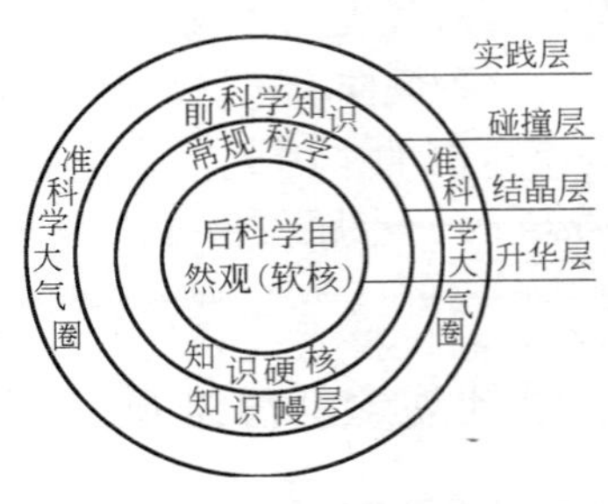


图 5　知识球

赵红洲先生原文如是说：

现代科学的知识系统如同一个壳层结构。它的最核心是一种由后科学所提炼出来的自然观(软核)，以外就是由常规科学结晶成型的知识硬核，再外层是前科学知识对流所造成的知识“幔层”，最外层便是弥漫于整个知识空间的准科学“大气圈”。

在整个科学知识系统里，核心的智力强度最大，随着向外扩延，其强度逐渐降低。但知识创新的程度却相反，其核心部最低，愈外愈高，以至于在知识的“大气圈”里，科学创造力达到极值。这个知识球依靠自身不同壳层之间的矛盾运动，不断成长壮大，推动小科学向大科学转化。

著名建筑大师菲利浦·约翰逊设计构思的三方面追求中，我最感兴趣的是足迹(footprint)[9]。从人开始想起，从脚下起步。他抓住了衡量环境质量的三个尺度(人的尺度、空间尺度和雕塑尺度)，因此常常能抵达构思金字塔的顶点(图 6)。而许多设计人所进行的则往往是短路的构思。这种情况与图 3 中的波动—停顿的曲线类似。

用信息论观点能比较客观地理解创作实践的结构和过程。我认为，创作行为从微观的单元结构到广义的创作概念，都应当包括有四个环节(图 7)。设计创作实践从性质上分为两类：一类是重复性实践的信息(标准图、通用图、习惯做法中所体现的适用、成熟技术)；另一类属创造性实践的信息，即产生的新信息，属于创新的部分。

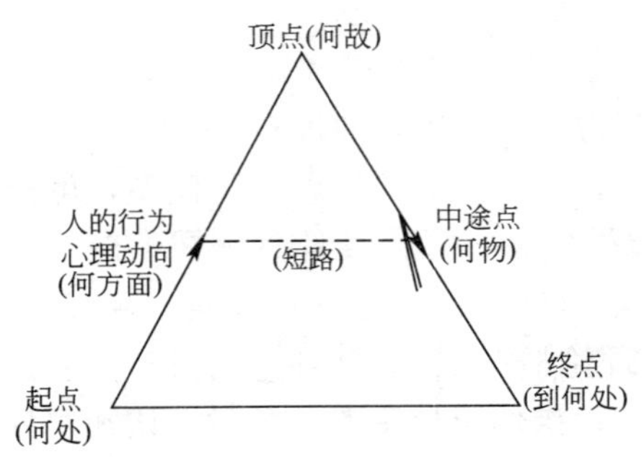


图 6　环境创作构思进程的金字塔

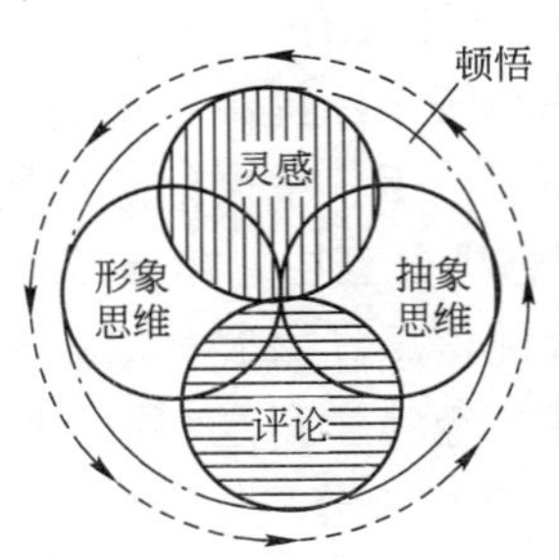


图 7　创作单元结构示意图

建筑或城市艺术是集科学技术与艺术于一身的，因而建筑、规划设计创作有其不同于一般自然科学技术的复杂性，它需要注入创造者的情感，运用带有感情色彩的艺术语言和手法。之所以能这样做的原因是：“艺术和科学的共同基础是人类的创造力。它们追求的目标都是真理的普遍性。艺术，例如诗歌、绘画、音乐等等，用创新的手法去唤起每个人的意识或潜意识中深藏的已经存在的情感。情感越珍贵，唤起越强烈，反响越普遍，艺术就越优秀。科学，例如化学、物理、生物等等，对自然界的现象进行新的准确的抽象，这种抽象通常被称为自然定律。定律的阐述越简单，应用越广泛，科学就越深刻。自然现象不依赖于科学家而存在，它们的抽象是一种人为的成果，这和艺术家的创造是一样的。”[10]

科学和艺术是不能分割的，并且它们是与智慧和感情密切相关联的。伟大艺术的美学鉴赏和伟大科学观念的理解都需要智慧，但是，随后的感受升华和情感又是分不开的。没有情感的因素，我们的智慧能够开创新的道路吗？没有智慧，情感能够达到完美的境界吗？它们很可能是确实不可分的。（李政道语）我认为这种设想是正确的，以上的几个示意图（图 3～图 7）已经蕴涵着这个意思。这里再补充一个情绪球（图 8）。

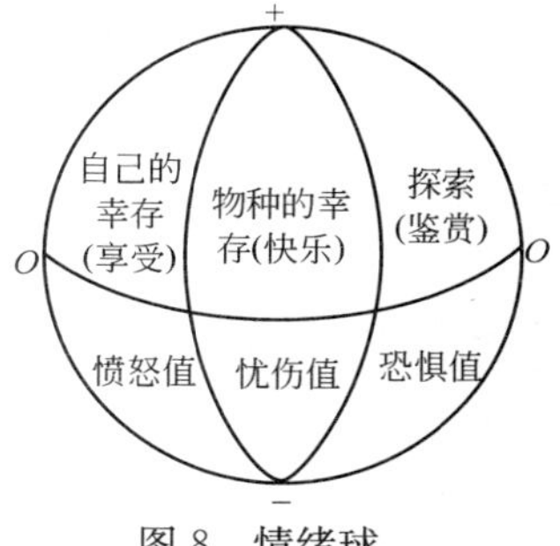

图 8　情绪球

图 8 将情感表示为“情绪球”的生物学值。把情感物化和量化了，使人们更易于理解和把握。图上的北半球表示正的情感，南半球表示负的情感。赤道是中性的，没有生物学的紧迫感（缺乏艺术感受上的“张力”）。人的这种情绪反应会通过大脑的反射脑、情感脑传递到思维脑。

据脑科学的研究，人的大脑由三个主要部分组成：思维脑、情感脑、反射脑。从生理组织和功能的角度看，思维脑是大脑中最新进化的新皮层，它以有意识的语言进行思维；情感脑是大脑较老的边缘系统，它以释放“化学语言激素”的方式进行工作；反射脑是与大脑紧密相连的更老的基底神经，它起控制人的本能的作用。

## 六、结语

通过以上的分析和论述，我们对人的智慧这类核心信息的生理基础、心理基础、运行机制有了一些概略的了解，但尚未来得及结合空间环境设计作更为细致的研究与分析。这只好另写专文或由同好者来完成。但我想强调一下，智慧和灵感不是秘不可测、玄而又玄的东西，它不仅可遇而且可求，甚至可以发挥人的主观能动性把它激发、“制造”出来。

用通俗易记的话讲，智慧（灵感）来源甚多：①从脚底板的体验（footprint）来；②从实践操作中来；③从有意识的观察中来；④从当代巨人的肩膀上（现有的观念体系）来；⑤从历史的台阶（历史的观念体系）来；⑥从直觉的感受（个人的爱好、选择）来；⑦从下意识的反射中来；⑧从模仿（某人、某事、某物）上来；⑨从科研（对新情况、新问题的研究）中来；⑩从对未来的想象和预测上来；⑪由对生态原型的搜寻（如民居）上来；⑫从新技术、新设备、新材料、新工艺、新能源的运用中来……

总之，让我们充满创造的信心和勇气，增添更多的智慧和力量，创造出更加美好丰富的未来吧！

**【主要参考文献】**

[1] 杜乐天. 科学研究智能化 [N]. 科技日报，1994-5-8(2).

[2] 老子. 道德经 [M]. 合肥：安徽人民出版社，1990.

[3] 顾孟潮. 新时期中国建筑艺术观念的变迁 [J]. 美术，1986(2)：16～20.

[4] 顾孟潮. 21世纪是生态建筑学时代 [J]. 中国自然科学基金会，1988(1)：32～35.

[5] 宋健，惠永正. 现代科学技术基础知识 [M]. 北京：科学出版社，中共中央党校出版社，1993.

[6] 王兴田，徐苏斌. 信息时代与中国建筑的前景 [J]. 建筑学报，1994(2)：38～41.

[7] 钱学森. 关于思维科学 [J]. 思维科学，1985(1)：24～31.

[8] 赵红洲. 知识系统的壳层结构 [N]. 科技日报，1993-11-14(2).

[9] 张钦哲，朱纯华. 菲利浦·约翰逊 [M]. 北京：中国建筑工业出版社，1990.

[10] 李政道. 论科学与艺术 [N]. 文汇报，1993-6-16(3).

# 谈贝聿铭的建筑哲学和建筑创作态度

人们熟悉的华裔美国建筑师贝聿铭，在其耄耋之年仍然屡屡有惊人的成果闻名于世，为什么会有这种现象？在很大程度上，这取决于他值得借鉴的建筑哲学和建筑创作态度。

这里我从四个方面作些探讨：贝聿铭的建筑哲学；贝聿铭成功的四大要素；金字塔战役的启示；北京香山饭店的设计思路。

## 一、贝聿铭的建筑哲学

贝聿铭认为，建筑师的工作是为人们“创造生活工作环境——从公用的大空间到个人的小天地”，“只要建筑能够跟上社会的步伐，它们就不会被人们遗忘。”

贝聿铭又说，“建筑设计中有三点必须予以足够的重视：首先是建筑与环境的结合；其次是空间与形式的处理；第三点是为使用者着想，解决好功能问题。”并且他强调说“正是对第一点(即建筑与环境的结合)，前辈大师是不够重视的。”

贝聿铭重视采用集思广益的创作方式，因为他认为建筑业不仅仅是建造一幢具有历史性或艺术性大厦的事，是涉及整个都市的重要问题，这绝不仅仅是有关建筑师所能应付的，需要很多人的通力合作才能解决。

## 二、贝聿铭成功的四大因素

我认为贝聿铭成功的四大因素为：善于招揽业务；善于与房地产开发者合作；善于与客户交朋友；善于吸引高素质的人才。

处理好客户、建筑师、开发商三者的关系，是建筑师与开发者事业成功的关键，也是客户的幸运。贝聿铭深谙招徕大客户的诀窍。他重视与客户交朋友，但又不一味迁就客户，还会对客户提出“挑战”。如在法院大楼广场建一幢 23 层的综合办公楼，贝聿铭坚持只占那块用地的 1/4。并用支柱撑起大楼，使行人可以畅通无阻地漫步在一座简朴优雅的露天大厅和一座生机盎然的庭院中。该办公楼在为公众提供露天活动场所方面在美国开了好的先例。当有人对如此慷慨之举提出疑问时，贝聿铭用老子的话作答，“埏埴以为器，当其无，有器之用”。

建筑师是客户和开发者的中介，客户和开发者都是建筑师的“上帝”。贝聿铭深明此理。在当了两年助教以后，31 岁的贝聿铭逃离与世隔绝的学术界，投到另一位导师——奢华的房地产投资开发商威廉·泽肯铎夫门下。泽肯铎夫绝非一般只用金钱作生意的人，而是进行观念性思考，运用想象力对城市土地再开发，能使土地价值翻三番的人物。他见到贝聿铭如鱼得水，像古代希腊美狄奇家族那样，把贝聿铭当作“现代的米开朗基罗和达·芬奇”来雇用。

通过泽肯铎夫的房地产速成课，贝聿铭很快成为一名极为难得的可以就价值、位置和资金等实际细节发表权威意见的建筑师。贝聿铭的事业由此起飞了。泽肯铎夫的判断和预料是正确的，由于优秀的设计并不比低劣设计多花钱，建筑师和开发者只要素质相当，完全可以由相互不信任而转变为愉快的合作。

客户的重要性从“金字塔战役”看得最清楚。贝聿铭说，“大卢浮宫是我一生中接受的最大挑战和最大成功。”这项工程历时十年，耗资十亿美元，涉及130名建筑师、250多家建筑公司、7个政府部门，如果没有贝的“钛质脊梁”和密特朗政府及总统本人作为坚强后盾是根本不可能完成的。最初，他被诋毁为法兰西文化的亵渎者、魔鬼，当“大卢浮宫”建成后他却被奉为法国的国家英雄。在1988年3月4日卢浮宫改建工程落成典礼上，总统庄重地说：“你所创造的美将永远铭刻在我们的历史上。”并授予贝聿铭军团荣誉勋章——密特朗政府授予外国公民的最高荣誉。

贝聿铭善于吸引高素质的人才。考伯与弗里德这两位最有才智的建筑师不愿意离开事务所的原因有三个：首先，他们永远无法招聘到云集在贝聿铭手下那些拥有天赋和专长的人才；其次，他们永远无法赶上贝聿铭招徕业务方面的能力；最后，“贝聿铭想的是明天而我想的是后天——以一种贝聿铭事务所任何数量的工作无法企及的方式，确立了我个人的地位”（亨利·考伯不顾贝聿铭的反对担任了哈佛研究生设计院建筑系的系主任），并且保证事务所在贝聿铭离去后能够继续存在。

## 三、金字塔战役的启示

众所皆如，巴黎是法国的心脏，卢浮宫是巴黎的心脏。但是，起初谁也没有想到贝聿铭设计的卢浮宫玻璃金字塔成为卢浮宫的心脏和巴黎的象征。更没有想到“大卢浮宫”建成之日，贝聿铭被奉为法国的国家英雄。

贝聿铭是如何赢得这一巨大的成功呢？贝聿铭有关建筑哲学的四句话颇值得玩味。贝聿铭认为，“建筑是一种社会艺术”，价值在于“创造生活工作环境”，其方法论为“空间形式是本质”，追求的是“建筑与环境的结合”。其建筑哲学在实践中具体体现为：大与小、人与物、多与少、图与底四个方面。

大与小：大卢浮宫中心的新入口不大也不高，是一座约20米高的玻璃金字塔，仅为埃菲尔铁塔的1/15。然而，它却像埃菲尔铁塔一样，以其沉静的美成为巴黎的鲜明象征。贝聿铭的意图是为了以“某种形式的比较宽敞的场地向参观者表示欢迎”，它有容量、有灯光，而且有识别标志。让人们看一眼就明白：“啊，这是入口”。同时，它作为“通体照明的结构符号”，能与暗淡无光的旧皇宫浑然一体。加之贝聿铭采取高科技，把793块玻璃悬挂在一张柔软易弯的“蜘蛛网”上，从而使金字塔的外观更加轻快，使古老的金字塔建筑形式变得既古老又年轻，既熟悉又陌生。

人与物：过程对贝聿铭固然重要，但他又说，“我尤其看重参与工作的人之人格。我寻找的不是工程，我寻找的是客户”。波士顿的肯尼迪图书馆、北京香山饭店、华盛顿国家美术馆东馆以及大卢浮宫都证实了贝聿铭的选择，正是客户的理解和支持，成为他成功的前提。

多与少：根据贝聿铭的经验，美术馆的服务空间与公共空间之比应该是1∶1。但是，在卢浮宫，它是 1∶15。现在卢浮宫馆长称他的博物馆是“一座没有后台的剧院”。卢浮宫尤其需要“公共空间”——座椅、餐厅、咖啡馆、休息室、商店、演讲厅以及其他令人愉快的环境。贝聿铭说与公共空间比同样重要的需求还有服务保障——办公室、储藏区和修理工作室。这就成为贝聿铭把面积增加 7 万平方米、开发拿破仑广场地下空间构思的坚实依据。

图与底：高明的设计师都是处理图与底关系的艺术家。贝聿铭也不例外，金字塔便是他作的“图”，把旧皇宫作为“底”和背景，这是时代的大手笔。在室内环境的设计上也处理得恰到好处。主持画廊设计的罗斯说：“出于历史和审美的原因，我们确信这些画必须与墙面结合作为更大的建筑布景”。衬在冷色调的灰绿色背景上，作品显得沉着多了，不像以前那样刺眼。贝解释说：“在这里我们让画发言，让背景休息。”

## 四、香山饭店的设计思路

香山饭店是贝聿铭个人对新中国建筑的理解和表述。因此，研究贝聿铭香山饭店的设计思路有助于我们了解一个建筑精品是任何诞生的。

对于建筑的中国特色，贝聿铭有他的观察和体验。贝聿铭说：“在西方，窗户就是窗户，它要放进阳光和新鲜空气。但对中国人来说，窗户是镜框，那里总有园林”。正是基于这一思路，香山饭店上的窗户设计成为该建筑最突出的特色之一：几乎所有的窗户都是镜框，那里总有园林，总有不同的景致，达到窗异景异的效果。

1983 年，在香山饭店刚竣工时我写的评论文章中，把贝的设计思路概括为 5 个方面：设计“归根”建筑；“环境第一”的思想；“一切服从人”的思想；“刻意传神”的思想；重视体量与空间。

设计“归根”建筑。中国建筑的“根”在哪里，怎样归根？

贝先生对此有很精辟的见解：“不能每有新建筑都向外看，中国建筑的根还存在。我经过一年多的探索知道，中国建筑的根还可以发芽。宫殿、庙宇上的许多东西不能用了，民居上有许多好的东西。活的根还应当到民间采取。民居用的材料很简单，白墙、灰砖很普通。灰砖是中国特殊的建筑材料。光寻历史的根还不够，还要现代化。有了好的根可以插枝，把新的东西、能用的东西接到老根上去，否则人们不能接受。”他这里实质上是讲了民族风格、地方风格形成的过程。所以说，“归根”思想是形成贝氏风格的决定因素，是贝氏建筑常作常新的基本原因。

“环境第一”的思想。“环境第一”的思想，就是全局观念，是从环境的全局出发处理单体建筑，环境是“根”，单体建筑就是“芽”。设计前，贝聿铭冒着大雪到山顶研究环境。基于“环境第一”的思想，他决定把香山饭店建成园林式旅馆。贝聿铭运用了我国传统的和现代的造园、借景等一系列手法，使建筑融合于环境之中，让环境渗透到建筑之内。贯彻了“巧于因借，精在体宜”的原则。

“一切服从人”的思想。

香山饭店根据人在其中活动的各种需要，合理地按功能分区，分层次地组织空间。其空间处理上有许多新颖之处，融会贯通地把中外古今的建筑艺术手法结合起来运用。内部空间中最突出的是贯通三层、高达 11m、广 $780m^2$ 的四季庭园，因为罩上歇山式玻璃顶，使里面四季如春，形成整个饭店的中心活动空间，也是商业、服务、文体、宴会中心枢纽，吸引着各区的游客，又通过连廊疏导游人。

“刻意传神”的思想。

贝先生说，一般中国人士对中国的建筑有两种做法，一是模仿红柱金顶的故宫式样(这种建筑物在台湾很多)；另一是完全西式现代化，他们的理由是旅馆既是为外宾所建，不如完全西式。而贝聿铭要走的是“第三道路”。我理解贝聿铭是要创造出民族化和现代化联系起来的建筑。实际上贝聿铭探索的这条“第三道路”获得相当的成功。

重视体量与空间。

贝聿铭对室内外空间，包括 11 个小院和主庭院，反复思考研究，多方倾听意见。利用玻璃罩顶、通道开天井、楼梯天井、室内种植等多种手法，创造出大小明暗、高低、隔而不死、大小流通、成组成群的空间，变化十分丰富。体量上压低层数，用白灰两色和纤细的装饰线条，尽量减弱建筑的重量感，使它在园林之中无庞大笨重之感，而辉映着自然光、影、绿化、蓝天、水面。

# 建筑师的建筑哲学实例

最近(1996 年 6 月 4 日)，钱学森同志会见我们时，提出建立第 11 大科学部门——建筑科学的问题。这是钱老多年研究和思考的结果，它大大拓展了我们的思维空间和科学技术的新视野。这一重大建议有助于早日形成完整的建筑科学技术体系，推动建筑科学技术、学术理论研究的发展，为今后建筑事业的科学决策、体制改革和行业发展提供了更加科学的理论根据(详见钱学森《关于哲学、建筑科学、学术民主的思考》，载于《科技日报》，1996 年 7 月 14 日)。钱老再次强调了建立建筑科学大部门的重要性和迫切性，其中当然包括研究和建立建筑哲学的重要性和迫切性。

《建筑哲学概论》(导论篇)于《新建筑》1996 年第 2 期刊出之后，笔者得到不少学者同仁的鼓励，希望早日看到系列讲座的其他篇章。为满足这一要求，以及促使更多朋友关心和参与现代建筑科学大部门的共建尽一点个人的力量，现拟将自己一系列思考和讲稿整理后陆续刊出。

本篇重点介绍了老子、万里、钱学森等有关城市与建筑问题的哲学思考，以及文学家、国内外建筑师的建筑哲学实例，希望能对我们的建筑哲学研究有所启示。

## 一、几点思考

20 世纪 90 年代的中国，正处在城市化加速发展的进程之中，迫切需要找到城镇规划与建设的比较科学的思路。鉴于近年接触到国内有些中小城市和特大城市的规划与建设实践，我深深感到有个基本思路问题要研究，遂想到写这篇有关几点思考的文字与同好者探讨。

**1. 老子的哲学思考**

生于 2000 多年前的老子，有两句可指导我们规划与建设实践的话：知人者智，自知者明。胜人者有力，胜己者强[1]。

从事城市规划与建设同做其他事情一样，不外乎要知人、知己、胜人、胜己。我们的有些工作水平之所以不高，或者有些失误，往往就是因为“知”的这四个环节上的某一方面出现了问题。

**2. 万里凝聚新中国城市建设史的思考**

万里同志在回顾新中国城市建设的曲折道路时说：“1949 年全国解放，我们进了城，但当时不知道怎样管理城市。”“经过十几年的学习和研究，我们对城市的建设有了点头绪，正在想把老城市改建研究一下，把现代化城市建设问题，包括供热问题、环境生态平衡问题解决一下，但是‘文化大革命’来了……我们落后了。”[2]新中国城市建设这一历史过程的出现，显然与我们缺乏对城市的性质、科学规律的正确认识有关。因此，万里同志特别指出：城市科学研究工作非常重要，希望科学工作者和城市领导者高度重视。又指出，城市科学是一个宽广的概念，涉及的方面很多，研究工作要注意纵向发展。

李瑞环同志在阐述万里同志这一思路时强调："城市科学的一个特点，是需要与城市领导紧密相连。""城市科学研究离开城市领导，在很大程度上变成'白研究'"，"城市领导离开城市科学，在很大程度上会出现'瞎领导'"[2]。该讲话深受人们赞许。

**3. 钱学森总览历史文化的思考**

杰出科学家钱学森同志对中国城市科学的发展十分关心和支持，近年来有关建立城市学和建设"山水城市"的科学构想，有着极大的理论和实践价值。有关山水城市的思考，更对我国城市规划与建设者有直接的指导、启示意义[3]。

这里介绍的主要是集中在钱老的四封信和一篇论文中的部分内容：

"要发扬中国园林建筑，特别是皇帝的大规模园林，如颐和园、承德避暑山庄等，把整个城市建成一座超大型园林。我称之为'山水城市'。人造的山水！"(1992 年 10 月 2 日钱学森关于山水城市给顾孟潮的信)

"有一个极为重要的建设科技问题似未得到重视，即建设与人的身心状态。在国外不是已有所谓'高楼病'吗？在我国，许多住在高层建筑的人家不也诉苦，望出去一片灰黄吗？所以，的确有个建筑与心态的课题要研究，我倡议'山水城市'也是想纠正此偏差。"(1994 年 2 月 20 日钱学森关于要重视建设环境与人的身心状态给顾孟潮的信)

"从 1978 年到现在，我国建筑界真的找到了我国要走的中国新时期建筑文化的道路吗？我看似乎还在求索之中。贝聿铭先生在谈到中国未来建筑道路时指出：'应走中国的路，与欧美不同。如高层建筑要到美国去看，而基本的东西要看中国的习惯、生活。'这是完全正确的。"(1994 年 6 月 8 日钱学森关于建筑文化给顾孟潮的信)

"什么是新时期中国建筑应有的特征？……香港建筑师李允鉌认为中国建筑精神(即'华夏意匠')表现在群体之中，没有群体，中国建筑将失去异彩。我很同意，我的'山水城市'就有此意。"(1994 年 6 月 8 日钱学森关于建筑文化给顾孟潮的信)

"我想中国城市科学研究会不但要研究今天中国的城市，而且要考虑到 21 世纪的中国，城市该是什么样的城市……所谓 21 世纪，那是信息革命的时代了。由于信息技术、机器人技术，以及多媒体技术、灵境技术和遥作技术的发展，人可以坐在居室里通过信息电子网络工作。这样住地也是工作地。因此，城市的组织结构将会大改变：一家人生活、工作、购物，让孩子上学等，都在一座摩天大厦，不用坐车跑了。在一座座容有上万人的大楼之间，则建成大片园林，供人们散步游憩。这不也是'山水城市'吗？"(1993 年 10 月 6 日钱学森关于 21 世纪的中国城市给鲍世行的信)

"山水城市的设想是中外文化的有机结合，是城市园林与城市森林的结合。'山水城市'不该是 21 世纪的社会主义中国城市构筑的模型吗？我提请我国的城市科学家们和我国的建筑师们考虑。"(钱学森："中国应建山水城市"，载于《文汇报》1994 年 3 月 20 日)

**4. 对深圳建设现代化国际城市的思考**

邓小平同志 1988 年 9 月提出"科学技术是第一生产力"的著名论断。发挥科学技术第一生产力作用，是我国建设现代化国际城市最重要的发展战略之一。因为科学技术对于城市的发展具有主导、超前、加速的基础作用与意义。

20 世纪以来，随着生产过程自动化程度的提高，体力劳动与脑力劳动的比例不断发生变化。两者之比，由机械化初级阶段的 9∶1，经中等机械化条件下的 6∶4，到全自动化条件下的 1∶9。科技型人员成为主体劳动者。

现代科学技术的超前性，使经济的发展按照科学—技术—生产的发展顺序进行。如 1982 年，美国使用电子计算机完成的工作量相当于 4000 亿脑力劳动者 1 年的工作量。仅此一个数字就足以振聋发聩！未来的市场竞争是科学技术的竞争、电子计算机的竞争、人才的竞争。

深圳十几年来的发展成就有力地证明科学技术是第一生产力，科技人才是关键因素。其成功靠的是短时间内，全国各地高级人才、高密度地集中在深圳一点上而形成的巨大爆发力。从而形成深圳现有的经济优势、人才优势、区位优势、信息优势。要保持这些优势并不容易。上海浦东、山东、辽东颇有后来居上的趋势。必须看清这一形势，采取相应的科学对策，否则便有失去优势的可能。可喜的是，深圳的有识之士，已经明确提出深圳需要下大力气提高全体市民素质的问题，这是很有见地的。

**5. 关于思考的思考**

根据老子、万里、钱学森思考所启示的思路，再审视目前我们的城镇规划与建设时，便会发现它们共同的一个特点是对城市发展的有关方面认识和思考的深度与广度的严重不足。这不能归咎于某一个人，而直接与我们的建筑教育、建筑师、规划师的培养方式有关，因此造成他们专业知识的狭窄，特别是缺乏社会、人文、经济、生态等方面的知识准备。因此，所完成的城市总体规划，从本质上讲，基本上是建筑规划、土地利用规划、建筑形体、平面布局的规划，或者说基本上是摆房子，划分功能区。因此很难做得比较深入，对城市发展建设有更大的指导作用，也难得形成内涵上的特色，顶多在形式上做些文章，达不到规划与建设优化的目标。优化首先应当是内容、内涵、总体构成上的优化，其次才是形式、手段、方法上的优化，相关指标上的优化。换句话说，首先要有思路上的优化，才能带动其他方面的优化，因为这是起点上的优化。

我认为：城市发展规划要做好，必须把力量和重点放在研究寻找自己城市的生长点和发展动力资源上。

所谓寻找城市的生长点就是做知己、知人、胜人、胜己的工作。从经济、文化、社会、生态、科技等各个视角寻找自己城市的优势(生长点)所在，发展动力资源所在。对于不能作为生长点的劣势也要有清醒的认识。决不能主观地确定“多大规模”、“多少年不落后”、“国内一流”、“国际一流”等华而不实的发展目标。不可能方方面面都一流，有些方面达到二流、三流，只要发展和前进了就应当肯定。目前突出的问题是制定城市发展规划前的调查研究做得不够，暗于“知人知己”，更不要讲“胜人”和“胜己”了。

## 二、几个示例

### 1. 文学家的建筑哲学示例

如我所讲过的，无论人们是否意识到，人们都需要建筑哲学，并且每个人都有他的建筑哲学，只是其建筑哲学的正误高低因人而异。这里我收集整理了 13 位主要是 60 岁以下的文学家(含诗人、美术理论家)反映其建筑哲学的言论(表 1)具体说明这一观点。

**文学家的建筑哲学示例** **表 1**

| 序号 | 文学家(出生年) | 本体论 | 价值论 | 方法论 |
|---|---|---|---|---|
| 1 | 王　斌(1955) | 建筑是文化的象征和隐喻 | 建筑对人之情感的规范和诱导 | |
| 2 | 瞿新华(1955) | 人类的纪念碑，时代的纪念碑 | 灿烂辉煌永远的符号 | |
| 3 | 方　方(1955) | 日光捕捉的目标 | 建筑是艺术，丰富感觉，加强想象 | |
| 4 | 刘元举(1954) | | 实用性，观赏性 | 用空间语言记录人的存在，抒写人类的精神 |
| 5 | 舒　婷(1952) | 建筑是一方风水，一方人的灵气 | 建筑是安全地堡—巍峨艺术—怪兽 | 建筑与人可是舟水关系？ |
| 6 | 梁晓声(1949) | 是工程还是美学 | 有历史感、庄严感、神圣感、飘逸感、归隐感、逍遥感、独立感等 | 倘无创造性则成了沙石的堆砌 |
| 7 | 何西来(1938) | | 建筑不断引发文学灵感 | 建筑与文学的结合正酝酿着学科的突破 |
| 8 | 俞天白(1937) | 生存环境 | 人的精神形成要素，也是人的精神世界的体现 | |
| 9 | 叶廷芳(1936) | 居住和活动不可或缺的场所 | 有丰富的人文内涵，尤其是“后现代”建筑 | |
| 10 | 杨佩瑾(1935) | 建筑是历史最悠久的艺术之一 | 是文明，美的建筑是充满精神文明的物质 | 期待更多的建筑走进文学，更多的文学走进建筑 |
| 11 | 邵大箴(1934) | 要以人为中心，为人服务，尊重和满足人的要求 | 吸引人在于精神性 | |
| 12 | 公　刘(1927) | 建筑是文化 | 应重视建筑文化 | 主张文学与建筑联姻 |
| 13 | 林斤澜(1923) | 建筑与人文融化在一起 | 村庄要有文化气息 | 让建筑与文学对话，无文而筑，行也不远 |

注：表中内容摘自 1993 年 5 月 26～30 日在南昌召开的“建筑与文学”学术研讨会纪念册所载各位的书面发言，并稍加整理。

为了节约篇幅和直观，采用了列表法，根据我的分析和认识，把他们的言论分别填入建筑哲学的三个基本栏目——本体论、价值论和方法论。这种划分和割裂不那么科学和严格，但有助于解说、比较和定性分析。这种方法可能会大大损失原论述的连贯性和语言光彩，只好求得被列入表格各位的谅解及读者的理解。

如诗人舒婷的原话如下：

“一个地方的建筑就是一方风水，那地方人的灵气、性情乃至命运，受其遮蔽而不自知。怎能怪上海无大丈夫，君不见其弄堂多幽深曲折，叫人的肚肠七盘九绕十八圈。

建筑从人类的安全地堡发展到巍峨艺术，又被现代文明蜕变成怪兽，我们甚至感觉到它热乎乎的哈气已窒到脖子后了。水能载舟亦能覆舟。若我们是舟，建筑是水么？若建筑是舟，我们可是那水？”

作为建筑师，要研究、学习、建立自己的建筑哲学，从文学家们的论述中是可以得到不少启示的。

**2. 中国建筑师的建筑哲学示例**

如前所述，建筑哲学可以分为宏观建筑哲学和微观建筑哲学两个基本部分。宏观建筑哲学研究社会群体或时代共性的部分，而微观建筑哲学则研究建筑家个体的建筑哲学。当然两者不是截然分开的，总而言之，建筑师个人的建筑哲学也脱离不开他所处的历史、社会条件所决定的宏观建筑哲学的影响，但这种影响是以个体哲学多样化的形式表现出来。因此，研究微观建筑哲学，有助于理解和贯彻宏观建筑哲学观念。

表 2 列举了 8 位 60 岁以下的国内建筑师的哲学。这样做只是为了方便，限于手头的资料能查到的列入，而且限于用表格表达，难免挂一漏万，不是作全面评价，只是举例。举眼前的例子会使人们感到亲切一些，可比性强一些，笔者论述时轻松一些。

**国内的建筑哲学示例** **表 2**

| 序号 | 建筑师(出生年) | 本体论 | 价值论 | 方法论 | 备注 |
|---|---|---|---|---|---|
| 1 | 张永和(1956) | 人的活动舞台和背景 | 人是主体，建筑为客体 | 恢复建筑和人活动及经验的密切关系 | 指鹿为马的必要性 |
| 2 | 马国馨(1942) | 人生画卷的背景 | 实用加形式 | 提高建筑师社会地位，重视理论，植根本土，集体创作和个人并重 | |
| 3 | 王天锡(1946) | | | 用通俗语言表达建筑艺术深远意境 | |
| 4 | 王小东(1939) | | 用文化拯救建筑 | 设计中追求个性、创造性、文化素养 | 群衍性 |
| 5 | 邢同和(1939) | 建筑是一棵有根有生命的树，建筑不是产品，而是建筑师创作的作品 | 以环境为母，以人为本，以文化为根 | 构思、创意——灵魂；实验、创造——前提；突破、创新——追求；经得起历史考验——目的 | 建筑创作的无止境，不满足成功与不惧怕失败 |
| 6 | 布正伟(1939) | 建筑是以人类精神——理性与非理性的情感共同铸造且又变化莫测的生活容器 | 没有至高无上的风格，也没有万般灵验的流派，一切都归附于现实环境整体美的动人创造 | 不"一边倒"，也不"折衷"，在两极并置中明理重情，入境圆融，以达"自在生成"之目标 | 从不同视角去关注建筑作品在各种自然环境与人文环境中所展示的品格、气质、表情、体态及其整体景象 |
| 7 | 张锦秋(1936) | 建筑是一个时代人们活动的场所和背景，城市文化孕育着建筑文化 | 为人民而创作 | 不以流派论高低，而是要发扬民族文化，注重地方特色，强调时代精神 | |
| 8 | 陈世民(1935) | 建筑以人为主，为人创造生存环境空间 | 良好的空间既创造社会价值又产生必要的经济价值 | 不断寻求建筑设计的关键点，前提是分析建筑环境条件 | 目标：追求新的建筑空间 |

注：以上据曾昭奋、张在元主编《当代中国建筑师》及"建筑与文学"学术研讨会纪念册，顾孟潮、张在元主编《中国建筑评析与展望》所载各位发言及部分先生来信整理而成。

从表 2 极少的文字便可以显示出，中国当代建筑师，特别是中青年建筑师是有思想、有哲学的，而且在某些方面还有所创见和创造，值得向读者介绍。

如陈世民[4]，在改革开放之初的 1979 年便指出，要作出一个好的设计，首先需要确立一个正确的创作指导思想。他认为"民族形式的提法值得商榷，'民族形式'的提法形成了错误概念"，主张多方面的探索。他在思想上较早地明确，环境是建筑创作的起点和归宿，"建筑与环境的关系是构成建筑空间的首要因素"，并在 1988 年写下了他的建筑创作哲学信条：①前提因素——分析建筑的环境条件，因地制宜地组合建筑的平面布局和内外的空间；②思想基础——以人为主，身临其境地构想建筑空间；③经济原则——有效地利用投资，注重成本核算，讲求经济效益；④努力目标——追求新的建筑空间，而不局限于某一种建筑形式或对材料技术的应用。“最高目的乃是争取能为人创造良好的生活和工作环境空间。”随后，他又把此深化为“辅助设计的关键点(key point)，即环境、交通、空间和多变的造型，在此基础上形成综合性的设计大纲，以此展开思维，寻找需达到或可能达到的目标”。

又如，表中所列最年轻的建筑师张永和，具有东、西方文化背景，作品频频获奖，对他的建筑哲学这里再注明几句。他的“变”的方法论的表达很有特色。他说：“这不是一个烟斗”——指鹿为马的必要性；“一个男人是女人”——过程的重要性；与真理“逆”行——既不受现有知识之局限，亦有可循之方向感，为求“新”工作的展开创造了条件。他解释说，一旦人们对事物了解太多，便会失去正确清醒的判断能力，通过对现有条件的改“变”，亦可帮助人们建立对熟悉事物的新观察点。他的建筑哲学比较集中地反映在下面的一段文字中(1993 年 4 月 6 日)：

“文学作为建筑设计的概念性计划任务书，建筑是人活动的舞台和背景。建筑和人活动形成一个有机的经验整体，其中人活动为主体，建筑为客体。但传统的建筑任务书把人活动处理成抽象的脱离了生活、文化等的‘功能’，从而切断了建筑与生活、文化的联系，把建筑孤立成了没有主体的绝对客体……建筑师自己的写作有可能成为建立具象生活场景的设计任务书，有助于恢复建筑和人活动及经验的密切关系。希望建筑因此获得诗意和使用。”

再如，布正伟的自在生成论，追求建筑的品格和表情，王小东的群衍性思路等都是具有个人特色的建筑哲学和方法论。

**3. 国外建筑哲学示例**

国内对国外建筑的研究与借鉴有一个大毛病，便是“见物不见人”，重视作品的表层研究，不重视作者、设计者以及作品的文化内涵。国外建筑院校虽然没有建筑哲学这门课，但是对设计思想史的研究则是由来已久的，这实质上已是建筑哲学层次的研究。另外，国外很重视对建筑作品、建筑师的评论，许多评论也是在哲学高度上的。而且，我们也熟知，许多建筑大师都有他们的建筑哲学信条和警句，表 3 所列举的只是九牛一毛。但是管中窥豹，可见一斑，或许也能给我们以启示。

**51 位世界名建筑师思想语录** **表 3**

| 序号 | 建筑师 | 国别 | 语录 |
|---|---|---|---|
| 1 | 建筑工作室，马尔他·罗班(1943～) | 法国 | 今天的建筑设计是社会现象的反映，是人类冲突的结果，是社会舆论的表述 |
| 2 | 加埃·奥伦蒂(1954 年大学毕业) | 意大利 | 为了设计出更好的建筑，我一直努力去了解所有的设计领域 |
| 3 | 戈登·本林和阿兰·福赛斯(1944～) | 英国 | 建筑应唤起人们的审美感觉，满足人们的精神需要 |
| 4 | 理卡多·博菲尔(1939～) | 西班牙 | 建筑是一种永恒的艺术，它要不断地迎合人们对建筑空间永无止境的追求 |

续表

| 序号 | 建筑师 | 国别 | 语录 |
| --- | --- | --- | --- |
| 5 | 马里奥·博塔(1943～) | 瑞士 | 自然光线是一种受地理位置限制的独特因素，我喜爱这样一种观点：应透过城市真实的光线来仔细观察展览的艺术作品 |
| 6 | 圣地亚哥·卡拉特拉瓦(1951～) | 西班牙 | 运动存在于日常生活之中 |
| 7 | 戴维·齐普菲尔德(1953～) | 英国 | 建筑师的责任就是去设计处理能够被表现出来的任何造型，这需要绝对地与现实对应 |
| 8 | 乔·克嫩(1949～) | 荷兰 | 建筑绝不只是单一存在的个体，它与构成自然的许多秩序一样，也是庞大的秩序中的一个 |
| 9 | 蓝天组，沃尔夫·德普瑞克斯(1942～) | 奥地利 | 为了排除绘图动作带来的干扰，我们在闭上双眼的状态下绘制草图 |
| 10 | 曼努尔·格拉卡·戴斯(1953～) | 葡萄牙 | 我相信国际主义，怀疑所有关于来源及传统的论述 |
| 11 | 京特·多梅尼哥(1934～) | 奥地利 | 建筑师所要表达的建筑风格是由他本人的信念和哲学所决定的 |
| 12 | 特里·法雷尔(1938～) | 英国 | 追求潮流不是优秀建筑设计的特点，在设计中我致力于创建自己的独特风格 |
| 13 | 诺曼·福斯特(1935～) | 英国 | 虽是老生常谈，但我仍要说，建筑是一门关于人类及其生命活动质量的艺术 |
| 14 | 尼古拉斯·格里姆肖(1939～) | 英国 | 我想建筑最终将能够达到人们对它所寄予的期望 |
| 15 | 皮尔斯·高夫(1946～) | 英国 | 自20世纪60年代变革以来，日本建筑成了先锋派艺术的主要载体之一，涌现出了许多如槙文彦、矶崎新、丹下健三、安藤忠雄等世界著名的建筑师 |
| 16 | 扎哈·哈迪德(1950～) | 伊拉克 | 过去我认定有无重力物体存在，而现在我已经可以确信建筑就是无重力的，是可以飘浮的 |
| 17 | 克里斯蒂安·奥韦特(1944～) | 法国 | 我既不是作家、厨师长，也不是音乐家，我把自己看作是制造文化机器的建筑机械师 |
| 18 | 佩卡·海林(1945～) | 芬兰 | 建筑不仅仅是一个自由艺术家个人直觉性创作过程的结果，这门艺术具有社会群体性的基础 |
| 19 | 雷姆·库哈斯(1944～) | 荷兰 | “新城市主义”不关心行为客体的组织安排，而是孕育着潜在的可能性 |
| 20 | 莱昂·克里尔(1946～) | 卢森堡 | 古典建筑和现代建筑是对立的，它们之间相互矛盾、不和谐之处，就在于前者是基于工匠艺术性的创造，而后者却是以制造工业的模式为基础 |
| 21 | 丹尼尔·里勃斯金(1946～) | 波兰 | 城市是人类最精神化的创造，亦是展示文化、社会和处于时间、空间中个体的综合性艺术 |
| 22 | 拉斐尔·莫内奥(1937～) | 西班牙 | 建筑是从具体地域与建筑家们的自由思维之间的对话中脱颖而出的 |
| 23 | 让·努韦尔(1945～) | 法国 | 我每次总是在允许的范围内尽可能地向前发展 |
| 24 | 伦佐·皮亚诺(1937～) | 意大利 | 建筑是一种需要耐心的游戏，它是一个集体性的工作，而不仅仅是一个有充分创造力的艺术家本能的行为 |
| 25 | 克里斯蒂安·鲍赞巴克(1944～) | 摩洛哥 | 理性出自于场所 |
| 26 | 理查德·罗杰斯(1933～) | 意大利 | 建筑是一种集体作业，委托人扮演着重要的角色，Lloyd's恰好反映了委托人的奉献与建筑师的奉献一样多 |
| 27 | 马西莫·什科拉里(1943～) | 意大利 | 所有这些对建筑风格都是必要的，事实上任何事情都与建筑有关 |
| 28 | 阿尔瓦罗·西扎(1933～) | 葡萄牙 | 建筑师并没有创造发明，而只是反映现实 |
| 29 | 埃米利奥·安巴兹(1943～) | 阿根廷 | 既然我提出了建筑是改善未来的一种途径的看法，所以我相信：现在我用朴素方法所进行的设计，提供了面向未来的可能性 |

续表

| 序号 | 建筑师 | 国别 | 语录 |
|---|---|---|---|
| 30 | 阿奎泰克托尼卡(1951～) | 秘鲁 | 我们要创造属于迈阿密的建筑，但不需要去模仿属于建筑背景的既存建筑。我们的建筑，想更多地捕捉到属于这个地方精神上的那些不可捉摸的东西，正是这些东西使它们得到永生 |
| 31 | 渐近线设计组(1958～) | 埃及 | 我们认为由于城市的需要，建筑将变得更加服从、被动，要确定形成新的多维空间，而这些都表明建筑将构成城市的下一个黄金时代 |
| 32 | 尼尔·德纳里(1957～) | 美国 | 当代技术那压倒一切的密度和成熟，与过度使用技术所引发的迷茫之间产生的具有讽刺性的反差让我着迷 |
| 33 | 迪勒十斯科菲德奥(1954～) | 波兰 | 由杜尚《大镜子》所创造的舞台道具，是一种间接的解说词。它的目的，是让人感受到男性与女性之间情景与台词之间的对立性 |
| 34 | 彼得·埃森曼(1932～) | 美国 | 不稳定的形态是随意的、不确定的、过渡的，并且不具有本体论或目的论的价值，这也就是说：在讲述空间与时间上没有任何强有力的联系 |
| 35 | 弗兰克·盖里(1929～) | 美国 | 我最喜欢做的事是将一个工程尽可能多地拆散成分离的部分……所以，与其说一间房子是一个整体，不如说是由十几个部分所组成的 |
| 36 | 斯蒂文·霍尔(1947～) | 美国 | 建筑是受地域限制的一座建筑物(不可动的)，不像音乐、绘画、雕塑、电影以及文学那样，它总是与某一个地区的经历纠缠在一起 |
| 37 | 墨菲西斯(1944～) | 美国 | 建筑学的能力之一就是在认识上是完全独立的，绘图时可以排除或忽略材料和重量，为尚未达到的领域提供见解 |
| 38 | 埃里克·欧文·莫斯(1943～) | 美国 | 建筑是下一个即将诞生的事物的标志。建筑既不是艺术，也不是屏障；既不是发展进步，也不是城市形象，它是什么也没有的道路上的第一个路标 |
| 39 | 安托万·普雷多克(1936～) | 美国 | 直到现在，每当我制作一个黏土模型或是画一张草图的时候，我就感到我的手的运动变成了未来建筑的一部分 |
| 40 | 巴特·普林斯(1947～) | 美国 | 爱因斯坦描述我们这个时代的特征是“手法的完美和目标的混乱”，这肯定是一个被建筑学界所关心的真理 |
| 41 | 迈克尔·索尔金 | 美国 | 城市又是一个国家，它的空间的存在是由其边界和城乡间的差别所决定的 |
| 42 | 伯纳德·屈米(1944～) | 瑞士 | 没有程序就没有建筑，没有事件就没有建筑，没有运动就没有建筑 |
| 43 | 莱伯斯·乌兹(1940～) | 美国 | 建筑和战争是不能共存的。建筑学是战争，战争是建筑学 |
| 44 | 布劳德斯基和尤特金(1955～) | 俄国 | 大城市总是工地的化名，无论你在里面住了一百年，还是一个小时 |
| 45 | 查尔斯·柯里亚(1930～) | 印度 | 研究和表达我们对不鲜明世界见解的主要媒介是宗教、哲学和艺术，这些包括建筑在内是由神话般的信仰所产生的，它表现一个真实的实际，比隐退的鲜明世界更深奥 |
| 46 | 兹维·黑克尔(1930～) | 波兰 | 每一座建筑都是一座要翻译的尚未建成的通天塔 |
| 47 | 斯梅特·朱姆赛(1939～) | 泰国 | 我敢说，我们要寻找的那种最富于创造性的建筑表达方式应该在日本而不是在欧美 |
| 48 | 里卡多·列戈瑞达(1931～) | 墨西哥 | 我愿意不失严肃和深刻地抛弃人为的限制，深入地探索所有的设计要素——形式、材料、装饰、色彩、光线。我愿意在其中自由地翱翔 |
| 49 | 拉兹·列瓦尔 | 印度 | 在我们这个时代，建筑是回避不了科学技术和工业化的，但我们的信念是，所有的这些进步都必须与自然生态系统相和谐 |
| 50 | 摩西·赛弗迪(1938～) | 以色列 | 通过自然界，宇宙的自然界和人类的自然界，我们将找到真理如果我们找到真理，我们将会发现美 |
| 51 | 杨经文(1948～) | 马来西亚 | 为了未来的需要和当今的高密度发展而设计良好的生态环境 |

表4中列举的10位国外建筑师，绝大多数都是国内建筑界熟悉的，或者是见过他们的作品，或者是读过他们的著作。但是据我的观察，从建筑哲学的角度研究还是很不够的，因此笔者从这一特定的角度作一点解说和介绍。

**国外建筑哲学示例** **表4**

| 序号 | 建筑师 | 本体论 | 价值论 | 方法论 | 备注 |
|---|---|---|---|---|---|
| 1 | 凯文·林奇 | 聚落为人类实践之空间安排 | 环境中介与主客体之间，是感觉的价值形式 | 城市设计 | 追求空间感觉品质 |
| 2 | 亚历山大 | 主体与空间结合成的关系模式 | 单一中心价值 | 新的设计理论与生产方式 | 模式语言 |
| 3 | 贺龙·巴赫德 | 作者之死，精致的情感游戏 | 正文之愉悦 | 将知识作象征性表现 | 追求全景视野 |
| 4 | 诺伯格·舒尔茨 | 存在空间 | 场所意义 | 重组存在空间 | |
| 5 | 勒·柯布西耶 | 住人的机器 | 住宅还是革命 | 光明城，现代建筑原则 | 雕塑感 |
| 6 | 罗伯特·文丘里 | 建筑的矛盾性、复杂性 | 人文精神 | 借用古典语言符号 | |
| 7 | 贝聿铭 | 建筑是一种社会艺术 | 创造生活工作环境 | 空间与形式是本质 | 建筑与环境的结合 |
| 8 | 菲利浦·约翰逊 | 建筑都是掩蔽体 | 建筑都是内部建筑 | 没有信条，从足迹开始 | 最难生成雕塑品 |
| 9 | 詹姆士·斯特林 | | 适用、经济、社会功能 | 从内而外 | 追求技术表现力① |
| 10 | 丹下健三 | 城市、交通和建筑是统一的系统 | 建筑有物质价值和信息价值 | 追求适应信息社会即现代文明社会的城市空间秩序 | 追求信息价值② |

注：①参见窦以德编译：《詹姆士·斯特林》，北京：中国建筑工业出版社，1993. ②参见马国馨著：《丹下健三》，北京：中国建筑工业出版社，1989.

如，贝聿铭，他认为“建筑是一种社会艺术的形式”，“建筑师的工作是为人们创造生活工作的环境——从公众用的大空间到个人的小天地”，“只要建筑能够跟上社会的步伐，它们就永远不会被人遗忘”。他又说：“空间与形式的美是建筑艺术和建筑科学的本质。”“建筑设计中有三点必须予以足够的重视：首先是建筑与环境的结合；其次是空间与形式的处理；第三是为使用者着想，解决好功能问题。”并且强调说，“正是对第一点（即建筑与环境结合）前辈大师们是不够重视的。”他根据建筑业特点，重视采用集思广益的创作方式，因为“建筑业已不仅仅是建造一幢具有历史性或艺术性大厦的事了。目前要解决的问题范围更大，是涉及整个都市的重要问题，这绝不仅仅是一位建筑师所能对付的，需要很多人的通力合作才能解决。”[5]

又如，菲利浦·约翰逊的建筑哲学观[6]也是全面的、丰富多彩的，因此才能完成跨越不同时代、时期的建筑杰作。约翰逊认为：“所有建筑都是掩蔽体。”“所有伟大的建筑都是空间设计……器的空虚部分才是其本质。”他同意“所有的建筑都是内部建筑”的观点（诺斯基语）。但是他强调实践的重要性，他说“信念并不与实际结果相关。现代建筑已有了很多信条了。除了独特的谬论‘居住的机器’和‘少就是多’之外，再回想一下弗兰克·劳埃德·赖特的‘水平线就是生命线’，以及路易斯·康的‘我的砖它想成何模样’。”“我的看法是，我们没有信条。我一个也没有，我对自己说：终于自由了。”他介绍他的设计方法说：“每当开始一个建筑设计时，有三个方向——也许可以这么称谓——对我的作品起到一种度量、目标、纪律和希望的作用。第一方面‘足迹’（footprint），就是说，从我瞥见一幢建筑的时刻开始，直到我用双脚接近、进入和到达我的目的地这一过程中，空间是如何展开的……一座教堂‘足迹’是简单的，即向着圣坛的列队行进……行进过程对多数建筑，包括住宅都是复杂的；并且在不同的时代又有着不同的复杂性……”

## 三、几点启示

从以上列举的老子、万里、钱学森等的哲学思考，以及文学家的建筑哲学，国内与国外建筑师（含规划师和城市设计师）的建筑哲学实例，可以给我们许多启示。我认为以下几方面的启示尤其值得进一步思考和研究：

**1. 人人需要建筑哲学，人人都有建筑哲学**

详见《新建筑》1996 第 2 期。

**2. 建筑哲学的多层次**

对于建筑哲学的需求是多层次的，不仅需要宏观建筑哲学和微观建筑哲学，还需要中观建筑哲学。宏观建筑哲学处于战略地位，解决城市本质、城市体系、城市发展战略与规律等方面的问题；微观建筑哲学解决一城一地一人的个性问题，即因地因城因人而异所需要的建筑哲学；中观建筑哲学则是介乎这两者之间的，如城市规划与设计的哲学，人居环境学便属这个层次。

**3. 要重视建筑本体论和价值论的研究**

比较上述示例中的国内与国外的建筑哲学，不难发现国内外建筑哲学方面的差距，主要表现在建筑本体论和价值论部分，方法论方面虽然也有差距，但差距不是很大，而且比较容易赶上国外水平，有些方法还可以直接借鉴、引用。而目前国内的倾向则是重方法、重技巧，轻本体论和价值论的研究，而这对于转变观念到当代水平上来是最关键的事情。在这个意义上，我们体会钱学森先生提出建立城市学和山水城市模式；吴良镛、周干峙两位院士倡导人居环境学研究，成立人居环境研究中心的深远意义，更应该重视本体观、价值观的转变。

**4. 重视对前辈建筑师建筑哲学观的研究**

建筑哲学的每一次突破和提高，均是在批判地继承前辈宝贵遗产基础上完成的。如菲利浦·约翰逊成为后现代主义建筑的代表人物之一，是在批判了“居住的机器”、“少就是多”、“水平线就是生命线”、“砖的理想”等前辈建筑大师柯布西耶、沙里宁、赖特、路易斯·康等人的建筑哲学信条，才达到现在的高度，大大继承和发扬了建筑的人本主义传统。但由于他过分强调或追求建筑的雕塑感，使他仍然是一个“大建筑主义者”，未能更好地处理建筑与其环境的关系。贝聿铭在这点上比约翰逊高明，更前进了一大步。贝聿铭强调建筑设计中必须予以足够重视的问题首先是建筑与环境的结合，并且他批评说，“正是在这一点上前辈大师们是不够重视的。”显然，先进的更全面的建筑哲学观念是在批判的基础上建立的。张永和提出与真理“逆”行——不受现有知识局限，又有可循之方向的思路也属此列。

最近，我见到《交流》杂志 1996 年 1 期，刊载了美国著名理论物理学家戴森的文章

《科学家的叛逆性》，阐述了他对科学家个人品质和治学之道的看法，颇耐人寻味。

戴森说，科学是一种艺术形式，而不是哲学方法，所以科学家的宇宙观不应该是简化论这个单一的哲学观点。科学泰斗爱因斯坦和奥本海默通过对自然现象的深刻理解，对科学理论作出了重大的贡献。然而，到了晚年，他们都沉溺于简化论哲学，想找出一个基本方程式一劳永逸地解决整个物理学的问题，结果以失败告终。

爱因斯坦和奥本海默晚年的悲剧是十分深刻的。我们尊重真理，尊重大师，但我们决不能迷信真理、迷信大师，不加分析地接受他们的哲学，特别不能接受简化论的哲学遗产。我们目前偏重方法论而忽视本体论的倾向表明，确实存在着这种危险！试问，为“夺回古城风貌”，北京城市建设中在建筑上滥用大屋顶、小亭子是否便属此列呢？

**【主要参考文献】**

[1] 老子．道德经［M］．合肥：安徽人民出版社，1990.

[2] 周干峙，储传亨．万里论城市建设［M］．北京：中国城市出版社，1994.

[3] 顾孟潮．钱学森论建筑科学［M］．北京：中国建筑工业出版社，2010.

[4] 陈世民．时代·空间［M］．北京：中国建筑工业出版社，1995.

[5] 王天锡．贝聿铭［M］．北京：中国建筑工业出版社，1990.

[6] 张钦哲，朱纯华．菲利浦·约翰逊［M］．北京：中国建筑工业出版社，1990.

# 新一代办公楼的设计哲学

如同建筑是一个国家、一个区域、一个民族可见的形象一样，办公楼也是一个部门、一个机构、一个办公群体的可见形象，人们对它格外关注。

旧日的办公楼常常是等级制度和资格的象征，讲究威严、华丽、封闭、庄重的办公楼形象。特别是有些大机关，它们甚至把自己的办公楼建得类似王宫、神庙，高高的台基、巨大的穹顶、沉重的柱廊、壁垒森严的入口通道和长长的走廊，串联起众多的办公空间，令人望而生畏。

多年来，办公楼的设计者采用陈旧的设计手法，在陈旧的设计理念里徘徊。

改革开放以来，中国社会经济得到巨大发展，城市化进程大大提速。在全球化、信息化的大潮冲击下，中国的城市开始进入信息时代、数字时代、网络时代。许多办公楼里出现了“休息式办公室”、“酒店式办公室”、“适合居住的办公室”，那种衙门式的办公室越来越不受欢迎，越来越少了。人们调整了自我感觉，感受到在物质空间和网络空间中，人性应该得到解放，从而更强烈地呼吁新一代的办公楼。

新一代办公楼的设计哲学，其主要理念是，办公楼不再有传统标准的模式，设计者创造出一种平静与和谐的办公环境，他们更看中办公楼里的“生产效率”、“团队精神”、“适应性”和“灵活性”，他们把办公楼视为资源，把办公楼里各个办公室由过去的单一的生产空间，变成创造性人才交流与实践的场所。从而使办公管理从控制人力资源模式转变为让人力资源自行管理的模式。这意味着，设计者要设计出开放的、交流的、容易合作的办公室，更有助于提高群体、团队成果合成质量的办公室，而不再是采取在分别封闭的小空间中，靠各自为战的个人数量叠加的做法。人们在这样的办公环境中办公，精神能够更放松更舒适，头脑中能够激发出更多新的灵感和新的思路，当然，这样的环境也使来这里的客人感到友善，感到受到欢迎。

今天许多办公综合楼，已经演化成一种自成系统的园区，更加人性化更加民主化。从家具、陈设、设备、通风、布光、调色和材料的运用等诸多方面，均追求以人为本，与自然和谐，与环境协调。

新一代的办公场所，一方面摒弃旧时代那些象征性符号化的东西，另一方面创造出一种温馨的欢迎人的氛围，以体现地球村、网络对话既广阔又亲密的数字时代的特点，因此受到极大的欢迎。

随着办公室设计理念的转变，日益增长的办公室设计实践使我们看到，办公室的内部空间组合实践的手法也发生了根本的变化。如，走廊、公共空间和会议室之间的区别不见了；把员工隔开的硬的隔墙不见了；无柱的大空间增多了等等，从而使办公室用起来适应性和灵活性更强，使办公室成为有生动曲线的办公空间，观感也更为流畅。

而有些办公楼则干脆利用老厂房、老仓库，把这样的大空间改造成办公场所，对厂房里原有的不用的设备，并不加以拆除，而是让它发挥“活雕塑”的作用。国内外经常可以见到这样的实例。

新一代办公楼是功能复杂的更带综合性的建筑群的集合。它增加了许多新的功能。如交流、展示、休息、娱乐、观景和餐饮等，它的设计难度和多种专业技术整合的难度是很大的，采用了全智能控制采光、通风、防火、节能环保等，对智能化的要求很高，其设备的智能化程度常常要达到5A级或超过5A级的标准，这是新一代办公楼发展上的新趋势、新特点之一，也是优秀的办公设计的共同特点。

从国内外近年来建成的办公楼实例中，我们可以看到，许多公司的总部办公楼的设计中，充分体现了业主是上帝的观念，出现独特的随意的办公建筑形象。如有的办公楼入口做成隧道式、宇宙空间站式，有的办公楼做成岛式环境、雕塑环境，形成展示空间、共享空间、虚拟空间、游戏空间等等。千变万化，丰富多彩。

另一个新趋势、新特点是，新一代办公楼设计追求人工环境为主的办公楼与自然环境和人文环境共生共荣的效果。

新一代办公楼的发展趋势大概有六个“更加”：使用功能上更加有综合性，内容组成上更加多元化，形式上更加多样化，内涵上更加能提高办公的创造性“生产率”，更加具有人性化、民主化，技艺上更加高科技化、艺术化。

从办公管理的角度看，也已经从以前的控制人力资源模式转变为人力资源的自行管理的模式。真正的人才你是管不住也关不住的！要靠你把人才吸引到你那个办公空间、办公环境里去。所以，新一代办公楼，或者叫数字化时代、信息化时代的办公楼设计，必须有新的设计理念和新的设计手法。

而且，多样化多元化后的办公环境往往也更加有个性、形式上更加独特，如已出现办公街、办公广场、办公超市等新形象。这样的办公环境本身就有娱乐休闲、文体活动空间，以及金融、商务、科研、贸易、学术交流等丰富内容，不仅吸引办公人员，同时吸引那些准备加入这个行列的和观览这类行为的人们。

总之，不能只是有蜂窝式小隔间办公楼的设计思路，要有多元化、多样化的办公楼设计哲学，设计出能激发人的创造性的办公环境，开发建设出更加丰富多彩的办公空间、办公环境来。

# 论纪念性建筑

## 一、为什么要研究纪念性建筑

纪念性建筑具有传承历史文化的作用。纪念性建筑是城市历史文化遗产中的主要组成部分。许多历史悠久的纪念性建筑已经成为所在城市的重要标志和重要文物。

保存城市的历史文化遗产，保护城市的自然环境资源，提高城市社会与经济发展水平，向市民提供高品质的生活环境，这是城市发展和形成城市特色必须贯彻的三个基本原则。纪念性建筑在此有着重要地位。

我国是历史悠久的文明古国，遗存的历史文物建筑极多，其中很多文物建筑就是纪念性建筑。因此，我国保护历史文物建筑的任务极重，研究、学习、把握有关纪念性建筑设计的问题，已经成为目前的普遍需求。

在我国迎“奥运”和实施历史文化名城保护规划的形势下，纪念性建筑的研究更有其现实性和迫切性。各地历史文物建筑保护工程和纪念性建筑的建设量不断增加，像北京永定门城楼复建、上海新天地改造、哈尔滨大教堂修复、西安大雁塔广场建设等都属于这类工程。

另外，纪念性建筑的设计相对其他的建筑更需要有哲理性和思想性，设计难度更大，这也是需要专门研究纪念性建筑类型的原因。

## 二、什么是纪念性建筑？

《美国建筑百科全书》的monument词条写道：“纪念性建筑是为纪念某人或某个事件而矗立起的房屋或其他结构物，有时是为了标志一个自然地理特点或者历史遗址而建。纪念性建筑可能是一个简单的墓碑，也可能是拉皮德城(Rapid City)布莱克山的拉什穆尔(Rushmoore)主峰上那巨大的雕刻①。少量纪念性建筑有功能目的，而绝大多数则纯粹出于象征目的。”

纪念性建筑是建筑创作中的尖端产品，是建筑艺术中的诗篇，它常常会成为文物建筑。真正值得推崇的纪念性建筑作品屈指可数，它们的创作难度很大，不具有深厚的文化修养和高超的艺术技巧及特有的创作激情的建筑师，是很难设计好纪念性建筑的。

《中国大百科全书》只收入了我国三个纪念性建筑——南京中山陵、北京人民英雄纪

---

① 指高达60英尺的华盛顿、杰弗逊、林肯和罗斯福四个总统的巨型头像，1930～1937年建，雕刻家为格曾·博格勒姆(Gutzon Borglum)。

念碑、毛主席纪念堂。

## 三、纪念性建筑的历史沿革

纪念性建筑有着悠久的历史。

人类幼年时期便建造了许多纪念性建筑。

最著名的史前的纪念性建筑——巨石建筑(megaliths)，或由许多巨大的石头组成，或由单独的石头做成，被称作巨石圈或石碑。

公元前2800～前2600年，人类在中东和埃及建造了金字塔 (pyramid)、方尖碑(obelisk)、纪念柱(pillar)等纪念性建筑。有的纪念性建筑从建成起就闻名世界，如体量巨大、富丽堂皇的泰姬·玛哈尔陵(1653年建)、吉萨金字塔(公元前28～前26世纪建)。

古代罗马人也建造了许多包括圆柱、陵墓、凯旋门、神庙等巨大的纪念性建筑。

中国古代的纪念性建筑数量众多，分布面广。如山东泰山的秦代李斯篆书刻石、陕西茂陵的汉代霍去病墓、山东曲阜的孔庙、山西解州的关帝庙、陕西黄陵的黄帝陵、浙江绍兴的禹陵及禹庙、四川成都的武侯祠和杜甫草堂、安徽合肥的包公祠和采石矶的太白楼等。

许多古代的纪念性建筑至今仍然保存着。

近代和现代的纪念性建筑，在纪念观念、纪念对象、纪念方式和纪念环境的空间形式设计上都有所进步。如19世纪末20世纪初，为纪念意大利统一而建的伊曼纽尔二世纪念碑(又称祖国祭坛)，它是包括柱廊、骑马铜像、无名英雄墓、喷水池、高大台阶和许多雕像组成的雄伟壮丽的纪念性建筑的综合体。

当代很多纪念性建筑更加重视寓意和象征，常常不再追求高大的体量、恢弘的规模，形式趋于简单抽象。如建于美国首都华盛顿的越战军人纪念碑，伏在地上的黑色大理石碑体呈汉字“人”的形状，高不过3～6m，两翼各长66m，却有着巨大的震撼人心的纪念效果。

目前世界上最高的纪念碑高达210m，是美国圣路易斯城的杰弗逊纪念碑。

## 四、纪念性建筑的类型及功能要求

纪念性建筑可分为人物型、事件型、自然景观型、历史遗址型、混合型或综合型五种类型。

### 1. 人物型纪念性建筑

这种类型是最古老、最普遍运用的类型。作为纪念对象的人物可能是一个亲属也可能是一个名人，是一个被人们神化了的崇拜对象，如耶稣、孔子、黄帝等等。这种类型的建筑表达可能是墓碑、陵墓、纪念堂、纪念碑、庙、教堂、牌坊、故居、祠堂，也可能是以某人姓名命名的图书馆、礼堂等。

### 2. 事件型纪念性建筑

这种类型的纪念性建筑比人物型纪念性建筑的历史要短得多，是建造较多的类型。

作为纪念对象的事件，多指具有相当影响和具有历史意义的值得后人记取的事情，它们多数是由后人建造成的。如古代罗马为胜利归来的军队举行入城式而建造的光荣门洞——凯旋门便属于事件型纪念建筑。人们常见的自由独立纪念碑、纪念塔、解放纪念碑等，也属于事件型纪念性建筑。

**3. 自然景观型纪念性建筑**

这是在人们有了比较明确的造景观念后创造出的纪念性建筑类型。这表明人们的纪念观念有所发展，认识到不单世上的人和事值得纪念，好的自然景观特点也是值得纪念和渲染的。

这类纪念性建筑往往能与自然景观相映生辉，有画龙点睛的作用。中国的碑、亭、石刻和道观、寺庙、塔、台等，多属自然景观型纪念性建筑。

**4. 历史遗址型纪念性建筑**

人类的精神文明发展到较高水平，又有相应的经济实力后，历史遗址型纪念性建筑才得以产生和发展。

随着人类保护历史文物、保护考古遗址意识的加强，在遗址型纪念建筑的设计和施工方面都有不少创造，有重建的，有重新设计的，有保留一部分增建一部分的，也有把毁损的部分与新建的部分组合在一起的，有的只做成象征性的屋架、拱门等符号建筑。

**5. 混合型或综合型纪念性建筑**

实践中的纪念性建筑常常是混合型或综合型的，常常兼有两种或多种类型的性质。当一个纪念性建筑既纪念人和事件，同时又处于风景名胜位置或历史遗址位置时，这个纪念性建筑就可能是混合型或综合型的。如有的故居或者纪念馆便常常是综合型的，它纪念人和事，本身又是历史遗址，因此，它是有历史遗物和历史遗址局部的纪念性建筑。

以前的纪念性建筑的功能要求一般包括收藏、陈列、标志和举行相应的纪念仪式等。现代的纪念性建筑的功能要求常常扩大到研究、会议、交流、演示、管理、经营等。因此，现代的纪念性建筑的要求就不能只用以前说的“纪念性建筑的艺术性较强，一般要求庄严肃穆、典雅凝重、具有象征意义”这么几句话来概括了，它的使用流程、工艺技术、经营管理等功能要求更为复杂了。

## 五、纪念性建筑的环境设计特征和建筑设计特征

纪念性建筑的本质特征是它的纪念性。为了实现纪念性建筑的纪念性，必须创造出有纪念性的建筑意境，设计出符合使用纪念性建筑的人的纪念行为方式、过程和心理规律的纪念性建筑环境，使人与纪念性建筑环境对话与沟通。因此，也可以这样说，最大限度地满足人的纪念行为方式、过程和心理要求是纪念性建筑的最大特点。

从心理学角度分析，纪念性建筑环境要实现与人的对话与沟通，应该在传统文化和现代文化的交汇、历史形式和现实形式的融合、纪念内容和纪念群体(或个人)思想感情的沟通以及激发纪念者想象动情和晓理等诸多方面作出努力。

纪念性建筑环境设计创作的特点是要调动一切艺术、技术、特有手段创造气氛，将历史的空间物质环境(包括符号、标志、展示内容、序列安排等)和时间(纪念对象的历史内涵、回忆、对比等内容)，转移、变换为此时此刻此地此人的现实心情和直觉，达到物与人、人与物的移情效果。这些特征从中美两座纪念馆实例中可以看得比较清楚。一座是建在中国南京的侵华日军大屠杀遇难同胞纪念馆；一座是建在美国华盛顿的纳粹大屠杀受难纪念馆。这里从六个方面对这两座纪念性建筑进行比较(表 1)。

两座中美纪念馆的比较　　表 1

| 序号 | 比较角度 | 华盛顿纳粹大屠杀受难纪念馆 | 侵华日军南京大屠杀遇难同胞纪念馆 |
|---|---|---|---|
| 1 | 场所性质 | 异地纪念(自由度大些) | 原址纪念(局限性大些) |
| 2 | 纪念对象 | 一段历史(长时段、选择性强) | 纪念事件(短时段、内容略狭、信息量小) |
| 3 | 纪念方式 | 展出复制品、仿制品 | 展示遗存实物 |
| 4 | 表现重点 | 突出以参观人为主、引导参与、实际感受 | “生”与“死”的主题、渲染气氛 |
| 5 | 手段 | 调动光、影像、电、场所等各种现代手段 | 采用比较传统的手法，通道、空场、雕塑等 |
| 6 | 设施 | 设怀想厅，参观者自主怀想 | 主要依靠讲解员的解说，介绍有关情况 |

一个纪念馆的设计优劣，纪念观念和纪念方式的确定是决定性因素，是构思的起点。

从表 1 可以看出：

在选择纪念对象上，中国馆以纪念事件为主，美国馆以纪念人为主。

在纪念方式上，中国馆采用被动的讲解方式，用遗存的实物感染参观者；美国馆采用主动式纪念方式，用复制品和仿制品促使人自主怀想来感染参观者。

在纪念手段上，中国馆以传统手段为主，美国馆以现代手段为主。

应当说，业主的指导思想对于纪念性建筑设计的优劣至关重要。在谈到华盛顿纳粹大屠杀受难纪念馆的设计构思时，馆长温伯格博士指出：“这座纪念馆不像一段历史博物馆那么平静。它不是要娱乐大众，但是它会让你情绪起伏。如果这个纪念馆不能扣人心弦，我们的展览便告失败。”这段话成为该馆设计的指导思想。

对华盛顿越战军人纪念碑的设计构思，当时业主提了两条原则，即只对越战中阵亡与失踪的死难者致敬，而对这场战争的是非不抱偏见；纪念碑必须与公园内现有的纪念物(华盛顿纪念柱、林肯纪念堂、水池)取得联系和协调。现在看来，这两条要求为华盛顿越战军人纪念碑的设计思路奠定了极好的基础。

中国的侵华日军大屠杀遇难同胞纪念馆是 1985 年完成的，当时被认为是有所突破的纪念性建筑，曾在国内获得过多种奖项。今天看来，从设计构思上它与美国华盛顿的纳粹大屠杀受难纪念馆相比还有差距。而且，后来国内纪念性建筑新建的不少，为何难有新的突破？这些问题很值得研究。

还值得一提的是，越战军人纪念碑设计方案的评委会由 9 人组成(包括两位建筑设计师、两位风景建筑师、三位雕刻家、一位设计评论家、一位专业顾问)。由于采取多角度的综合评价方式，才能使林樱的设计方案(当时她仅是一位年仅 21 岁的建筑系四年级学生)从 1425 人的参赛方案中脱颖而出，这再次说明建筑设计方案的评选需要有科学的、综合的评价标准。

## 六、纪念性建筑创作的关键

把握纪念性建筑环境的直觉、经验、先验及移情，是创作纪念性建筑的关键。

**1. 直觉(intuition)**

直觉是未经充分逻辑推理的直观、直感，是指人的感性能力而不是指理性能力，直觉仅在人与客体相遇的一瞬间起作用，随后便不复存在。

直觉是认识对象的直接方法，又是进行各种思维依靠的感知。因此，对于直觉的瞬间作用必须特别重视，因为它是最先发生的。

衡量人对建筑环境的直觉效果的建筑术语为“尺度”和“尺度感”，这两个建筑术语对于纪念性建筑尤其重要。

**2. 经验(experience)**

经验是人们由实践得来的知识或技能，人们常常凭借自己的经验来审视纪念性建筑。因此，在设计纪念性建筑时要研究和运用能够引起人们共鸣的经验。

**3. 先验(priori)**

“先验”一词是德国主观唯心主义哲学家康德的用语。康德认为，思维形式是本来存在的，不是来自经验的，空间、时间、因果范畴也不是客观实在在意识中的反映，而是人类理智所固有的。在纪念性建筑中，我们强调“先验”，目的在于强调纪念性建筑一定要有思想性，强调纪念性建筑设计者一定要有相应的想象力和构思立意。

**4. 移情(empathy)**

移情是美感而不是感受，移情是外射。在日常生活中常见的那种自发的拟人化，就是人感情的外射和移情。在现代的纪念性建筑中，虽然很少用拟人化的手法，但这种外射、移情的过程和原理是相同的。

纪念性建筑审美移情的特征是；人在聚精会神地观赏审美对象时，他与对象的关系发生了深刻的变化；对象不再是独立的整体存在，它被注入了生命、情感；人也不是日常生活中那个实在的人，他已排除了实用、利害关系的种种考虑，忘我地只在对象里生活，这样，人与对象没有矛盾、没有对立，对象就是人，人就是对象。二者达到了“物我两忘”、“物我同一”的境界。审美的移情，实际上就是在对象中欣赏它自己的感情，由“我”及“物”的物我同一。

纪念性建筑要实现时间与空间的过渡与转换，人的直觉是不可缺少的主观因素，移情和联想也起着重要作用。纪念性建筑应特别重视经验、先验、直觉和移情的关系，只有这四者相吻合时，才能达到最佳的纪念性效果。

纪念性建筑要重视空间的时间内涵，加深对空间和时间关系的认识，才能促进它们的相互转换。康德说，时间和空间是“经验的现实和先验的理想”，他指出了时间和空间的经验性质和先验性质，而经验、记忆本身便是时间的延续和发展。须知，空间里潜载着时间的表达和意义，时间里蕴藏着空间的体量和尺度。这些潜在的表达和意义，酝藏着的体量和尺度，又依靠直觉和体验才能发挥。

## 七、我国纪念性建筑设计存在的主要问题

(1) 设计遗址型纪念性建筑时，只重视新建的而轻视甚至破坏原有遗址的纪念性环境，这种现象在我国具有相当的普遍性，这与一些人重视假古董、轻视真古董的思想根源是相同的。(如绍兴鲁迅纪念馆)

(2) 在纪念对象上，只重视个体而忽视群体，只重视纪念对象而忽视从事纪念行为的人或群体，只重视纪念建筑主体的形象而忽视纪念性环境和纪念气氛的营造。在纪念规模上，常犯虚张声势的毛病，只追求大尺度而忽视宜人适度的尺度。这些都反映了设计者以人为本思想的薄弱。(如法国巴黎塞纳河边的自由女神雕像、南昌起义纪念碑)

(3) 在纪念内容的安排上繁琐、庞杂，在处理手法上大同小异、缺少创新，不能因人而异、因时而异、因事而异地进行创造，常常沿用旧模式，使大量的纪念性建筑一般化或

千篇一律。

(4) 纪念性建筑的设计版权、规模、规格以及立项等方面，管理和审查制度混乱，似乎谁都可以设计纪念性建筑，什么地方、什么部门都可以建造纪念性建筑。有的地方甚至对遗址型纪念性建筑添加许多以营利为目的、设计施工水平又不高的附加物。有的地方只要有钱，祖坟都可以建得规模很大、规格很高，占用很多土地，这些都是不适当的。(如南宁烈士纪念碑)

(5) 缺乏科学公正的建筑评论是我国纪念性建筑设计水平提高不快的重要原因之一。

目前我国成功的纪念性建筑可谓凤毛麟角，我们应当正视这一事实，我们期望有更多更好的纪念性建筑问世。

## 八、加强纪念性建筑的理论研究

国内外关于纪念性建筑的理论研究工作薄弱，这方面的学术专著不多。

这里介绍谭垣、吕典雅、朱谋隆三位先生合著的《纪念性建筑》一书。该书从哲学观念、设计构思上评论纪念性建筑实例，指出了目前在纪念性建筑的设计与建造方面存在的主要问题，是研究纪念性建筑很有价值的参考书。

书中指出，有些纪念性遗址、遗迹，不重视保护历史的本来面貌，而是大兴土木，在遗址旁边建造硕大的陈列馆，使遗址、遗迹面目全非。

该书作者认为，纪念性建筑的纪念内容要集中、精炼和具有典型性，不宜繁琐和一般化。

该书提出，纪念建筑的象征含义必须与适当的形象效果紧密结合起来，才能打开纪念性建筑通往人们心灵的大门。

对于一些不甚成功的甚至失败的纪念性建筑实例，该书作者作了大胆准确的评论，十分难得。

我赞同该书作者对纪念性建筑的深刻见解，“纪念性建筑隶属于一定的哲学范畴”，“纪念性建筑是最难设计的，它的难度不在技术，而在于思想性，在于哲学”。

**【主要参考文献】**

[1] 中国大百科全书(建筑·园林·城市规划) [M]. 北京：中国百科全书出版社，1988.

[2] [英] 帕瑞克·纽金斯著. 世界建筑艺术史 [M]. 第2版. 顾孟潮，张百平译. 合肥：安徽科学技术出版社，1989.

[3] 王庆生编著. 文艺创作知识词典 [M]. 武汉：长江文艺出版社，1987.

[4] Hunt Willam Dudley. Encyclopedia of American Architecture [M]. New York. 1980.

[5] [英] 罗杰·斯克拉顿. 康德 [M]. 周文彰译. 北京：中国社会出版社，1989.

[6] [俄] H. D. 萨涅伯里德兹著. “论机器的直觉”，顾梅译. 顾孟潮校. 1993.

[7] 我国80年代建筑艺术优秀作品评选组织委员会编. 中国80年代建筑艺术 [M]. 经济管理出版社、香港建筑与城市出版有限公司，1990.

[8] 杨士萱. 华盛顿新建纳粹大屠杀受难纪念馆 [J]. 建筑学报，1995(1)：54～57.

[9] 彭一刚. 从威海市的两项工程设计谈建筑创作的个性追求 [J] 建筑学报，1995(1)：16～18.

[10] 彭一刚. 创意与表现 [M]. 哈尔滨：黑龙江科学技术出版社，1994.

[11] 周卜颐. 美国越战纪念碑与青年商会总部的全美设计竞赛 [J]. 建筑学报，1991(2)：11～17.

[12] 顾孟潮. 信息·思维·创造——空间环境设计的智慧从哪里来?[J]. 新建筑，1994(4)：11～16.
[13] 顾孟潮. "中国当代环境艺术"，中央电视台《百家讲坛》栏目组编. 建筑不是房子 [M]. 中国人民大学出版社，2006 年 178～194.
[14] 谭垣，吕典雅，朱谋隆编著. 纪念性建筑 [M]. 上海：上海科学技术出版社，1987.
[15] 沈福煦. 谭垣先生的建筑观与教育观 [J]. 南方建筑，1996(1)：61～66.

# 城市特色的研究与创造

城市特色，是城市科学的重要研究对象，又是城市发展、建设、规划设计中必然要解决的实际问题，因而，近年来一直引起国内外广泛的关注。本文拟从七个方面做些探讨。

## 一、钱学森有关论述

1992年10月9日，我收到了世界杰出的科学家钱学森同志于10月2日写给我的一封信。信的内容涉及到“21世纪的中国城市向何处去”这个大问题，谈到钱老对城市面貌、规划及建设方式等问题的看法，并提出“山水城市”的科学设想。这封信极为重要，具有指导性文献的价值，又与本文研究的主题关系十分密切，全信不长，特全文引在下面供大家研究和思考。

顾孟潮同志：

您赠的《奔向21世纪的中国城市——城市科学纵横谈》已收到，十分感谢！9月24日信已收到。

现在我看到北京市兴起的一座座长方形高楼，外表如积木块，进到房间则外望一片灰黄，见不到绿色，连一点点蓝天也淡淡无光。难道这是中国21世纪城市吗？

所以我很赞成吴良镛教授提出的建议：我国规划师、建筑师要学习哲学、唯物论、辩证法，要研究科学的方法论（书166页）。也就是要站得高、看得远，总览历史、文化，这样才能独立思考，不赶时髦。对中国的城市，我曾向吴教授建议：要发扬中国园林建筑，特别是皇帝的大规模园林，如颐和园、承德避暑山庄等，把整个城市建成一座超大型园林，我称之为“山水城市”，人造的山水！当时吴教授表示感兴趣。

我看书中好几篇文章似有此意。所以中国建筑学会何不以此为题，开个“山水城市讨论会”？

以上请教。

此致

敬礼！

钱学森

1992年10月2日

钱学森同志对中国城市科学的发展一直十分关心和支持。早在1983年钱老便撰文强调中国园林是 landscape、gardening、horticulture 三个方面的综合，而且是经过扬弃达到更高一级的艺术产物。要认真研究中国园林艺术，并加以发展。不能照抄外国的建筑艺术，那是低级的东西，没有上升到像中国园林艺术的高度。并提出，“要以中国园林艺术来美化我们的城市，使我们的大城市比起国外的名城更美，更上一层楼”（详见《城市规划》，1984 年 1 期）。1990 年 4 月 21 日、1990 年 7 月 31 日和 1991 年 12 月 16 日，钱老先后致信鲍世行、吴良镛、梅保华，阐明他对建立“城市学”、创立“山水城市”等一系列看法。1992 年 10 月 2 日的信，是在读了《奔向 21 世纪的中国城市——城市科学纵横谈》（陈为邦、张希升、顾孟潮主编，49 位专家撰文，山西经济出版社，1992 年 8 月第一版）一书后写给我的。

我认为，“山水城市”是钱老孕育多年形成的科学设想。可以看作是国际上“生态城市”的中国提法。这一见解是很大的建树，使“生态城市”在中国变成可以操作和实行的事，有着极大的理论和实践意义。研究和创造 21 世纪中国城市的特色，必须有这种高屋建瓴的思路。

## 二、特色危机与创造的误区

克服危机，走出误区，乃是创造城市特色的首要当务之急。

“特色危机”（identity crisis）确实存在。它已成为现时代世界各国瞩目的热门话题、攻关课题。全世界对在为城镇的趋同危机寻找出路，对城市特色与风格讨论的兴趣有增无已。这是客观迫切需求的反映。

1986 年《中国城市导报》创刊伊始，便组织了“中国建筑风格讨论”，引起广泛反响。1987 年亚洲建筑师协会开会，索性把“特色危机”作为会议研究的主题。同年 6 月以“城市环境美的创造”为题的全国性学术研讨会在天津召开。1989 年 10 月，成立不久的中国城市科学研究会，主办了“全国城市环境美学问题学术研讨会”。今年，联合国召开了规模空前的世界环境与发展大会，随后中国发布了 10 大环境对策。若加上各地、各类学会、研究会、报刊组织的讨论数不胜数。与此讨论同时，各地各城市都结合自己的规划、建设、设计进行了大量的创作实践。显然，在形成特色和风格的方面比 10 多年前有所前进。

但是，总的看，我认为仍停留在较浅的层次上，在基础研究上下功夫不够，往往就事论事，或者是为特色而特色，未能实现理论和实践上的突破，因此又出现了一些新的“误区”。我认为“误区”也是“危机”的一部分，面对改革开放的新形势，大开发、大建设高潮的到来，这种“危机加危机”的形势尤其值得重视。在经济热潮中，冷静地思考城市未来与特色，“总览历史、文化”是十分必要的。

片面追求城市特色的“误区”主要表现在四个方面：①急于制造特色；②规定特色；③模仿特色；④以怪异为特色。

国内不少城市，急于形成城市特色，克日完成各种“急就章”，包括未经全面规划、精心设计与施工，便贸然树城标，立城雕，修唐城、宋街、××古楼、大观园、西游记宫等，而且规模越来越大，工期卡得越来越紧。这是制造特色法。

还有未经通盘考虑整体环境的城市设计，便作出硬性规定，要求道路多宽，沿街建筑物层数、色彩、装饰细部等等，规定特色。

先验地确定设计人员应当模仿和引用哪幢名建筑、名人名作或民居符号、民族符号、流派符号等，企图靠模仿出特色。

第四种，是以“风格多元化”为借口，追求形式、色彩、材料等方面的新、奇、怪异等，甚至提出“一幢房子一个样、一条街一个样”的口号。

要克服危机，走出误区有三个关键要抓住：一是要认清所谓“特色危机”的实质是什么；二是要明确“误区”在哪里；三是提高自身的思想和理论水平，防止危机的蔓延和发展。

## 三、建筑特征与城市特色

正确理解建筑特征和城市特色的联系和区别是创造城市特色的起点。

城市整体特色的形成离不开构成城市的诸多个体因素的特征。我们必须认真研究城市各类组成因素的特征，特别是认真研究作为城市构成主要因素的建筑艺术的特征。但是，不能用个体建筑的特征代替城市的特色，即不能用建筑设计的手法解决城市特色问题，必须学习和掌握城市设计、环境设计的手法和艺术。1977 年英国学者斯克拉顿对建筑特征有如下分析：

(1) 建筑艺术具有实用性。……我们一直把建筑作为手段来鉴赏。它不是由任何纯粹的“审美”考虑来决定的。不能把建筑降低为雕塑的一个分支。

(2) 建筑艺术具有地区性。建筑物总是构成了它所在环境的重要面貌特征，随心所欲的复制不能不带来荒唐的不合理的结果。同样，随心所欲地改变环境也会影响到建筑本身。

(3) 建筑艺术是讲究总效果的艺术。建筑非常容易由于周围环境变化而受到损害。一个建筑家所要达到的宏伟目标不在于一种独特的形式，而在于保持那种早先存在于他个人活动中的程序。

(4) 建筑艺术具有技术性。

(5) 建筑是一种公共生活的现象。

(6) 建筑在某种意义上是政治性最强的艺术形式。它把一种和任何个人选择无关的建筑师的目的和眼光强加给那些欣赏它的人。

(7) 建筑的鉴赏集中在对审美对象的本质的鉴赏上。不是以空间为鉴赏对象。只赏识空间那是很浅薄的看法。欣赏建筑的愉悦是被我们所看到的那些东西所形成的概念支配的。

城市特色是环境特色的一种。一般认为，其构成因素由三方面组成，即：自然因素、人工因素和社会因素。其中人工因素是最能动、最活跃的因素。人工因素中城市建筑、设施等又是可见形象的主要因素。社会因素是人工因素的深层根据。要创造城市特色，便要研究这一切因素的特征为基础，尤其要研究建筑艺术的基本特征。

什么是特色？苏昌培先生讲，“特色”是作为事物存在的最优状态的普遍现象，是一个复杂的系统。对于特色的形成与发展，他认为是对客体信息的选择、重构和创造；但首先是发现和发明过程；是主体和客体双向优化的过程。必须学会抓住“方法群”或“方法系统”，找到潜能——潜在的优势或生长点。我认为，对于城市特色的创造也是如此，首先要有所发现、有所发明，收集客体(自然、人工、社会因素)足够的信息量，才有选择、重构和创造的可能。城市特色创造过程，同样是主体和客体双向优化的过程。这种选择是时代、社会、自然的选择；而不是一人一事一时随意的选择，那是很难达到优化境界的。

## 四、特色创造中的源、流和中介——城市设计

从综合认识的角度，把握城市特色的来源和主流才能瞄准方向。

人们往往急于知道如何具体“制造”城市特色，而对城市特色从哪里来的问题研究不够，即重视“流”而不重视“源”。因而，目前比较普遍的问题，常常只是流的多元化，主观制造出来的东西多，由客观存在条件上有机生长出来的东西太少。岂不知，城市特色的形成是“天人合作”的结果，社会集体的创作，历史自然的流露，勉强不得，也急不得，只有脚踏实地、实事求是地耕耘下去，收获特色的季节一定会到来。

城市特色从哪里来？城市特色是综合的产物。它来自各种系统、构成、序列、过程等。现择主要的列出以下 12 个方面：

(1) 来自地方特有的自然景观系列，如地形、地貌、地质条件等；

(2) 来自场所，这一时间、空间、人的综合系统；

(3) 来自特有的功能构成，包括区域性质、城市性质、建筑用途等；

(4) 来自当地使用者系统特点，包括物质使用者、观赏者、设计者、施工、管理者等的特点；

(5) 来自本身历史脉络系列，包括历史遗存物、形成的结构、习惯，城市居民的集体记忆、认知地图等；

(6) 来自综合和杂交过程；

(7) 来自模仿过程；

(8) 来自其他艺术样式系统的借鉴和借用；

(9) 来自不同的观赏方式、系列，如三维、四维、第五立面、序列、方向、路线等；

(10) 来自当地的物质条件构成和科学技术水平的发挥；

(11) 来自大量的普遍存在的城市元素系统、道路系统、栏杆系统、绿化系统、店面系统、雕塑、小品、屋顶系统等；

(12) 来自城市的标志物系统。

中介问题。创造城市特色做的是铺天盖地的文章。所谓“源”，是创作的基础，最终如何转化为城市与建筑的特色，关键是要通过城市设计这个中间环节。用建筑设计手法处理城市特色问题很难成为好文章。

城市设计是三维(四维)空间的体形环境设计，是体现城市特色，创造优美城市形象，提高城市环境质量的最重要手段。城市设计是以人为中心的环境设计，其内容既包括物质空间环境，又包括社会环境。目的在于使城市环境具有人性——邻里感、乡土感、繁荣感等。

城市设计与建筑设计的不同之处在于，城市设计必须设计城市的物质结构(包括社会、人口、经济、文化结构)、空间结构和时间结构，因为城市空间上辽阔、时间上绵长。对此 E·培根提出了“同时运动系统”(Co-instaneous Movement System)——指城市中以不同速度不同模式进行活动的三维空间体系。抓住动态体系这一关键后，设计的结构才能在空间和时间上适应城市的发展。我们许多建筑群、中心区重要建筑的设计都对此重视不够。

## 五、城市特色创造的思路与手法

科学的创作思路至关重要。思路比手法更重要。思路解决本质和结构问题，手法解决技术细节。思路不对，所采用的手法必然不会适当。城市特色的创造必须用城市规划和城市设计的手法来解决，而不能用建筑设计的手法来处理城市问题。本文开始所指出的一些“误区”，很大程度上就是由于在处理城市问题时，不适当地采用建筑设计手法而造成的。

从前述对建筑艺术特征的分析中可以看到，建筑与城市关系最密切的特征在于建筑的地方性、整体性、公共生活性和政治性。建筑特征很大程度上取决于地方特色，同时地方特色也是城市个性的基本特征。正如 1977 年 12 月在秘鲁通过的《马丘比丘宪章》对城市个性的概括：“一个城市的个性和特征是其形态结构和社会发展特点的结果。”因此，千万不能有“大建筑主义”思想，认为建筑决定城市。相反地，建筑要服从地方特色，突出地方特色，才能形成城市个性和特征。地方(或区域)特色、环境特征，任何时候都是创造城市特色的基础和制约条件。

城市是一个巨大的环境艺术作品，要创造城市特色必须了解和掌握环境艺术作品的创作过程和结构上的特点。创作过程上的特点主要表现在四个方面：

(1) 创作构思的出发点是实物环境，而不是什么其他主观意向。必须以实物环境为依托和归宿，决定利用什么、取舍什么、创造什么。

(2) 构思的走向是由客观发现到引起主观的内省，再修改客观存在的过程。

(3) 是一门公众参与的艺术，往往不能一人做主，需要多方面、多专业的配合、协作、公众参与。

(4) 始终处于“未完成”状态和不断的修改之中。不断有人的参与、自然的参与、环境的影响、历史的参与、经济的冲击等因素在起作用。

城市作为环境艺术作品结构的特点主要有六个方面：

(1) 综合性、整体性。城市是空间、时间和人的行为综合统一的整体。时、空、人三者之间的关系密切到不可分离的状态。

(2) 空间的充满性。空间内的物质流、能量流、信息流都在作用于人的眼耳鼻舌身心，所以城市环境艺术是全频道的体验的艺术。

(3) 具有模糊性、无定性。对城市环境艺术的评价常常是不是简单明确的一种，而是具有多种评价标准，并且褒贬不一。

(4) 有序和无序共存。创作中必须善于处理无序、无调、杂乱无章的方面，因为总有被认为是多余的，不想要但又去不掉、变不了的东西。

(5) 中介空间。城市与人之间需要一系列中介空间或者中间物体，作为环境链条，形成整体环境艺术。

(6) 光线。它是城市环境艺术中的重要存在条件，是视觉艺术的生命，无光线即无环境艺术。

有了以上对于思路、创作特点、结构特点的共识之后，采用何种手法来创造城市特色的问题便容易解决了。起码不应再依靠采用给建筑物加小亭子、加圆顶、作拱门，“一幢房子变一个样”，这类建筑手法，而应当更多地从城市、区域、结构、系统的整体来考虑问题，选择相适应的手法。

如布正伟先生有关城市“背景区”、“混成区”、“特色区”的论述便值得参考。这是在试图建立城市景观的秩序。但必须明确，实践中城市中所谓有这三种区很难是纯净的、不变的，常常是混杂的、互变的、模糊的。必须具体问题具体分析，切不可主观臆断地处理问题。

## 六、历史、现状与未来的人与城

城市的发展是一个长期的历史积淀过程。今日的城市特色是从历史特色中生长发展起来的，未来的特色又要从今天向前延伸。因此，要创造明日的特色，要对历史遗存、现状环境既进行实物调查，还应进行环境心理、建筑心理、居民集体记忆、认知地图、行为习惯等的调查研究，以找到创作依据和目标。

**英国艾赛特大学研究人对城市景观感受的33个语义等级** **表1**

| 语义范围 | 语义范围 | 语义范围 |
|---|---|---|
| 老的 | 著名的 | 亲切的 |
| 历史的 | 装饰华丽的 | 私有的 |
| 具有历史意义的 | 建筑物之间和谐的 | 安全的 |
| 能唤起历史想象力的 | 对称的 | 有活力的 |
| 在生活中会引起历史联想的 | 水平的 | 好的 |
| 使你联想历史的 | 以人的尺度建造的 | 艺术的 |
| 使你意识到与过去有联系 | 大尺度的 | 美的 |
| 具有持久意味的 | 保护良好的 | 令人愉快的 |
| 值得保存的 | 整洁的 | 有吸引力的 |
| 有价值的 | 视觉上有明显识别性的 | 迷人的 |
| 有趣的 | 有非常突出特征的 | 讨人喜欢的 |

城市景观是一种动态的心理感受，是令人难以捉摸的领域，调查有一定难度。为了对此得到明确的认识，英国艾赛特大学应用因子分析方法，研究人们头脑中对城市景观想象的具体含义(表1)。这种做法值得借鉴，可以取得定性和定量的数据。其具体实验方法是，以大学生为对象调查287人，通过大量设计手法以各不相同的实例，让他们作视觉感受上的评价。用幻灯片和大量语义上具有微小差别的词汇(简称SD)，分33个语义等级进行测试，获得定量化的数据后再进行分析。他们得到的初步结论是，城市要想成为令人愉快的源泉，就应该使人感到新鲜和熟悉，不具备这类因素就算不上成功。具体讲有以下几点结论：

(1) 学生、艺术家和规划师具有非常相似的城市景观印象。

(2) 大多数沿街连排住宅，在比例尺度上被认为小巧，具有人性，这好像是它们最有价值的属性。许多人几乎没有意识到一条沿街住宅相互间建筑上的微妙差别。

(3) 高层住宅区遭到人们强烈反对。因建筑的比例尺度很大，垂直过度，没什么有益的特点，视觉上令人生厌。

(4) 当代建筑代表了一种基本上是千百年历史所形成的一系列风格中的一部分，如果想把握和控制变化，必须调和好过去的记忆和未来的理想之间的限度，防止出现“未来环境震荡”的危险。

(5) 昔日的魅力全在于它是过去的。

(6) 无论在何处，任何破坏古建筑的行为应尽快禁止，今后的设计应更多地借鉴传统的尺度和设计思想。

(7) 一幢建筑的年代可以对周围环境带来某种好处。……古建筑所具有的时代特征是一种潜在的、令人愉快的非常重要的资源。

(8) 古建筑在创造丰富多彩的城市环境特征方面作用巨大，有助于形成复合的视觉环境。现代建筑的视觉上的单调和严峻感成为城市景观中的消极因素，而不同历史时期富有表现力的建筑物给人以美感让人愉快(英国对五种不同历史时期——中世纪、古典、工业革命、罗曼蒂克和现代的建筑风格在形象上的区别，作了心理学意义上的分析实验)。

## 七、保护与开发

城市特色的创造中保护和开发的同题并存。处理好两者的关系会相辅相成，相得益彰。反之，则会造成不可挽回的损失，甚至保护特色和开发特色的目的均未达到。

首先，对开发要有全面的认识和持续发展的角度。准备开发某种资源(土地、水源、文化遗产、旅游资源、自然景观)之前，首先要做生态评价、环境影响评价、经济和社会效益预测等工作，才不至于孤注一掷地舍了老本，把本可以源源不断生财的资源断送了。如水面上部空间的开发、老城墙位置的开发、西湖边上的开发、历史文物地段的开发，这方面的问题尤其突出。一定要“站得高、看得远，总览历史、文化”，不可只顾一时。

再者，注重保护环境是人类文明高度发展的标志。经过若干世纪到今天，人类才达到这种环境意识。过去人类曾经是依赖环境、适应环境，后来又盲目地改造环境、破坏环境、污染环境，其教训是极其深刻的。

创造城市特色时必须注意的几个问题：

(1) 城市结构问题：必须有城市整体结构概念，从城市现实结构这个全局出发，处理局部的问题，凡有损于城市结构的行为和项目要坚决制止。

(2) 城市形态问题：这在很大程度上是城市边缘的城乡关系问题，如何采取“导”而不是“堵”的政策，既符合乡村走城市化道路的发展趋势，又不使城市边缘的发展失控。

(3) 绿化系统问题：城市绿化不能只考虑观赏系统，同时要考虑生产、生态系统。早日确定市树、市花、市草(或区树、区花、区草)是个好办法。绿化占城市面积很大，对特色影响大。

(4) 道路系统问题：无论主次街道、功能划分、曲直长短都要以城市结构和形态需要而定，现在的毛病往往是不加分析地追求直、宽、长。对道路系统的效率和效益则往往研究的少。

(5) 标志系统问题：大到城市雕塑、制高点、重点建设项目，小到广告牌、路名等应当有系统的考虑规划设计和管理。

(6) 自然景观系统问题：如何把当地的山、水、植物、动物、好朝向、好景观组织到城市形象之中，这是铺天盖地的大文章，必须有人考虑并落实到城市设计上监督贯彻。

(7) 集体记忆、认知地图问题：这种记忆与认同的调查是一项新工作，前举英国艾赛特大学的经验值得借鉴。

(8) 城市色彩系统问题：色彩对特色的形成关系极大，不能不重视一个城市的主调、配调色彩，特别是大面积的住宅区、开发区更应对此有适当的设计。

其他如栏杆、围墙、大门系统，铺地材料的选择，桥的系列设计等等也是创造城市特色时要从整体上规划的问题，不再一一罗列。

**【主要参考文献】**


［1］ 陈为邦，张希升，顾孟潮主编．奔向21世纪的中国城市［M］．太原：山西经济出版社，1992.

［2］ 中国城市导报社，中国建筑风格讨论［M］．上海：1980.

［3］ 石成球．关于城市特色问题的讨论［J］．建筑学报，1991(6).

［4］ ［美］E・培根等著．城市设计［M］．黄富厢，朱琪编译．北京：中国建筑工业出版社.

［5］ ［英］考林・莫里斯著．城市景观的形象研究［M］．1991.

［6］ 王景慧，"城市特色的思考"，中国城市规划设计院学术情报中心，1980年12月.

［7］ 李泽厚主编．城市环境美的创造［M］．北京：中国社会科学出版社1989.

［8］ ［英］斯克拉顿，"建筑美学"，英国美学杂志，1977年.

［9］ 汪坦，陈志华主编．现代西方艺术美学文选(建筑美学卷)［M］．春风文艺出版社，辽宁教育出版社，1989.

［10］ 于正伦．城市环境艺术——景观与设施［M］．天津：天津科学技术出版社，1990.

# 环境的艺术化与艺术的环境化[①]

我想从三个方面说说这个题目。

## 一、什么是环境艺术

环境艺术乃是绿色的艺术与科学，是创造和谐与持久的艺术与科学。城市规划、城市设计、建筑设计、室内设计、城雕、壁画、建筑小品等都属于环境艺术范畴。它与人们的生活、生产、工作、休闲的关系十分密切。随着人民生活水平、居住水平的提高，人们对各类环境艺术质量的要求越来越高。环境艺术的理念和实践，就是在这样的背景和基础上在我国崛起和发展的。中国当代环境艺术的崛起和发展，是我国近年来极为重要的科学文化艺术成就。回顾一下环境艺术在中国的崛起和发展，对其进行客观评价，是一件极有意义的事。

**环境艺术的定义与沿革。**环境艺术(Environmental art)又被称为环境设计(Environmental design)，是一个尚在发展中的学科，目前还没有形成完整的理论体系。关于它的学科对象、研究和设计的理论范畴以及工作范围，包括定义的界定都没有比较统一的认识和说法。这里先引用八卷的环境艺术丛书主编、著名环境艺术理论家多伯(Richard P. Dober)的环境艺术定义。

多伯说过：环境艺术作为一种艺术，它比建筑艺术更巨大，比规划更广泛，比工程更富有感情。这是一种重实效的艺术，早已被传统所瞩目的艺术。环境艺术的实践与人影响其周围环境功能的能力，赋予环境视觉次序的能力，以及提高人类居住环境质量和装饰水平的能力是紧密地联系在一起的。

多伯的环境艺术定义，是迄今为止我所见到的、具有权威性、比较全面、比较准确的定义。他虽然声言这只是从艺术角度讲的，是“作为艺术”的环境艺术定义，但是它已经远远超出了过去门类艺术的陈腐观念。该定义指出，环境艺术范围广泛、历史悠久，不仅具有一般视觉艺术特征，还具有科学、技术、工程特征。在多伯定义的基础上，我将环境艺术的定义概括为：环境艺术是人与周围的人类居住环境相互作用的艺术。“环境艺术是一种场所艺术、关系艺术、对话艺术和生态艺术。”

所谓**场所艺术，**不仅指物质实体、空间外壳这些可见的部分，还包括不可见的但是确实在对人起作用的部分，如氛围、活动范围、声、光、电、热、风、雨、云等，它们是作用于人的视觉、听觉、触觉和心理、生理、物理等方面的诸多因素。形成“场所感”的关

① 顾孟潮教授在中央电视台《百家讲坛》的讲演(节选)

键问题是，经营位置和有效地利用自然和人文的各种材料和手段(如光线、阴影、声音、地形、历史典故等)，形成这一环境特有的性格特征。

所谓**关系艺术**，是指进行环境艺术设计时，必须恰当地处理各方面的关系：人与环境的关系，环境诸因素之间的关系，因素内部组成之间的关系等。关系可以分成不同层次、不同的范畴：如人—建筑—环境；人—社会—自然；人—雕塑—背景……诸关系的核心是人。因而以尺度(或尺度感)作为衡量关系处理得好坏、水平高低的标准。“尺度”(Scale)在这里主要是从视觉角度讲的，它不同于“尺寸”，尺寸是客观地度量出来的，而“尺度”(或“尺度感”)是主观的度量，即人所具有的感受，不是具体的尺寸。

**对话艺术**则体现在两个方面，一是环境所包括的“关系”无穷之多，它们必须有机地组合起来，彼此“对话”；另一方面，人们普遍希望“对话”，这是当代环境以人为主的民主性特征，人们已经不满足于仅仅是物质的丰富和表层信息变化的享有，更不能容忍那种非人性的压抑人的环境。人们追求深层心理的满足、感情的交流和陶冶，追求美和美感的享受。既是“对话”，就发生了人如何与环境对话的问题。

环境艺术是生态艺术。这是 20 世纪生态环境遭到空前的破坏之后人们才觉悟到的：环境的本质是“生态”的，是有生命的。对环境的保存、保护、改造和建设必须有生态观念，采用生态设计。

**环境艺术观念的变迁**

城市、建筑是环境艺术主要载体的体现者，从这个意义上讲，环境艺术观念的变迁，可以从建筑艺术观念的变迁中看到它的足迹。从建筑诞生之日起，它便是作为人的环境出现的，它就是环境艺术，只不过人们真正认识到建筑作为环境艺术的性质比较晚，直到 20 世纪 80 年代初才认识到这一点。所以说，环境艺术观念的变迁与建筑观念的变迁是同步的。

那么，建筑价值观的演变大致经历了哪几个阶段呢?

它经历了五个阶段：①实用建筑学阶段，追求适用、坚固、美观的建筑；②艺术建筑学阶段，视建筑为“凝固的音乐”；③机器建筑学阶段，把建筑看作“住人的机器”；④空间建筑学阶段，认识到“空间是建筑的主角”；⑤环境建筑学阶段，认为建筑是环境的科学和艺术。21 世纪，建筑价值观已开始进入第六阶段——生态建筑学阶段。

人类经历了适应环境、利用环境、改造环境以至发展到污染、破坏环境之后，随着人类文明程度的提高，才逐渐意识到要保护环境，恢复自然生态环境和部分历史人文环境。正是在这样的背景下，人们的当代环境艺术观念形成和发展起来了。美术界、环境界、建筑界的有识之士纷纷行动起来，探索环境艺术问题。而建筑界对环境艺术的研究，是 20 世纪 50 年代后期，从研究环境行为与环境设计效果的关系开始的，是从研究社会生态学、研究人对环境的心理行为要求，包括艺术审美需求开始的。

## 二、环境艺术在中国

**环境艺术在中国的崛起与发展**

我国环境艺术作为学科和行业，是自 1985 年起步的。1985 年，中国建筑学会在北京召开了中青年建筑师座谈会。建筑作为环境艺术的性质，在会上引起广泛的重视，与会的建筑师重温了《华沙宣言》(1981 年第 14 届世界建筑师大会通过，大会主题为“建筑・人・

环境”），会后，撰文探讨有关环境艺术问题。1987年，《中国美术报》专门召开了以环境艺术为主题的座谈会。与会的专家开始筹建中国环境艺术学会。1988年，《环境艺术》丛刊创刊号问世。1989年，中国环境艺术学会(筹)等举办“中国80年代优秀建筑艺术作品评选”，在海内外引起很大反响。

1992年10月8日，中国建设文化艺术协会环境艺术委员会成立。该会宗旨为：建筑设计、城市规划、环境科学、美学、造型艺术以及社会科学和人文科学各界人士携起手来，为提高人民生活环境质量，创造中国当代环境艺术，保障人类健康永续发展而努力。1995年元月，中国建设文协环境艺术委员会等主办的“中国当代环境艺术优秀作品”(1984～1994)评选结果公布。

近20年来，随着改革开放形势的发展，我国城市化的速度和规模空前地加快加大。城市建设、住宅区的建设速度与规模也是空前的。城市广场、街区、公共建筑、私人住宅开始加强环境设计与装修。环境设计与施工队伍急剧膨胀，每年的产值高达数百亿上千亿之多。这些环境建设都存在着十分迫切的艺术文化要求。

**我国环境艺术的现状**

我认为，我国城市公共环境艺术目前处于“正在上路”的阶段。为什么说环境艺术正在上路？因为环境艺术在我国“有行无学”，还没有成业，近年来，我国虽然有大量环境艺术的实践，但是，环境艺术作为一个行业和学科，在我国尚没有公认的科学的行业标准、行业规范，更没有进行相应的学科理论建设。环境艺术处于“有行无学”、“有行无业”、尚未成熟状态。值得重视的是，由于城市公共环境艺术的特殊性，其主角是建筑，是城市空间，是构成建筑与城市空间的材料、结构骨架、立意等。所以，规划师、建筑师在环境艺术设计中的主导作用就显得格外重要。而现在有些重要的环境艺术项目，因为对规划师、建筑师的作用认识不够，致使这些项目完成得不够好，这是令人遗憾的，我们应该充分重视规划师、建筑师在城市公共环境艺术设计中的主导作用。

## 三、怎样提高环境艺术水平

要提高我国整体的环境艺术水平，最重要的是要从观念、理论上解决问题。

**要有明确的环境艺术创作起点**

有人问现代主义和后现代主义的建筑大师菲利浦·约翰逊：您的建筑创作从哪里开始呢？约翰逊答：从脚底板(footprint)开始。这不愧是大师的回答。大师体验未来空间环境的主人角色是从脚下开始的。中国园林、中国建筑十分重视脚底板的感觉。作为景观尺度层次来说，这是“零层次”，不是视觉的感受，而是接触的感觉。特别是纪念性建筑，十分重视地面的做法、材料的选择。环境艺术创作从脚底板开始，也意味着从阅读大地、体验环境的需求和可能开始，从研究材料的优势和特点开始。

**要树立正确的环境艺术的理念**

关于环境艺术的概念目前还没有公认的定义，也缺少概括性的叙述。我认为，仅仅从现象学角度考虑这个问题是不够的，根据城市公共环境艺术本身的性质，可以给它下一个广义的定义和狭义的定义。广义上讲，城市公共环境艺术是“使城市环境艺术化”的工作。狭义上讲，城市公共环境艺术是“使环境中的每个对象环境艺术作品)环境化”的设计。

**要认清环境艺术的范畴和特点**

城市公共环境艺术的范畴是十分广泛的。包括城市公共环境的城市空间、道路、广场、桥梁、建筑物、建筑群、园林、雕塑、壁画、纪念碑、建筑小品，及至橱窗、广告、栏杆、花池、台阶、道路等人造景观；包括天空、山水、地形、水面、河流、树木、草地等自然景观；包括属于城市公共环境中起作用的但不是固定有形的东西，如人们的行为心理需求、习惯模式、人口构成特点、生产、生活、文化、交际要求等人文因素。由于城市公共环境艺术对象、空间、时间上的广泛性，使得它具有许多其他艺术门类不同的特点。它是多种艺术组成的有机整体，而不是建筑艺术、园林艺术、雕塑、壁画等机械的合成，也不等同于某一种艺术。环境艺术最大的特点是“环境的艺术化”和“艺术的环境化”，是环境与艺术的互动，这种互动处于最佳状态时的环境艺术作品，方是成功的环境艺术作品。

**要有科学的环境艺术的评价标准与条件**

环境艺术的评价标准具有模糊性和无定性。一个环境艺术作品，不会像一幅画、一尊雕塑、一栋建筑物那样，有比较简单而明确的评价标准。艺术作品的评价是比较复杂的问题。环境艺术作品的评价涉及多种评价标准。因此，迫切需要建立综合评价体系，才能协调多种标准各执己见的分歧。否则无法正确评价一个环境艺术作品。为了能在多种评价标准下作出适当的选择，我们要有多元化、多样化与一元化、主流化辩证统一的思想。在这里，我认为，以人为本应该是第一标准、主流标准。

环境艺术作品的评价，还可以根据观赏尺度、远近程度分为六个不同层次。钱学森先生曾提出中国园林是景观、园技、园艺三个方面的综合，并且分析了中国园林不同的观赏尺度和层次。受钱老这一思路的启发，我认为，可以补充观赏尺度的“零”层次和“无限大”层次。这两个层次对于实现环境艺术创作的目标有着格外重要的意义。“零”层次，即指人与某个景观对象(如栏杆)的距离为零，是人用身体接触景观对象的感觉和体验；“无限大”层次，指景观对象的意境，能够引起观赏者产生无穷的想象，不仅能超越眼前对象的几何时空，而且能超越它的历史时空(详见本书第 210 页表 2 园林景观不同景观层次、景观尺度及其观赏特征)。

著名的城市设计专家诺伯特·舒尔茨提出的“城市意象”，我国建筑学家梁思成提出的“建筑意”，都是对环境艺术综合效果提出的高层次的目标，追求相应的意境。高水平的环境艺术作品，不能只满足于“艺术的环境化”，更要追求“环境的艺术化”，即不但要有“境意”，更要有“意境”，达到“精神家园”的层次。

# 论钱学森建筑哲学思想

# 钱学森建筑哲学思想的由来与发展

哲学是总科学，是科学之母，是各类科学及其分支学科产生和发展的原动力和试金石。有科学的哲学思想才会有真正的各类科学及其分支学科的产生与健康成长。然而，我们从事科学研究与工程技术实践的同行，往往陷入已有的学科领域内做具体的学术研究和技术工程实践，难免有见树不见林，见流不见源的弊病。笔者也不例外，虽然写过“论钱学森建筑科学思想的五个理论”，但也有此类不足，这便是撰写本文的缘起。

## 一、弥足珍贵的文字之交

最近，我整理出的钱学森教授有关城市与建筑(钱老称之为宏观建筑与微观建筑)的书信，共计为150余封。按其内容大致可以分为四类：①有关城市学；②有关山水城市；③有关建筑科学；④有关建筑哲学、建筑文化等。四类书信均为30余封左右。

自1986～2000年，15年来，钱老与我，现在保存完整的书信共有56封。就其内容而言，主要是属于上述四类的后三类，即有关山水城市、建筑科学、建筑哲学与建筑文化等内容的书信。多是由哲学层次高度的精辟论述，从中可以看到钱老建筑哲学思想由来与发展的脉络，故就此做一些回顾与思考。

1987年5月4日，钱老关于建筑文化的信，是对我4月30日的答复。当时我把刊于《世界建筑》1987年2期的文章“新时期中国建筑文化的特征”寄钱老请教，同时请钱老对建筑文化写点意见。因为，此前的1986年，我们中国建筑文化沙龙与《科技日报》组织以“建筑·社会·文化”为题的征文，曾当面约请钱老为此写点文章，钱老当时同意以后写。1986年8月我及时收到过钱老的第一封回信，这是钱老给我的第二封信。像钱老这样的大科学家，能够亲自动手回信，使我很受鼓舞，于是后来我们之间有了长达15年的文字之交，让我深受教益。

与钱老的书信往来的内容是丰富多彩的，既有科学技术、哲学、文学艺术等内容，也包括钱老证明述科学思想、科学精神、方法以及学术民主意识等内容，都给我留下深刻的印象和珍贵的启迪。所以，几乎每次收到钱老复信，我都像过节一样高兴，反复地阅读、思考、领会钱老言简意深的书信以及他随信寄来的资料。

有时也会因为我去信的内容与钱老的想法“不谋而合”，得到钱老的鼓励而庆幸。如，1994年3月2日的信中说，“你在信中谈了信息体系，很好。我在这几年也一直宣传现代科学技术的体系，与你不谋而合!”随此信还寄了“论述钱学森有关科技革命与社会革命”的论文供我参考。

有时，由于钱老的点拨使我对有些百思不得其解的问题顿开茅塞，从而思想得以升华。如，钱老看到我寄去的《奔向21世纪的中国城市——城市科学纵横谈》一书后，他于1992年10月2日复信中提出，中外文化的有机结合，城市园林与城市森林结合的“21世纪的社会主义中国城市的模型”，引导我们有关未来城市的思维走向更加高远深刻。又如，1994年，我把《关于城镇规划与建设优化的思考》一文(刊于《基建优化》1994年3期)寄去请教，钱老11月4日复信说：“您的文章是一篇高层次的作品，实是讲建筑哲学，我们高等院校的建筑专业有这门建筑哲学课吗?”这里，钱学森提示我们关注在建筑教育和学术研究上的盲点。

回顾往来的通信中，钱老曾经多次帮我修改文章，而其中最为难忘的一次也是受益最大的一次，是他修改后来以《哲学·建筑·民主——会见鲍世行、顾孟潮、吴小亚时讲的一些意见》为题的文章。全文不过3000字，11个自然段，尽管当时钱老已85岁高龄，身体也很弱，但钱老从文章的标题、标点符号、错别字，以及几乎新写的一小段文字，字斟句酌地认真修改多达245处，体现出钱老的科学精神和对建筑界的精心帮助。

此事也体现了他的民主意识，当将修改审定稿寄给我时，信中他还特别郑重地嘱咐说：“至于这个不成熟的东西能否打印发给与会代表，请你和鲍世行同志商量，注意这是试探，不是结论。”

## 二、山水城市构想的提出与深化

21世纪被人们称作“城市的世纪”。21世纪中国城市如何发展？这是一个国内外瞩目的大问题，是我们必须研究、必须决策并开始实践的问题。

回顾早在20世纪80年代末90年代初，我国众多的有识之士便开始思索和研究未来世纪的中国城市发展模式。在这个大背景下，钱学森教授高瞻远瞩、富有创造性地及时提出了山水城市的科学构想，引起了国内外、城市建筑界内外的广泛关注与探讨，使中国未来城市发展模式的探索进入一个新的更加深入具体的阶段。回顾总结十多年来关于山水城市发展模式的理论研究与城市规划建设实践，会得到一些有益的启示。

“山水城市”这个概念的提出，虽然说最早见诸文字是出现在1990年7月31日给清华大学教授吴良镛的信，但是钱老这一构想的孕育已由来已久，大约为1958～1990年长达30余年。最早可以回溯到1958年3月1日，当时钱学森在《人民日报》发表了“不到园林，怎知春色如许——谈园林学”一文。

山水城市构想提出与深化的历程大致可分为三个阶段：思想理论准备阶段(1958～1990年)；联系实际的构想阶段(1990～1992年)；山水城市理论发展与实际推动阶段(1992～2000年)。以下分别对三个阶段作些简要的说明。

### 1. 山水城市思想理论准备阶段(1958～1990年)

从钱老1958～1983年的书信中，可以看出钱老的思想脉络，他是从对中国传统园林的热爱、感悟和研究开始的。这一期间他先后写了几篇对我国园林学、园林艺术颇具卓识创见的文章：

(1)《谈园林学》(1958年3月1日)；

(2)《关于园林艺术》(1980年1月26日)；

(3)《谈环境管理》(1982年11月2日)；

(4)《再谈园林学》(1983年7月23日)；

(5)《关于园林是艺术》(1983 年 6 月)；

(6)《创立独特的园林艺术部门》(1983 年 12 月 7 日)。

此时期他还与我国著名园林学专家陈从周、吴翼、陈明松等，以及中国园林学会、《中国园林》杂志、中国市长协会等交往、交流、讲学，探讨有关中国园林的理论与实践问题。最终，他系统地论述了中国园林的不同的观赏尺度和层次，明确了中国园林是 landscape、gardening、horticulture(即景观、园技、园艺)三个方面的综合，而且经过扬弃，达到更高一级的艺术产物——从理论上首次阐明了中国园林何以堪称“世界园林之母”。与此同时，他也在一直思考着如何把中国园林这一优秀的文化遗产与我国的城市建设实践结合起来的问题，从而为后来山水城市构想的提出作了充分的思想理论准备。

需要补充说明的是，1983～1990 年的 7 年期间，虽然未见到钱老直接论述园林和城市的书信，却发现钱老这几年比较集中考虑的是总体设计和开放的复杂巨系统等问题，在一定意义上也应看作是思想理论准备的重要方面。如，1983～1990 年期间，钱学森同志后提出“我国需要建立国民经济和社会发展的总体设计部”(1983 年)，创建农业知识密集型产业(1984 年)，钱学森与于景元、戴汝为提出开放的复杂巨系统概念(1990 年)，而且，早在 1984 年 11 月 21 日致《新建筑》编辑部的信中说，“为了 2000 年我想到两件事：一是发展工业化的建筑体系；二是构建园林式城市。”山水城市的雏形已见端倪。

**2. 联系实际的构想山水城市阶段(1990～1992 年)**

这在钱老先后给吴良镛(1990 年 7 月 31 日)、吴翼(1992 年 3 月 14 日)、王仲(1992 年 8 月 14 日)、顾孟潮(1992 年 10 月 2 日)的这四封信中表现的十分明确。

给吴良镛的信是因为读到《北京日报》、《人民日报》关于菊儿胡同危房改建为北京的四合院实践的报道，引发了他近年来的想法。他说自己近年来一直在想一个问题：能不能把中国的山水诗词、中国古典园林建筑和中国山水画融合在一起，创立山水城市概念？人离开自然又要返回自然。社会主义的中国，能建造山水城市式的居民区。

给吴翼的信是关于山水城市的第二封信。是探讨“在社会主义中国有没有可能发扬光大祖国传统园林，把一个现代化城市建成一大座园林？高楼可以建的错落有致，并在高层用树木点缀，整个城市是山水城市”。这封信对山水城市描述得更加具体。

给王仲的信是关于山水城市的第三封信。因为他是在和画家通信，所以提出“我国画家能不能开创一种以中国社会主义城市建筑为题材的城市山水画，”……实现艺术家的山水城市，也能促进现代中国的山水城市建设，有中国特色的城市建设——颐和园的人民化！这里钱学森已在思考如何促进山水城市建设问题。

关于山水城市的第四封信是给顾孟潮的，他直接提出 21 世纪中国城市向何处去的大方向问题，并且建议开个山水城市讨论会，发起对未来城市模式的讨论，成为这一历程的转折点。他在信中说：

“现在我看到，北京兴起的一座座长方形高楼，外表如积木块，进到房间则外望一片灰黄，见不到绿色，连一点点蓝天也淡淡无光。难道这是中国 21 世纪的城市吗？所以我很赞成吴教授提出的建议：我国规划师、建筑师要学习哲学、唯物论、辩证法，要研究科学的方法论(《奔向 21 世纪的中国城市——城市科学纵横谈》，116 页)。也就是说要站得高看得远，总览历史文化，这样才能独立思考，不赶时髦。对中国城市，我曾向吴教授建议：要发扬中国园林建筑，特别是皇帝的大规模园林，如颐和园、承德避暑山庄等，把整个城市建成一座超大型园林。我称之为山水城市。人造的山水！当时吴教授表示感兴趣。”

**3. 理论发展与实际推动阶段(1992～2000年)**

1992年10月9日我收到钱老10月2日这封信。感到此信非常重要，事关重大，便于当日向中国建筑学会理事长叶如棠报告此事，并附上钱老的信。10月16日我又给建设部侯捷部长写信报告此事。我信中说：“从信中的内容看，钱老的信绝不是写给我个人的。因为信的内容涉及到‘21世纪的中国城市向何处去’这个大问题，并提出山水城市的科学构想，极为重要，似应作为我部工作的重要文献，宜让更多的同志了解、学习和体会钱老的思考。”侯部长10月21日批示：“请周、储部长阅，要研究这方面的问题，此信可在将召开的城建工作会议上发给大家一阅。”10月24日周副部长对我10月18日给他信的批示为：这个问题提得很及时，要我们做许多工作，同意所提意见及侯捷同志批示，特别是宣传教育，提高社会对环境的认识，新成立的环境艺术委员会也以此为题，开一次座谈会，然后宣传报道①。由于中国建筑学会、建设部、中国城市研究会、中国规划学会、中建文协环境艺术委员会等行政领导、学术组织的共同重视和推动，从而实现了钱老山水城市讨论会的建议，以钱老山水城市的构想为契机，于是有关未来城市模式的学术研讨活动热烈展开，而且空前地深入和持久，历时十年多而不衰。

任何一个科学构想和学说从诞生到得到社会和历史的认可都是一个曲折艰难的过程。历史表明，某个构想与说法虽然经历了较长的孕育过程，但一问世，仍然要面对种种责难与摔打，首先会问这个构想是否科学？是否可行？如不能被世人和社会的习惯概念所理解时，甚至要遭到种种不幸乃至需要献身。因此真正要做到从人类未来的利益出发，提出某个科学构想和假说，也需要有创建新理论的勇气和决心。作为杰出的科学家钱学森教授当然深深理解这类教训，因此，钱老不仅提出山水城市构想，并且为这一构想的建立和实现，在耄耋之年尽最大的努力，发动更多的有识之士，共同来推进这一关乎未来世纪城市面貌的宏伟事业。

如前所述，山水城市的构想从孕育到诞生已经经历了30多个春秋，然而，它今后仍然会经受严峻和漫长的考验，或者可以设想，真正实施钱老这一构想，完善这一学说，大概还不是我们这一代人所能完成的，但我们觉得这是值得献出身心的伟业。

从钱老有关城市、建筑科学的书信文章的写作时间，也可以看出他对这一事业的执著。以写作的时间分，156篇中完成于1992～2000年期间的就达100多封(篇)，占总量的70%左右，足见钱老对其山水城市等科学构想和学说的建构、完善、实施乃至发动、推进的重视程度。此时期钱老直接关于山水城市的书信文章便达40余封(篇)，如最初提出山水城市概念的4封信中，3封写于1992年前。1993年初又为山水城市讨论会专门写了书面发言“社会主义中国应该建设山水城市”(1993年2月11日)。书信中更多地联系山水城市实施中的具体问题，如有关深圳建中国城的思考(1993年3月18日)，关于山水城市与现代科技(1995年5月11日)，关于垂直绿化(1995年7月5日)，关于立交桥(1994年11月4日)，关于轿车文明(1994年12月4日)，关于北京水环境(1995年7月14日)，关于哲学、建筑、民主(1996年6月4日)，关于城市规划与国土整治(1997年4月6日)等。

---

① 周干峙同志为环境艺术委员会会长，故有此说。

1998 年以来，钱学森又及时提出，应当在适当的时候总结山水城市建议(1998 年 5 月 14 日)，并提出了有关“宏观建筑”与“微观建筑”概念(1998 年 5 月 5 日)等。都是在有计划、有步骤地推动山水城市朝两个方面深入发展——一方面使其具体化、可操作化，能及早转化我国城市规划与建设的实践；另一方面使其更加科学化、理论化，形成更科学、系统的一种理论学说，以便涵盖更加广阔、丰富、全面的内容。

钱老以海纳百川的胸怀，率先、及时地总结我国几十个城市园林城市、山水城市、山水园林城市的理论与实践活动。设想把山水城市建设分为四个阶段(表 1)，并按此四个阶段进行规划建设(详见 1996 年 9 月 29 日给鲍世行的信)。

**山水城市建设的四个阶段** **表 1**

| | | |
|---|---|---|
| 一　级 | 一般城市 | 现存的 |
| 二　级 | 园林城市 | 已有样板 |
| 三　级 | 山水园林城市 | 在设计中 |
| 四　级 | 山水城市 | 在议论中 |

简而言之，钱老在山水城市构想的讨论、实施的发动与推进阶段，作出了艰苦的努力和巨大的贡献。具体体现在：“一会”的成功召开——山水城市讨论会的召开；“两文”的及时撰写——“社会主义中国应该建山水城市”和“哲学、建筑、民主——钱学森会见鲍世行、顾孟潮、吴小亚时讲的一些意见”两篇文章的发表；“三本书”——《杰出科学家钱学森论：城市学与山水城市》(1994)、《杰出科学家钱学森论：城市学与山水城市》(1996 增补版)、《杰出科学家钱老森论：山水城市与建筑科学》(1999)三本书的出版；以及众多尚未收入以上三本书的书信文章、讲话等。无疑，这些文献资料乃是研究社会主义中国城市建设理论与实践的文化宝库中的重要组成部分，是珍贵的精神财富，为我们今后的理论与实践提供了丰富的营养和广阔的思维空间。

## 三、钱学森山水城市构想的核心

关于山水城市构想的核心，鲍世行同志曾经把它概括为“尊重自然生态，尊重历史文化；重视现代科技，重视环境艺术；为了人民大众，面向未来发展”三句话。对此，钱学森教授在他给鲍世行同志的信中予以肯定，说：“这很好!”(详见鲍世行、顾孟潮主编：《杰出科学家钱学森论：城市学与山水城市》，第 420～427 页）这里分别对三句话作一点阐释。

### 1. 尊重自然生态，尊重历史文化

自然生态是山水城市的物质基础，历史文化则是精神基础，因为，“人离开自然又要返回自然”(钱学森语，见《城市学与山水城市》，第 47 页)。自然生态是山水城市的出发点与归宿。目前的城市规划与建设，基本上是以现状为核心和出发点的，思路比较狭窄；而山水城市的思路是以大自然环境为出发点，对城市化的估量与方式有新的、更宽广的思路。钱老倡导山水城市时号召我们，“要站得高看得远，总览历史文化”。因此，山水城市既是生态模式也是人文模式，是继承和发扬中华民族灿烂历史文化在城市领域的反映，其目的在于充分发挥自然潜力，有发挥人类自身文化的潜质和力量。

### 2. 重视现代科技，重视环境艺术

钱老曾说过：“城市与建筑是科学的艺术和艺术的科学。”作为一位科学家，他十分重

视在城市建设和建筑设计中运用现代科学技术。他在一封信中强调说“建设山水城市要靠现代科学技术，例如现在正在兴起的信息革命就可以大大减少人们的往来活动，坐在家里就能办公。因此有可能在下个世纪解决交通堵塞，空气噪声污染，从而大大改进生态环境。”(见《城市学与山水城市》，第573页)他还说：“要有中国文化，并不排除在建筑和城市建设中充分引用现代科学技术，相反，我们应将二者融合一体，构筑21世纪的山水城市。”(同前书，第544页)钱老从环境艺术角度多次强调，要形成“整体景观美”，每个城市要有“自己的特色”以及山水城市必须有“意境美”(同前书，第573页)。吴良镛教授也认为钱老这些观点“读之发人深省”。

**3. 为了人民大众，面向未来发展**

显然，“为了人民大众”是发展山水城市的目的，“面向未来发展”是发展山水城市的落脚点。在“社会主义中国应该建山水城市”一文中，钱学森教授在谈到借鉴中国古代园林手法之后说：“这是古代帝王所享受的建筑、园林，让现代中国的居民百姓也享受到。这也是苏扬一家一户园林建筑的扩大，是皇家园林的提高……这样的山水城市将在社会主义中国建起来，可见建设山水城市是为了广大的老百姓，这一点和古代中国建设颐和园、避暑山庄只是为了少数帝王是根本不同。”(同前书，第91页)面向未来发展指的是面向21世纪，钱老说：“所谓21世纪那是信息时代了，由于信息技术、机器人技术，以及多媒体技术、灵境技术和遥作技术(telescience)的发展，人可以坐在居室通过信息电子网络工作。这样，住地也是工作地，因此，城市结构将会大改变。一家人可以生活、工作、购物，让孩子上学等都在一座摩天大厦，不用坐车跑了。在一座座容有上万人的大楼之间，则建成大片园林，供人散步游息。这不也是山水城市吗?”(同前书，第103页)

在《城市学与建筑科学》一书即将付梓的1999年元旦，我们在此书跋文最后一段写道：“当今世界上对钱学森教授城市学、山水城市等理论的认同，中国近年来在山水城市方面的实践，已使我们看到21世纪五彩缤纷的曙光！让我们努力吧！”这段话既表达了当时我们完成第三本有关山水城市专著的良好背景和欢愉心情，也应验了后来会有幸完成了第四本《宏观建筑与微观建筑》、第五本《钱学森建筑科学思想探微》……事实表明，山水城市理论与实践的发展、深化和提高，乃是国内外同道有目共睹的可喜现象。

正如两院院士周干峙先生所指出的：“钱老提出山水城市的构想和建议有深远意义，是适时的。它是一颗引导我们发挥创造性的导弹。”

这种创造性既体现在山水城市座谈会的及时召开和五本专著的出版，更体现在国际社会对城市学和山水城市构想的热烈反响，又体现在国内30多个城市的山水城市理论与建设实践。

## 四、建筑科学大部门的建构

我们坚信，钱学森有关建立建筑科学体系和建立建筑科学大部门的思考和建议，将引领我们在建筑科学的广泛领域和诸多的层级上实现建筑科学的世纪性突破。

为了吸引更多的同道者参与建筑科学大部门的建构，这里从以下四个方面进行回顾和思考：

(1) 现代科学技术体系与建筑科学技术体系；

(2) 钱学森关于建筑科学大部门的思路历程；

（3）钱学森论建筑哲学；

（4）回顾建筑与微观建筑的理论与实践。

**1. 现代科学技术体系与建筑科学技术体系**

钱学森是一位忠诚的、自觉的马克思主义者。20 世纪 30 年代初，他便读了普列汉诺夫的《艺术论》、布哈林的《历史唯物主义理论》等书。1950～1955 年，又潜心研读了恩格斯的《自然辩证法》和马克思的《资本论》，“从而成为自觉地运用马克思主义理论来指导科学研究的科学家的典范”（见《钱学森》第 206 页）。

1956 年，钱学森明确提出要用马克思主义研究交叉学科。于是，众多的交叉学科包括建筑学、园林学很快地进入了他的视野。

早在 1982 年，钱学森在其创立的现代科学技术体系中，已把现代科学技术划分为六个大部门，同时设想文学艺术也有六个大部门：①小说杂文；②诗词歌赋；③建筑艺术；④书画造型艺术；⑤音乐；⑥综合性艺术(戏剧、电影、舞蹈、歌剧等)（见《科学的艺术与艺术的科学》，第 129～134 页）。但是，钱学森首创并不断发展的现代科学技术体系得到建筑界朋友的重视则是较晚的事情。

钱学森认为，科学学是把科学技术的研究作为人类社会活动来研究的，研究科学技术的规律，研究科学技术与整个社会的关系。所谓马克思主义的科学学，是指用马克思列宁主义、毛泽东思想的立场、观点和方法来研究科学学。因为科学学是一门社会科学，必须如此(《论人体科学与现代科技》，第 284 页)。科学学的一个重要内容是科学技术体系学(另外两个分支学科是科学能力学和政治科学学)，也就是科学技术的分门别类，各门学科之间的相互联系，学科体系的发展、演变，新学科的成长和老学科的消亡或重新划分(同上书，第 285 页)。因此，钱学森在 1979 年 10 月就呼吁尽早建立系统科学体系，而且他自己率先垂范，从系统科学做起。当时他列出的 14 门系统工程已包括“环境系统工程”，并注明其专业特有的学科基础为“环境科学”，已开始与作为环境科学和艺术的“建筑学”相遇。

随后，于 20 世纪 80 年代，钱学森在中央党校讲课时，首次把人们心目中习惯的自然科学和社会科学两大部门扩展到八个，加上数学科学、系统科学、思维科学、人体科学和文艺理论，形成一个体系。过了几年又加上地理科学、行为科学。

1996 年 6 月又提出建筑科学的设想，在这个过程中曾与建筑专家及城市专家谈过。总之，现代科学技术体系是基于各门科学研究对象，都是统一的物质世界，区分只是研究角度不同。这就从根本上拆除了以往各门学科之间仿佛不可逾越的界限，也必然使辩证唯物主义与各门学科内在地紧密地熔铸在一起(《系统研究》，第 145 页)。

钱学森同志把这个集大成智慧和个人心血与智慧的统一的完整的现代科学技术体系，简练集中地体现在他的现代科学技术体系图上。

这个体系的纵向分为三大层：最高层是马克思主义哲学，即人类一切知识的最高概括；从智慧形成的高度，以“性智”与“量智”来概括各学科即文艺活动与面向两种类型智慧的形成和影响；最下面的一层是现代科学技术 11 个大部门。它们分别通过 11 座“桥梁”把马克思主义哲学与 11 个大部门联系在一起。在每个大部门中，又分成基础理论、技术科学及应用技术三个层次。在 11 个大部门之外，还有未形成科学体系的实践经验的知识库，以及广泛的大量成文与不成文的实际感受，如局部的经验、专家的判断、行家的手艺等等，也都是人类对世界认识的珍宝，不可忽视，亦应逐步纳入体系。

直到 1994 年 2 月 1 日钱学森同志给顾孟潮的信中，才正式地向建筑界提出要重视现代科学技术体系的问题，并推荐了钱学敏同志文章“科技革命与社会革命——学习钱学森有关思想的心得”，使我们进一步体会钱学森建立城市学、建设山水城市科学关系的思路背景，认清“现代城市本身就是一个开放的复杂巨系统”（见《城市学与山水城市》，第 129 页，第 208～226 页）。

同一年，即 1994 年 1 月 4 日，钱学森给顾孟潮的信中，又首次明确提出我国高等院校建筑专业有否建筑哲学课的问题，启发我们重视建筑哲学在建筑科学体系中的桥梁作用。遂后才有了顾孟潮同志提出的建筑科学技术体系的框架。钱老见到此图后，在 1996 年 6 月 23 日给顾孟潮的信中说，“关于现代科学技术体系中再加一个新的大部门，第十一个大部门——建筑科学。6 月 4 日我们谈得好，但当时我还不知道您的‘规划设计、建筑哲学、科学技术、艺术综合系统结构示意图’，原来您在两个月前就想到这个问题，我佩服您的深刻预见！”同时，他指出：“在我们现在这十一个大部门的体系中有许多跨部门的学问。您的‘示意图’中的灾害社会学属地理科学大部门，而人际关系学属行为科学大部门。”（见《山水城市与建筑科学》，第 65～66 页）

**2. 钱学森关于建筑科学大部门的思路历程**

1996 年 6 月 4 日，杰出科学家钱学森在会见《城市学与山水城市》一书编者时，提出建立一个大部门——建筑科学的问题。同时强调说“建立一个大的科学部门，不是一两个学科”是“第十一个大部门”，并且解释说“建立一门科学，真正的建筑学，它要包括的第一层次是真正的建筑学，第二层次是建筑技术性理论包括城市学，然后第三层次是工程技术包括城市规划。三个层次，最后是哲学的概括。”（详见《山水城市与建筑科学》，第 5～7 页）

钱学森提出建筑科学大部门的理论根据是什么呢？

他在同一次谈话中基本上回答了这个问题。他的理由是：

(1) 建筑真正的科学基础要讲环境等；

(2) 建筑与人的关系实际上是建筑科学技术的基础理论；

(3) 真正的建筑哲学应该研究建筑与人，建筑与社会的关系；

(4) 建筑是科学技术；

(5) 这一大部门学问是把艺术和科学揉在一起的，建筑是科学的艺术，也是艺术的科学；

(6) 我们中国人要把这个搞清楚了，也是对人类的贡献。

仅就 1980～2000 年这 20 年间钱学森孕育建立建筑科学大部门的思路历程，大致可以分为四个阶段，每个阶段都有其当时的侧重点：1980～1985 年是创立独特的园林艺术门类的阶段；1985～1992 年是建议建立城市学学科的阶段；1990～1996 年是建议建设山水城市阶段；1994～2000 年是建议建立建筑科学大部门阶段。

从以上所说四个阶段看，建立建筑科学大部门思路的具体思想理论来源为这四个方面：

(1) 对中国优秀的传统园林学、园林艺术的热爱、研究和把握；

(2) 以系统科学观念和方法把城市看成开放的复杂巨系统，以科学学的研究方法，考虑科学技术体系问题；

(3) 联系城市改造、居住区建设实践思考未来城市结构、模式、面貌和总体设计问题；

(4) 综合考虑城市、园林、建筑等有关学科在现代科学技术体系中的定性、定量、定层级的问题。

显然，钱学森教授这种全局在胸、总览历史文化，从宏观上整体把握现代科学技术体系，又从我国角度深入调查研究，不断总结经验，形成理论内核、建立科学技术理论体系的思路和方法，十分值得我们学习、借鉴与运用。

另外，钱老认真彻底的科学精神和十分重视学术民主的作风给我们留下深刻印象。这正是他之所以能集大成、成大智慧的重要原因之一。钱老无论在什么场合，都能与科技专家们融洽平等地讨论问题，兼采众议，从而在很短的时间内能熟悉某个科学领域，抓住关键问题，找到新的突破点。

1996 年 6 月 4 日那天他会见我们，以及后来修改讲话录音整理稿都体现出这种精神和作风。据钱老秘书介绍，近年来，钱老已闭门谢客，会见我们是很“破格”的。可见钱老对于建筑业，对于建立建筑科学大部门及其建筑科学技术体系的重视程度。会见当天，我们准时到达，见钱老已提前站在那里等候我们。随后，钱老开始有问有答地整整讲了一个多小时。在和谐亲切交谈中，我们注意到，钱老手边放着他亲笔写的提纲，以及台湾叶树源教授的《建筑和哲学观》一书，《经济日报》关于塑钢窗报道的剪报等，显然，他对这次讲话有充分准备。

## 五、钱学森论建筑哲学

钱学森对运用马克思主义哲学原理可以指导解决现代科学所遇到的种种问题深信不疑。他以其深厚的哲学、科学技术、艺术素养，以及多方面的理论积累和实践经验为基础，将现代科学技术、艺术知识概括为十一个大部门，马克思主义是人类科学知识的最高概括，每个部门必须用马克思主义哲学作指导。他指出，从这些科学部门到马克思主义两者之间都应有各自的桥梁。

如，自然科学的桥梁学科便是自然辩证法，社会科学的桥梁学科是历史唯物主义，数学学科的桥梁学科是数学哲学，思维科学的桥梁学科是认识论，人体科学的桥梁学科是天人观等等，作为建筑科学大部门的桥梁学科就是建筑哲学。

钱学森认为：“所有这些桥梁都是马克思主义哲学的基础构成部分。它们与马克思主义哲学的核心——辩证唯物主义一起，组成了马克思主义哲学大厦。”（《钱学森》，第 248 页），这就是钱学森对如建筑哲学等这类部门哲学，在现代科学技术体系中的地位和作用的界定。因此，钱老提出建立建筑科学大部门思路同时，必然要强调研究建筑哲学问题，这乃是顺理成章的事情。

况且，早在 1982 年 7 月，钱学森教授在《系统理论中的科学方法与哲学问题》一文中，便十分明确地说：“我认为文学艺术里这个高的台阶，或者说最高的台阶，是表达哲理的，是陈述世界观的。”同时，他以唐代大诗人李白生命最后一年的长诗《下途归石门旧居》、宋朝女词人李清照《夏日绝句》为例说，“生当作人杰，死亦为鬼雄，至今思项羽，不肯过江东。”在这四句中，也有她的人生观、宇宙观（《科学的艺术与艺术的科学》

（第208～209 页）。因此，无论是在对待科技问题或文学艺术问题上，钱老都十分重视这个“桥梁”和“最高台阶”。他对于建立建筑科学大部门过程中的建筑哲学理论建构问题十分重视也是必然的。这些思想集中反映在已出版的钱老的书信和文章中，尤其是在 1996 年 6 月 4 日的讲话中。

钱老在这篇讲话中开宗明义地指出：“研究建筑哲学的根本目的在于，要坚定不移地用马克思主义哲学指导我们的工作。现阶段坚持马克思主义哲学，就是正确处理邓小平关于就是必须走有中国特色的社会主义道路，既不能仿古不变，又不能跟着外国人跑，要有自己的独创。”（《山水城市与建筑科学》，第 3～8 页）

我体会，钱老这里所说的，建立一个建筑科学大部门，以及建构建筑哲学、建筑科学体系和实行学术民主，这一切便都是用马克思主义哲学指导建筑界工作，带有战略性、全局性指导意义实践行动。为达到这一战略目标，钱老更具体地指出，“把建筑科学提高到哲学，概括到哲学，那就是我在给叶教授信中说的：‘你到底是唯心主义，还是唯物主义？’真正的哲学应该研究建筑与人、建筑与社会的关系”。这里一针见血地明确指出，建筑科学研究中常常有见物不见人，见技术不见社会的毛病。费孝通教授也曾对我们建筑院校没有社会学方面的课程而感慨，他说：“目前我国城市教授中大量存在的社会学问题。”与钱老的认识略同。

特别令建筑界朋友不能不为之感动的是，为了推动这个建筑科学教授事业的发展，钱老可谓呕心沥血，他不仅对建构建筑哲学、建立建筑科学大部门工作做了一系列高屋建瓴的原则性指示，而且有时候几乎是在手把手、口传心授地具体指导这些工作的进展。例如，自从他 1994 年 11 月 4 日在给顾孟潮信中提出我国高等院校建筑专业有否建筑哲学这些课的问题之后，一直关注着这方面工作的进展情况。1995 年 10 月 24 日，我向他汇报“东南大学准备开设建筑哲学课，并拟请我担任客座教授开此课”的消息后，他 10 月 26 日立即给我回信，指出“史与哲是紧密相关的！在今天的中国讲建筑哲学意义重大，它与我们提倡山水城市有关；我们要用哲学来开拓我们的视野，把有关城市作为一个整体建筑来考虑。”（《城市学与山水城市》，第 606～608 页）

后来于 1996 年 12 月 29 日，我向钱老汇报在东南大学开设建筑哲学课的情况，并附上选修建筑哲学课的研究生文章《迈开第一步》时，钱老 4 天后(1997 年 1 月 2 日)便写来回信指导我的教学说，“我对您开设研究生课，讲建筑哲学并鼓励学生提出自己的意见，并取得成功，表示祝贺！”还指出：“感到一个问题，即：学生说了自己的看法后，您这位老师有没有再做个总结或小结？说明什么解决了，什么还没有解决，留待今后大家努力。民主讨论之后不能没有集中，是‘集中领导下的民主’嘛。”（《山水城市与建筑科学》，第 147～149 页）能得到钱老如此无微不至的一系列指导，成为我前进的极大动力，大大加强了我们建构建筑哲学理论的信心、决心和进度。

## 六、有关建筑学基本概念的哲学概括

建构建筑哲学理论必须科学地界定它的基本概念，采取科学的方法进行定性定量的分析和综合。钱老在这方面给我们做出典范。他对建筑学概念的哲学概括便是一个很好的例子。

1998 年 5 月 5 日，钱学森教授关于“宏观建筑”与“微观建筑”给顾孟潮、鲍世行的信中说："我近日想到的一个问题是，如何把建筑和城市科学统归于我们说的'建筑科学'，同时又提高山水城市概念到不只是利用自然地形、依山傍水，而是人造山和水，这才是高级的山水城市。我建议将'城市科学'改称为'宏观建筑'（Macroarchitecture），而现在通称的'建筑'为'微观建筑'（Microarchitecture）。这是提高一步，二位以为如何？（人造山即大型建筑）。"（《山水城市与建筑科学》，第 222 页）

钱学森教授 1998 年 5 月 5 日这封信首次提出宏观建筑（学）与微观建筑（学）的概念，其目的是"把建筑和城市科学通归于我们说的'建筑科学'"。显然，这是在界定建筑科学技术体系中关键术语概念的内涵和外延，给予科学的定义，属于坚持理论研究中第一位和第一步的工作。钱老这里还以山水城市为例，称"人造山"为"大型建筑"。

对于钱学森教授这一建议的示范性及其理论价值和实践意义，需要我们认真领会和研究。我初步的体会是，其理论价值和实践意义主要体现在以下四个方面：①科学是内在的整体；②把还原观和系统观结合起来；③建筑科学理论建构要定量与定性相结合；④建筑哲学是建筑科学的带头学科。

**1. 科学是内在的整体**

钱学森教授 1990 年在讲到开放的复杂巨系统时说：德国著名物理学家普朗克认为，"科学是内在的整体，它被分解为单独的整体不是取决于事物的本身，而是取决于人类认识能力的局限性，实际存在着从物理到化学，通过生物学和人类学到社会学的连续链条，这是任何一处都不能打断的链条"。自然科学和社会科学的研究颠覆了这根链条。伟大导师马克思早就预言："自然科学往后将会不给予人类的科学总括在自己下面，正如人类的科学把自然科学总括在自己下面一样：它将成为一个科学。我们称这种自然科学和社会科学成为一门科学的过程为自然科学和社会科学的一体化。"（《论人体科学与现代科技》，第 490 页）

显然，钱学森正是循着这样的思路前进而有所创造的，他首先打破了自然科学和社会科学、文艺理论的界限，构想出现代科学技术体系。现在，在其科学技术体系的基础上又提出宏观建筑与微观建筑的概念，也是在体现建筑科学是内在的整体这一客观规律。

**2. 把还原观和系统观结合起来**

钱学森教授这一建议，再次体现了他研究学问是把还原观和系统观结合起来的科学做法。早在 1983 年的一次谈话中他说："一个复杂的系统可以出现一种功能或性质或它的运动，而这些功能、性质、运动从它的组成部分着眼的话，你从来也不会想到。从整体来看，它的性质、功能可以不同于它的每个组成部分所具有的性质、功能、运动。研究一个问题要把它解剖，研究更下一级、更细的东西，一层一层地往下解剖，这是还原观，要解决问题得走这一步，不走其他的，这就成了还原论了。还原论是错误的……"（《论人体科学与现代科技》，第 316 页）

同样的道理，城市与建筑科学的问题中，建筑应当是隶属于城市系统的建筑，城市应当说是基于建筑基础上的城市。钱学森教授在此均用"建筑"这个概念，便于沟通二者，体现了在建筑科学上的还原观与系统观的结合。

**3. 建筑科学理论建构要定量与定性相结合**

钱学森教授认为，"现代城市是一个开放的复杂巨系统"，同时他主张"用定量到定性相结合的方法研究开放的复杂巨系统"。认为，在复杂的巨系统中"不但子系统的数量非常多，上亿，几十亿，而且这个系统的种类花样也非常多，不是几种，十几种，而是成千上万种花样。花样多了，子系统相互作用规律也是花样非常多。”（《论人体科学与现代科技》，第220～224页）

作为开放的复杂巨系统的城市与建筑科学也具有这种特征，因此钱老特别提出宏观与微观两极的概念，启示我们做进一步定量与定性相结合的还原化与系统化的工作。1980年初，钱学森教授对于园林艺术层次的分析在这方面为我们做出了榜样。他在定量方面，按照大小不同的观赏尺度，把园林艺术定性为六个层次：①盆景；②窗景；③庭院；④宫苑；⑤风景区；⑥大风景游览区。钱老提倡这种定量与定性相结合的方法，对于我国建筑科学(不仅是园林学、园林艺术)的研究有极大的推动作用。

**4. 建筑哲学是建筑科学的带头学科**

在学科研究工作中，钱学森教授十分重视学科的名称、术语概念的科学界定。

在他1997年3月16日给顾孟潮的信中强调：“建筑哲学是建筑科学大部门的带头学科，大家要好好思考，包括您的学生。”（《山水城市与建筑科学》，第168页）

如前所说，钱学森教授把建筑哲学看作建筑科学通向马克思主义哲学的“桥梁”和建筑艺术的“最高台阶”，这次又用了“领头学科”的提法。这确实需要我们好好思考。进行科学的哲学对话一个首要条件，就是所运用的术语、理论概念必须准确科学。钱学森就是用这样三种提法为建筑哲学这门学科定性，是在为建构建筑哲学做奠定理论基石的工作。

记得，在此前的1996年9月16日，钱学森教授经过反复斟酌后，对一位同志关于建筑科学大部门的哲学概括可否用“建筑美学”的问题作了如下批示：

“建筑科学大部门的哲学概括该叫什么？如用‘建筑美学’则偏于其艺术内容了，所以还是称‘建筑哲学’为妥”。

以上是我从建筑哲学的角度对钱学森教授有关建筑哲学思想的由来与发展的回顾与思考，期望能引起更多有兴趣的同志进行研讨交流和得到指正。

**【主要参考文献】**

[1] 顾孟潮. 论钱学森关于建筑科学的五个理论 [J]. 中国工程科学，2003(11).

[2] 顾孟潮. 新时期中国建筑文化的特征 [J] 世界建筑 1987(2).

[3] 顾孟潮. 关于城市规划与建设优化的思考 [J] 基建优化 1994(3).

[4] 鲍世行，顾孟潮. 杰出科学家钱学森论：山水城市与建筑科学 [M]. 北京：中国建筑工业出版社，1999.

[5] 鲍世行，顾孟潮. 杰出科学家钱学森论：城市学与山水城市 [M]. 北京：中国建筑工业出版社，1994.

[6] 胡士弘. 钱学森 [M] 北京：中国青年出版社 1997.

[7] 钱学森. 论人体科学与现代科技 [M]. 上海：上海交通大学出版社，1998.

[8] 许国志. 系统研究 [M] 杭州：浙江教育出版社，1996.

[9] 叶树源. 建筑和哲学观 [M] 台湾：世峰出版社，1983.

[10] 钱学森. 科学的艺术与艺术的科学 [M]. 北京：中国人民文学出版社，1994.

[11] 鲍世行，顾孟潮，涂元季，钱学森. 宏观建筑与微观建筑 [M]. 杭州：杭州出版社，2001.

# 钱学森关于建筑科学的五个理论

## 一、前言

钱学森，20 世纪的科学巨匠，他在建筑科学领域也颇有建树，他为建筑科学作出了开拓性的贡献。

钱学森明确地为建筑科学大部门定位，为建筑科学体系定位；他为建筑科学贡献了一种未来城市发展模式——山水城市；他为建筑科学确立了三个领头学科——建筑哲学、城市学和园林学。

追溯钱学森建筑科学思想发展的历程，笔者将其分为四个阶段，即思想孕育阶段(1958～1990 年)，概念形成阶段(1990～1993 年)，理论发展和推动实施阶段(1993～1996 年)，理论升华阶段(1996 年至今)[1]。

钱学森十分重视基础理论，十分重视领头学科对于整个学科的理论创新、源头创新的带头作用。在钱学森的科学活动的每一个时期，对研究的每一个科学对象，他始终如一地都是按照实践—理论—实践的思维规律进行的。

笔者曾将 6000 年的建筑价值观念变迁过程划分为六个里程碑时代[2]，即实用建筑学时代、艺术建筑学时代、机器建筑学时代、空间建筑学时代、环境建筑学时代和生态建筑学时代。其中每一个时代都有其突出代表人物，如实用建筑学时代的维特鲁威；艺术建筑学时代的米开朗琪罗、拉斐尔、达·芬奇；机器建筑学时代的勒·柯布西耶；空间建筑学时代的布鲁诺·赛维等。

这些各个时代的代表人物，以其代表时代的建筑哲学思想或以其代表时代的作品，为建筑科学的发展作出了里程碑式的贡献，在各个时代推动了建筑科学技术与艺术的发展。

杰出科学家钱学森以其对建筑科学的卓越贡献，在 20 世纪的建筑科学发展史上，也书写了他的精彩华章。

## 二、建立一个大科学部门——建筑科学

钱学森说："要迅速建立建筑科学这一现代科学技术大部门，并用马克思主义哲学为指导，以求达到豁然开朗的境地。我想这是社会主义中国建筑界、城市科学界同志的不可推卸的责任。请考虑。"他呼吁："现代科学技术体系中再加一个新的大部门，第 11 个大部门：建筑科学。"[3～5]

钱学森详细论述了建筑科学体系的层次结构，他说建筑科学"要包括的第一层次是真正的建筑学，第二层次是建筑技术性理论，包括城市学，第三层次是工程技术，包括城市

规划。三个层次，最后是哲学的概括”（表1）[4]。

建筑科学的层次 表1

| | |
|---|---|
| 马克思主义哲学——人认识客观和主观世界的科学 | 哲　学 |
| 建筑哲学 | 桥　梁 |
| 建筑学 | 基础理论 |
| 现在的建筑学及城市学 | 技术科学 |
| 现在的建筑设计及城市规划 | 工程技术 |

钱学森认为，在建筑科学特有的结构层次中，建筑哲学(包括宏观建筑与微观建筑)是通向马克思主义哲学的桥梁。

钱学森强调，建筑科学是把艺术和科学揉在一起的，建筑是科学的艺术，也是艺术的科学。[4]他主张：“我们有5000年的文明史，一定要用历史的观点来看问题，要看到人以及人所需要的建筑。建立一个大的科学部门，不只是一两门学科。”[6]

钱学森的这一理论是他总览科学历史文化，经过多年思考与探索逐步完成的。

1982年，钱学森提出将建筑列入文学艺术大部门[7]；1983年，钱学森提出在我国建立园林学[8]；1985年，钱学森提出建立城市学[9]；1990年，钱学森提出未来城市发展模式——山水城市[10]；1994年，钱学森提出要重视建筑哲学在建筑科学体系中的领头作用[11]；1996年，钱学森提出建筑科学技术体系及建立建筑科学大部门的问题[3]；1998年，钱学森提出宏观建筑与微观建筑概念[12]。

在此之前，钱学森对现代科学技术体系曾有一个构想，他认为这个体系应包括：马克思主义哲学及10架桥梁和10大科学技术部门：自然科学、社会科学、系统科学、数学科学、思维科学、人体科学、行为科学、军事科学、地理科学、文艺理论等。1996年，钱学森正式将建筑科学列入他的现代科学技术体系的整体构想图中，成为第11个大科学部门(图1)[13]。

笔者认为，钱学森为建筑科学大部门定位的理论，有几点是十分重要的。

钱学森在定位理论中，对建筑科学在人类文化中的作用给予了充分的肯定。他把建筑科学与自然科学、社会科学等大部门并列，作为第11大部门列入了现代科学技术体系，在建筑科学中具有突破性的意义。

钱学森把建筑科学置于现代科学技术体系的全体之中，从现代科学技术体系的全局来理解建筑科学，他强调科学是个整体，它们之间是互相联系的，而不是相互分割的。这样，建筑科学就不再是一个孤立的与其他大部门割裂的部门。由于广泛地汲取了其他大部门的学术营养，促进了建筑科学这个大部门的发展，使建筑科学成为一门生机勃勃的学科。

在如何划定建筑科学的层次这个问题上，钱学森明确把建筑科学划分为基础理论、技术科学和应用技术这三个层次。他对划分的原则作了如下的说明：“由于人认识客观世界是为了改造客观世界，我们划分层次可以按照是直接改造客观世界，还是比较间接地联系到改造客观世界的原则来划分。”就是分为间接改造客观世界的理论层次——基础理论层次，直接改造客观世界的工程技术——应用技术层次和介乎这两者之间的技术科学层次的原则[12]。

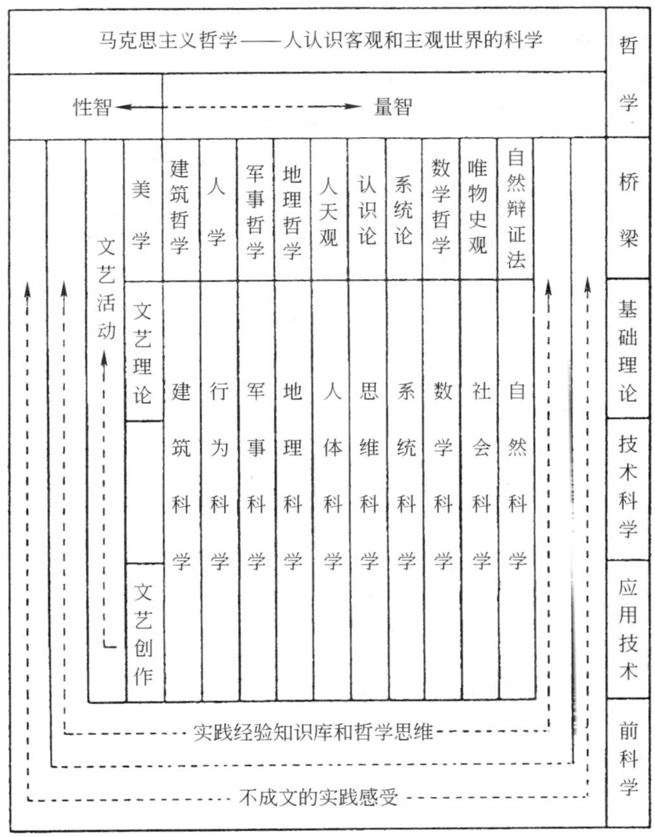


图1　现代科学技术体系构想

在为建筑科学体系定位时，钱学森十分重视建筑哲学在建筑科学中的作用，他指出："建筑哲学就是要用马克思主义的世界观和方法论来认识建筑，是要用辩证唯物主义和历史唯物论的观点和方法来看待问题，是要解决为谁服务的根本问题。建筑哲学是建筑科学通向马克思主义哲学的桥梁。"[5] 他强调："真正的建筑哲学应该研究建筑与人、建筑与社会的关系。"[3]

钱学森在他的建筑理论中提出了宏观建筑与微观建筑的理念，这是建筑科学思想的深化与升华。钱学森说："我近日想到一个问题是如何把建筑和城市科学统归于我们所说的'建筑科学'，我建议将城市科学改称为宏观建筑，而现在通称的建筑改称为微观建筑。"[12] 钱学森在理顺建筑科学内的层次关系时，具体界定了建筑科学技术体系之中的建筑科学定义的内涵和外延，这是对建筑科学基础理论研究作出的又一突破性的工作。

钱学森对建筑科学的定位理论有以下几点意义：

(1) 首创性。钱学森的建筑科学"定位"理论大大提高了建筑科学的学科地位，大大开拓了建筑科学的视野和领域，把建筑科学的研究提高到前所未有的高度，使社会各界对建筑科学在人类文化发展中的地位和作用有了新的思考和认识。

(2) 奠基性。钱学森的建筑科学"定位"理论，对整个建筑科学的发展具有奠基性的意义，它给了人们一个新的关于建筑科学理论体系思维的一个总框架，从这一总框架出发，将会大大地开拓建筑科学理论的思维空间。

(3) 钱学森的建筑科学“定位”理论是从现代科学技术体系整体思维出发而界定的。钱学森对待建筑科学对象，是把还原观与系统观结合起来，既重视还原分析也重视系统综合地处理建筑科学这一科研对象，这对于我们从事建筑科学的研究具有示范性的方法论意义。

(4) 开放性。钱学森的建筑科学“定位”理论，具有开放性的意义，他的建筑总框架的提出，需要有更多的有志于这一事业的人进行接力式的研究，采取学术民主的、百家争鸣的、平等讨论的方式进行研讨。在这方面钱学森是这样主张的，他本人也是这样身体力行的。

## 三、建筑科学的“最高台阶”——钱学森为建筑哲学定位[14]

1994 年 11 月 4 日，钱学森建议在我国高等院校的建筑学专业开设建筑哲学课[11]。他说，建筑哲学是建筑科学的领头学科。

明确建筑哲学在建筑科学的领头地位，用建筑哲学带动建筑科学的进步，是钱学森建筑科学思想的又一重要理论。

分析钱学森的建筑科学思想可以看到，建筑哲学，城市学和园林学，这三者是钱学森为建筑科学大部门定位的三大理论基石。认识和把握这三大理论基石，认识和把握钱学森建筑科学体系的整体构思，是达到钱学森所说的“对建筑科学认识的豁然开朗的境界”的前提。

今天建筑界的现状离钱学森的愿望相距甚远，建筑理论被普遍忽视。不少人认为，建筑不就是盖盖房子吗？砖瓦泥沙石里有什么建筑哲学？这种见物不见人，见技术不见思想的观念也是建筑界长期裹足不前的原因。

因此，长期以来，我国并未形成自己的建筑理论，有人把建筑当作房子，有人把建筑当作绘画，有人把建筑当作雕塑，有人把建筑当作住人的机器，当作空间艺术等等，对建筑有各种解释，就是不把建筑当作“建筑”。

钱学森一针见血地指出：“建筑真正的科学基础要讲环境。”[3]

这符合《华沙宣言》的精神。1981 年国际建筑师协会第 14 次世界建筑师大会通过的《华沙宣言》就曾明确指出：“建筑学是为人类建立生活环境的综合艺术和科学。”[15]

这也符合老百姓千百年来对居住环境的期望。我国明代学者文震亨早在 400 年前就憧憬着居住环境应达到的“三忘”境界，即“令居之者忘老，寓之者忘归，游之者忘倦”[16]。

强调建筑哲学的领头地位会对建筑科学起到什么样的作用呢？

建筑哲学是对建筑科学技术的哲学的概括，它从总体上把握着建筑科学的本质和特点。

建筑哲学又是马克思主义哲学在建筑科学中的具体运用，它体现着哲学对各大科学部门的指导作用和带头作用。

笔者曾绘制一个图表(图 2，此图得到了钱学森的首肯)，从此图表中可看清建筑哲学在建筑科学体系中的位置。

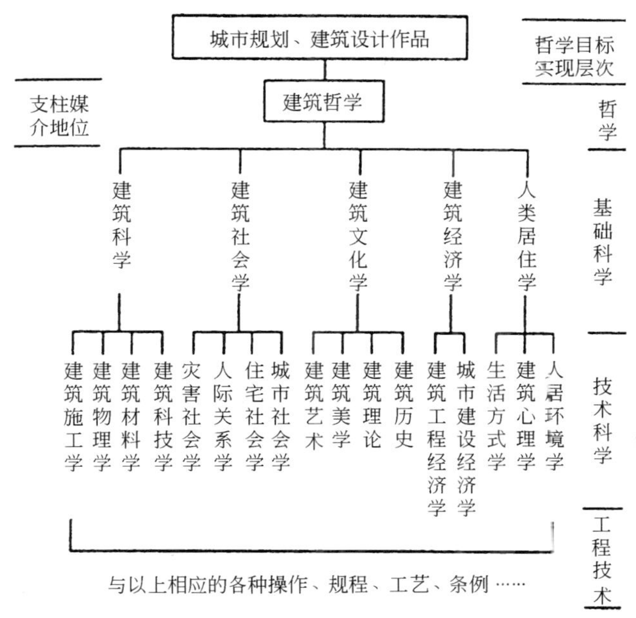


图 2　建筑科学技术体系图[6]

钱学森多次表明他的建筑哲学观念。他说："建筑哲学是建筑科学技术大系统中的带头学科，是建筑科学技术体系大系统中最高哲学概括和最高台阶。"[3]

钱学森多次强调建筑哲学的重要性，他认为建筑哲学既是科技哲学，又是艺术哲学和社会哲学，它对整个建筑科技体系的建构和发展同样具有桥梁作用、带头作用。

钱学森多次明确指出，用建筑哲学指导建筑科学，是用马克思主义哲学指导建筑科学发展的必由之路。他说："我一直强调马克思主义哲学——辩证唯物主义的指导意义，所以在建筑科学概括为建筑哲学之上还有马克思主义哲学。"[15] 建筑哲学作为通向马克思主义哲学的桥梁，是从整体上对建筑科学体系过程的概括和基本把握。这决定了建筑哲学有丰富内容和哲理的深度。

钱学森多次明确表示要坚定不移地用马克思主义哲学指导建筑工作的决心，他说："在人生观、世界观上，通过建筑哲学这个'桥梁'到达马克思主义哲学这个'最高台阶'。如果我们学好建筑哲学，从事建筑科学技术与艺术工作的朋友们可以开拓视野，在具体工作中，会把一个城市作为一个，整体考虑，作为一个复杂的开放的巨系统来对待，而不要'只见树木(建筑物)不见森林'(整体城市)。"[17]

钱学森针对叶树源教授的建筑哲学观，进一步分析了建筑哲学在建筑科学体系中的层次关系。

他在给叶树源教授的信中说："我非常感谢您赐尊作《建筑与哲学观》，我读后深受启示！我只是建筑科学技术的外行人，现在下面讲点读后所思，向您请教。

(1) 我想尊作实际阐明了建筑是什么，建筑与人的关系，对建筑空间所应具备的效果也界定了。因此与其讲这是建筑的哲学观，不如说此书是讲建筑科学技术的基础理论，真正的建筑学。按我对现代科学技术体系的理解，这是基础理论层次的学问。

(2) 在基础理论层次下面的一个层次是技术性的科学，即工程技术所需要的直接指导性学问。在建筑科学技术部门，这就是现在人们称为‘建筑学’的学问，以及城市科学等。

（3）在建筑科学技术部门下一个层次的、第三层次的学问，那就是设计构造具体的建筑了，即建筑设计。

（4）在建筑科学技术部门，除了这三个层次的学问外，还应该有个总的概括：对建筑用什么指导思想；唯心主义？唯物主义？辩证唯物主义？历史唯心主义？历史唯物主义？这门学问才是真正的建筑哲学。”[18]

钱学森的建筑哲学思想有哪些实际意义呢？

钱学森关于建筑哲学在建筑科学发展上带头作用的定位，钱学森关于必须加强建筑哲学的研究和普及的呼吁，对建筑界来说是切中要害的，是非常及时的。我们必须形成具有中国特色的建筑理论，形成具有中国特色的建筑科学技术体系，中国的建筑事业才能有跨越式的发展。

钱学森关于建筑哲学是建筑科学的最高台阶，是通向马克思哲学的桥梁等论述，使我们对建筑哲学在转变人们观念上的重要作用有了新的认识。

过去我们讲建筑常常进入见物不见人，更不见思想的误区，往往只是单纯模仿现有的建筑作品，建筑院校在讲建筑史、研究建筑理论时，也往往只是侧重建筑形式的研究。而对产生这些风格和流派的思想、观念、哲学基础重视不够。

观念的转变是根本的转变，由于建筑哲学是研究建筑本质、建筑价值观和建筑方法论的，所以，它对于人的建筑观念的转变有着决定性的作用。

钱学森关于建筑哲学要研究建筑与人，研究建筑与社会的论述，大大扩大了我们的思维空间。明确建筑哲学的研究对象与目的，这些有利于改变建筑界软科学研究(包括基础理论，建筑理论，建筑评论)的落后局面，改变建筑学科林立、群龙无首的局面，改变建筑学现有学科停滞不前的状态。特别是钱学森宏观建筑与微观建筑观念的提出，更有利于建筑科学大部门整体的形成，有利于建筑科学体系整体的建构。

钱学森关于建筑哲学在现代科学技术体系中的定位，使我们对建筑哲学的本质特点认识更为清晰，使我们在研究建筑哲学时更明了它的复杂性、重要性、开放性，明确了建筑哲学要向社会哲学和艺术哲学吸收营养。科学发展史表明，跨学科的研究是新学科的生长点，许多建筑科学的新学科都是在学科边缘上产生的。

面对钱学森在建筑院校开设建筑哲学课的呼吁，我们深感研究建筑哲学和形成建筑哲学研究队伍的迫切性。

我国的建筑理论界对建筑哲学的研究，目前只是起步阶段，只有一些零星的科研成果，没有形成完整的理论体系，更没有相应的建筑哲学理论队伍，这种状况亟待改变。

## 四、“不到园林，怎知春色如许”——钱学森园林学理论[19]

1958 年 3 月 1 日，钱学森归国不久，便在《人民日报》发表题为“不到园林，怎知春色如许——谈园林学”的文章，称赞“我国的园林学是祖国文化遗产里的一颗明珠”，“我们应该更广泛地和更深刻地来考虑发展我国园林学的问题”。

26 年后的 1983 年 6 月，钱学森又发表了“再谈园林学”的文章[20]，文章中他把我国园林空间分成不同的观赏层次，对不同的观赏层次空间他都给以定性定量的科学分析，这些创造性的论述令人惊叹。

钱学森曾将他在建设部第一期市长研究班上的讲话内容整理成文，用“园林艺术是我国创立的独特艺术部门”的题目发表[21]。显然，钱学森寄希望于中国分管城市建设的市长们，希望他们都能参与和推动中国的园林研究与建设。

1990 年，钱学森又提出“中国的山水诗词，中国古典园林建筑和中国的山水画融合在一起，创立山水城市的概念”[22]，提出“把整个城市建成为一座超大型园林”[23]。

钱学森在园林学方面的理论贡献主要表现在以下几个方面：

**1. 科学界定了中国园林艺术的概念**

钱学森说：“我认为我们对‘园林’、‘园林艺术’要明确一下含义；明确园林和园林艺术是更高一层的概念，landscape，gardening，horticulture 都不等于中国的园林，中国的‘园林’是他们三个方面的综合，而且是经过扬弃，达到更高一级的艺术产物。”[21]“外国的 landscape，gardening，horticulture 三个词，都不是‘园林’的相对字眼，我们不能把外国的东西与中国的‘园林’混在一起。”[21]

**2. 中国园林是我国创立的独特艺术部门**

钱学森论证了中国园林是“世界园林之母”、“花园之母”，提出了既要继承又要创新的中国园林发展方向。他多次盛赞祖国的园林：“我国的园林学是祖国文化遗产里的一颗明珠。”[19]“我国号称‘花园之母’，名园遍及全国各地，为世人所称颂。”[20]“中国园林艺术是祖国的珍宝，有几千年的辉煌历史。”[21]

他郑重地建议：“要认真研究中国园林艺术，并加以发展。我们可以吸取有用的东西为我们服务。”[21]

**3. 中国园林学是与建筑学占有同等地位的一门美术学科**

钱学森说：“我国园林的特点是建筑物有规则的形状和山岩、树木等不规则的形状的对比；在布置上有疏有密，有对称也有不对称，但是总的来看却又是调和的。也可以说是平衡中有变化，而变化中又有平衡，是一种动的平衡。在这一方面，我们也可以用我国的园林比我国传统的山水画或花卉画，其妙在像自然又不像自然，比自然有更进一层的加工，是在提炼自然美的基础上又加以创造。

世界上其他国家的园林，大多以建筑物为主，树木为辅；或是限于平面布置，没有立体的安排。而我国的园林是以利用地形、改造地形，因而突破平面；并且我们的园林是以建筑物、山岩、树木等综合起来达到它的效果的。如果说别国的园林是建筑物的延伸，他们的园林设计是建筑设计的附属品，他们的园林学是建筑学的一个分支；那么，我们的园林设计比建筑设计要更带有综合性，我们的园林学也就不是建筑学的一个分支，而是与它占有同等地位的一门美术学科。”[19]

**4. 科学界定了定量定性研究园林学、分析园林空间的方法**

钱学森说：“园林可以有若干不同观赏层次。从小的说起，第一层次是我国的盆景艺术，观赏尺度仅几十个厘米；第二个层次是园林里的窗景，如苏州园林的漏窗外小空间的布景，观赏尺度是几米；第三个层次是庭院园林，像苏州拙政园、网师园那样的庭院，观赏尺度是几十米到几百米；第四层次是像北京颐和园、北海那样的园林，观赏尺度是几公里；第五层次是风景名胜区，像太湖、黄山那样的风景区，观赏尺度是几十公里。有没有第六层次？也就是几百公里范围大的风景游览区？像美国的所谓国家公园？从第一层次的园林到第六层次的园林，从大自然的缩影到大自然的名山大川，空间尺度跨过了六个数量级，但也有共性。从科学理论上讲，都是园林学，都统一于园林艺术的理论中。”[20]

为了更清楚地说明钱学森的关于中国园林空间层次的理论，笔者绘制了表2[24]。

**园林景观不同景观层次、景观尺度及其观赏特征** 表2

| 景观层次 | 景观内容 | 景观尺度 | 观赏特征 |
|---|---|---|---|
| 第一层次 | 盆景艺术 | 几十厘米 | 神游、静观 |
| 第二层次 | 园林里的窗景 | 几米<br>几米～几百米 | 站起来、移步换景 |
| 第三层次 | 庭院园林 | （拙政园、网师园） | 漫步、闲庭信步 |
| 第四层次 | 北京颐和园、北海 | 几公里 | 走走路、划划船，花上大半天甚至一天 |
| 第五层次 | 风景名胜区 | 几十公里 | 乘交通工具（毛驴、汽车），多建有公路 |
| 第六层次 | 风景旅游区 | 几百公里（如美国国家公园） | 不但设公路，更有直升机等 |

### 5. 科学界定了建筑学与园林学的类似与区别

钱学森强调用现代自然科学知识、工程技术知识和美术知识提高我国园林设计水平。钱学森说：“园林学也有和建筑学十分类似的一点，这就是两门学问都是介乎美的艺术和工程技术之间的，是以工程技术为基础的美术学科。要造湖，就得知道当地的水位，土壤的渗透性，水源流量，水面蒸发量等；要造山，就得有土力学的知识，知道在什么情形下需要加强以防塌陷。我们要造林育树，就得知道各树种的习性和生态[19]。譬如过去我国因限于技术水平，园林里很少有喷泉，今后我们的园林可以设置流动的水，但不能照抄外国的建筑艺术，那是低一级的东西，没有上升到像中国园林艺术那样的高度。”[21]“总之，园林设计需要有关自然科学以及工程技术的知识，我们也许可以称园林专家为美术工程师吧。”[19]

### 6. 山水城市的未来发展模式

钱学森把中国古代园林精华应用于当代中国的城市建设实践之中，他说：“中国园林虽然在过去的岁月里它是为封建主们服务的，但是在新时代中它一样可以为广大人民服务，美化人民的生活。而且实际上我们国家正在进行大规模的建设，其中也包括了不少人民文化休息的场所；但有的园林也有部分在改建。”[19]“各地新建的公园、庭园、花园、动物园、植物园和风景名胜区，以及其他一些公共游乐场所，都突破了旧社会园林为少数人享乐的框框，走向为广大人民群众服务的广阔天地。”[20]把整个城市建成一座超大型园林的山水城市，这是钱学森的美好愿望，也是我们的美好愿望。

## 五、“开放的复杂巨系统”——钱学森城市学理论[25]

城市学(urbanology)这一术语，最早是由先驱城市思想家、苏格兰生物学家格迪斯(Patrck Geddes)所创。1915年他的杰出著作《进化中的城市》(Cities in Evolution)出版。城市科学是自然科学和社会科学、基础科学和应用科学的有机结合，是以城市为研究对象的综合性学科。城市科学主要研究城市发展中宏观的、战略的综合性问题。现阶段则着重研究城市发展规律和道路，研究城市在国民经济中的地位和作用等重大问题。

数十年来，国内外学术界对于是否建立城市学是存在着争议的。有人认为，城市学作为一门以研究城市为对象的明确的独立学科业已形成；也有人认为，对城市目前还只能进行多学科的综合研究。如果要成为一门独立的学科，除对象明确之外，还需要有本学科的基本理论、研究方向和研究方法。而城市学在这些方面都还不具备，或说不成熟；还有人认为，城市本质上是不断变化的，不存在终极真理，单一学科无法揭示其内在规律[26]。

钱学森认为："城市科学研究会要研究全部有关城市的科学。这里学科繁多，城市建筑学、城市道路学、城市通信学、城市环境美学等等。各方专家可以分头去研究，但应当有个牵头的理论学科，不然怎么汇总?""这门理论学科是我以前提出的'城市学'，研究一个大城市、一个小城市以及一个乡镇的整体功能和发展的学问。"[27]

钱学森在其"关于建立城市学的设想"一文中，提出他设想的城市科学体系。他写道："所有的科学技术都是这样分为三个层次，一个层次是直接改造世界的，另一个层次是指导这些改造客观世界的技术，再有一个是更基础的理论。在我们这方面就是从城市规划—城市学—数量地理学这样一个城市的科学体系，我们要搞好城市建设规划发展战略就有必要建立这样一个科学体系。"[9]

钱学森不同意国外现有的一些人的城市学概念，他说："因为新观点的'城市学'尚在初创概念，还不十分明确，洋人又有什么 urbanology 来干扰，所以写'城市学'确有许多困难!"[28]

关于建立城市学设想的主要内容，钱学森在一封信中作了如下扼要的说明[28]：

城市学应是各门城市科学的理论基础，所以层次要高一些；

城市学首先要讲城市体系，即一个国家的居民集中点和小区的分布和相互关系，因而是个体系；

要树立新概念的城市学，就必须清理思想，对过去城市建设中的自发性、盲目性及主观主义要用马克思主义的洞察力来批判，当然我们承认，过去有时代的局限性，想不到关系全社会的城市学概念，但今天还能再糊涂下去吗；

城市学也要分清现代社会中各种功能不同的城市类别，研究每一类别城市的特点。

在城市学的研究上，钱学森有五个强调[29]。

**1. 强调理论探索的重要性**

钱学森关注城市学理论的讨论和建设。钱学森在《关于建立城市学的设想》一文中，开宗明义地讲："我觉得要解决当前复杂的城市问题，首先要明确一个指导思想——理论。因为按照马克思主义原理，实践是要在理论指导下，理论要联系实际，但必须要有理论。"[9]

钱学森十分关注城市学理论的讨论和建设，1997 年，周干峙院士在"城市学"的会议上，提出"用系统工程学的观点来认识城市及其区域"，周院士对城市及其区域作了古今中外大跨度的对比研究，提出了高密度、高度城市化地区的概念以及做好这一种规划的紧迫性，他的观点受到钱学森的赞赏，钱学森认为，周院士"这个发言把城市及其区域作为一个开放的复杂巨系统，颇有新意"[30]。

**2. 强调必须用马克思主义的哲学来指导城市学研究，也就是要用辩证唯物主义和历史唯物主义观点看待城市**

钱学森认为，要把城市看作是变与不变的统一，即一方面随着科学技术的发展，生产力的提高和社会的进步，城市在成长发展；另一方面，城市的功能又是比较稳定的。也就是说，在研究城市时，需要建立一种功能稳定与迅速发展相统一的理论，即要用辩证唯物主义与历史唯物主义的观点看待城市问题。

**3. 强调要用系统科学的观点和方法研究城市**

钱学森强调要把现代城市看作是开放的复杂巨系统。所谓“开放的”是指系统本身与系统周围的环境有物质的交换、能量的交换和信息的交换；所谓“巨系统”是指系统包含很多子系统。钱学森认为，开放的、复杂的巨系统有许多层次，研究城市要用从定性到定量综合集成的方法。此外，还要研究城市发展中出现的新事物和新问题，他曾建议开展关于“轿车文明”的讨论，关于“立交桥是现代城市一景”的讨论等，这些建议都是针对当前城市发展中出现的新事物提出的。

**4. 强调要重视总结经验**

钱学森不仅重视总结国内城市发展中的经验，也重视国外城市发展经验，重视总结对未来城市探索的经验。他说：“现在我们要认真总结那种拔地而起，从无到有地建设一座工业城市的经验，这是城市科学的重要内容。”[31] 他认为正是这些经验“反回来可能充实与深化马克思主义哲学”[9]。

**5. 强调重视对未来的探索**

他指出：“我觉得我们今天研究城市学必须看到今天生产力的发展，而且为了搞好规划，还不能光看到今天生产力的发展，还要看到现在的科学革命、技术革命会导致什么样的生产力的发展，也就是说看看这些发展到 21 世纪将会如何。由于通信技术与交通运输技术的发展，人的聚集会达到什么程度？人聚集在一起是为了信息传递和物质运输的方便，但由于通讯技术与交通运输技术的发展，这些情况是否会有所变化？”[9]

钱学森曾推荐巴西西南部 200 万人口的库里蒂巴(Curitiba)的城市经验，并以此启发我们：“要走出一条中国自己的城市建设道路来。”[32]

## 六、把整个城市建成一座超大型园林——钱学森山水城市理论

钱学森是“山水城市”研究的倡导者，也是山水城市概念的创造者[23]，其山水城市的主要精神是：

把中国的山水诗词、中国古典园林建筑和中国的山水画融合在一起，使人离开自然又返回自然；

把中国文化和外国文化有机结合在一起，把城市园林与城市森林有机结合在一起。

山水城市是钱学森构筑的 21 世纪中国未来城市的模式。

多年来，山水城市的概念引起国内外城市规划界、建筑界、园林界的广泛重视和讨论，山水城市的理论内涵和外延不断地扩展，不断地深化，钱学森本人对这一理论也不断地有所补充。

钱学森说：“山水城市的设想是中外文化的有机结合，是城市园林与城市森林的结合。山水城市不该是 21 世纪的社会主义中国城市构筑的模型吗？我提请我国的城市科学家们和我国的建筑师们考虑。”[33]

钱学森在一次山水城市讨论会上阐述了他的山水城市概念，他说：“我想，既然是社会主义中国的城市，就应该：第一，有中国文化风格；第二，美；第三，科学地组织市民生活、工作、学习和娱乐。所谓中国的文化风格就是吸取传统中的优秀建筑经验，例如吴

良镛教授主持的北京菊儿胡同危旧房改建，就吸取旧‘四合院’的合理部分，又结合楼房建筑，成为‘楼式四合院’，我们可以想象，‘楼式四合院’再布上些‘老北京’的花卉盆，荷花缸、养鱼缸等等，那该是多么美的庭院啊！”[33]

“如果说现代高度集中的工作和生活要求高楼大厦，就只有‘方盒子’一条出路吗？为什么不能把中国古代园林建筑的手法借鉴过来，让高楼也有台级，中间布置些高层露天树木花卉？不要让高楼中人，向外一望，只见一片灰黄，楼群也应参差有致，其中有楼上绿地园林，这样一个小区就可以是城市的一级组成，生活在小区，工作在小区，有学校，有商场，有饮食店，有娱乐场所，日常生活工作都可以步行来往，又有绿地园林可以休息，这是把古代帝王所享受的建筑、园林，让现代中国的居民百姓也享受到。这也是苏扬地区一家一户园林构筑的扩大，是皇家园林的提高。中国唐代李思训的金碧山水就要实现了！这样的山水城市将在社会主义中国建起来！”[33]

1992 年，在给笔者的一封信中，钱学森形象地描绘了他构想的山水城市，他说：“要发扬中国园林建筑，特别是皇帝的大规模园林，如颐和园、承德避暑山庄等，把整个城市建成一座超大型园林。我称之为山水城市，人造的山水！”他督促建筑界说：“中国建筑学会何不以此为题开个‘山水城市讨论会’?”[23]

1993 年 2 月，在钱学森的倡议下，建设部召开了“山水城市讨论会”，钱学森在这次会议上作了“社会主义中国应该建山水城市”的书面发言，他指出北京城的规划布局和城市风貌要有所改善。他强调城市的总体设计，并具体阐明了他对城市园林、城市森林和山水城市的构想。

钱学森构想的山水城市与一般的城市模式有四个不同[34]：

(1) 出发点不同。山水城市的构想是比较超前的，它的思路是以大自然环境为出发点，对城市化的估量与方式有新的、更宽广的视野。而现在的城市规划与建设基本上是以现状为核心和出发点的，思路比较狭窄。

(2) 对象不同。在山水城市的构想中，钱学森认为，规划、设计、建设的对象不应仅仅局限于道路、建筑物等硬件，而应该是包括人、植物、动物、气候等这类软件、弹性件的选择研究设计的复杂系统，因此钱学森强调城市总体设计的重要性。

(3) 城市模式不同。山水城市既是生态模式也是人文模式，其目的在于充分发挥自然潜力和人的创造力。

(4) 效果不同。提倡山水城市的目的在于最终实现设计与自然的结合，从而达到以最小的成本为人类创造最大的利益。

随着山水城市理论的不断明晰及其相关研究的不断深入，山水城市正在由最初的科学构想，逐步成为吸引国内外更多有识之士参与探索的一种关于未来城市模式的理论学说和城市规划建设实践。由于融入了众多专家学者和许多实际工作者的贡献，山水城市理论变得更加丰富和完善。

上海已提出将上海建成山水园林型生态城市的远景规划，重庆确立了建设山水园林城市的基本思路，广州提出把山水园林城市作为城市发展的方向，武汉承诺 5 年内初步建成山水园林城市等。

1992 年，建设部在全国范围内开展了创建“国家园林城市”的活动，据 2000 年统计，已有 12 个城市获得此殊荣(表 3)。

已获国家园林城市称号的城市　　表 3

| 年　份 | 城　市 |
| --- | --- |
| 1992 | 北京、合肥、珠海 |
| 1994 | 杭州、深圳 |
| 1996 | 中山、威海、马鞍山 |
| 1997 | 大连、南京、厦门、南宁 |

从理论上，笔者认为山水城市是知识经济时代的城市建设模式，钱学森的山水城市有“四高”、“三性”和“一个基本特色”[35]。

四高——高文化、高技术、高情感、高级生态城市(包括自然生态、社会生态、人的行为心理状态等)。众所周知，水是生命之源，山是长寿之本。“仁者乐山，智者乐水，”“寄情于山水之间”，追求“天人合一”等，这是我们中华民族的优秀传统，也是当今世界各国人们普遍追求的境界。保持生态平衡、保护环境、节约资源和能源等，是可持续发展的时代要求。

三性——科学性、民主性、时代性。钱学森的山水城市观念主张，用现代科学技术，把整个城市建成一座大型园林，让现代中国的居民百姓能享受到“回归自然”、“天人合一”的美好境界。

一个基本特色——钱学森的山水城市的构想具有鲜明的社会主义中国特色。

山水城市构想的核心，是要建设有利于人的身心，有利于自然生态，有利于社会、经济、科技文化可持续发展的人类城市。这将有助于我们克服城市千城一面，建筑千篇一律，各国全球化趋同的问题。使人与自然、城市、乡村建筑之间的关系，具有共生、共存、共荣、共乐、共雅五大基本特征，即：体现出生态关联的自然性，环境容量的合理性、构成因素的协同性、景观审美的和谐性和文脉经营的承续性。

城市科学和建筑科学的发展史表明，山水城市应当属于一种先进的城市观念和模式，属于可持续发展的城市。历史上曾出现的花园城市、生态城市、绿色城市等等，都是一个时期的产物和实验。而山水城市的概念与构想，既能包容前面那些城市模式的合理部分，又能因地制宜和因时因人而异。

## 七、结语

钱学森在建筑科学领域开创性的理论贡献，主要表现为五个方面：建筑科学定位理论，建筑哲学定位理论，建立园林学理论，建立城市学理论，建设山水城市理论。

“建筑是科学的艺术，也是艺术的科学，所以搞建筑是了不起的，这是伟大的任务。”[3]——钱学森热情地激励着我们。

“我们中国人要把这个搞清楚了，也是对人类的贡献。”[3]——钱学森殷切地期望着我们。

**【主要参考文献】**


［1］ 顾孟潮. 论钱学森与山水城市和建筑科学［J］. 建筑学报，2000(7)：12～13.

［2］ 顾孟潮. 急需用“三论”武装我们的头脑［J］. 建筑学报，1985(4)：17～18.

［3］ 钱学森. 哲学 建筑 民主［M］//论山水城市与建筑科学. 北京：中国建筑工业出版社，1999.

[4] 钱学森. 1996 年 7 月 21 日给顾孟潮的信 [M]//论山水城市与建筑科学. 北京：中国建筑工业出版社，1999.
[5] 钱学森. 1996 年 6 月 23 日给顾孟潮的信 [M]//论山水城市与建筑科学. 北京：中国建筑工业出版社，1999.
[6] 顾孟潮. 建筑哲学概论（本体论）[M]//论山水城市与建筑科学. 北京：中国建筑工业出版社，1999.
[7] 钱学森. 科学技术现代化一定要带动文学艺术现代化 [M]//科学的艺术与艺术的科学. 北京：人民文学出版社，1994.
[8] 钱学森. 园林艺术是我国创立的独特艺术部门 [M]//论城市学与山水城市. 北京：中国建筑工业出版社，1994.
[9] 钱学森. 关于建立城市学的设想 [M]//论城市学与山水城市. 北京：中国建筑工业出版社，1994.
[10] 钱学森. 1990 年 7 月 31 日给吴良镛的信 [M]//论城市学与山水城市. 北京：中国建筑工业出版社，1994.
[11] 钱学森. 1994 年 11 月 4 日给顾孟潮的信 [M]//论城市学与山水城市. 北京：中国建筑工业出版社，1994.
[12] 钱学森. 1998 年 5 月 5 日给顾孟潮、鲍世行的信 [M]//论宏观建筑与微观建筑. 杭州：杭州出版社，2001.
[13] 李瑞环. 城市建设随谈 [M]. 天津：天津社会科学院出版社，1989.
[14] 钱学森. 我看文艺学 [M]//科学的艺术与艺术的科学. 北京：人民文学出版社，1994.
[15] 许溶烈，张饮楠，顾孟潮等. 建筑师职业信息手册 [M]. 郑州：河南科学技术出版社，1993.
[16] [明] 文震亨. 长物志 [M].
[17] 钱学森. 1995 年 10 月 26 日给顾孟潮的信 [M]//论宏观建筑与微观建筑. 杭州：杭州出版社，2001.
[18] 钱学森. 1996 年 5 月 7 日给叶树源的信 [M]//论山水城市与建筑科学. 北京：中国建筑工业出版社，1999.
[19] 钱学森. 不到园林，怎知春色如许——谈园林学 [M]//论城市学与山水城市. 北京：中国建筑工业出版社，1994.
[20] 钱学森. 再谈园林学 [M]//论城市学与山水城市. 北京：中国建筑工业出版社，1994.
[21] 钱学森. 园林艺术是我国创立的独特艺术部门 [M]//论城市学与山水城市. 北京：中国建筑工业出版社，1994.
[22] 钱学森. 1990 年 7 月 31 日给吴良镛的信 [M]//论城市学与山水城市. 北京：中国建筑工业出版社，1994.
[23] 钱学森. 1992 年 10 月 2 日给顾孟潮的信 [M]//论城市学与山水城市. 北京：中国建筑工业出版社，1994.
[24] 顾孟潮. 走向环境艺术 [J]. 南方建筑，2002(3)：1～6.
[25] 钱学森. 1994 年 2 月 23 日给顾孟潮的信 [M]//论宏观建筑与微观建筑. 杭州：杭州出版社，2001.
[26] 杨国璋. 当代新学科手册 [M]. 上海：上海人民出版社，1985.
[27] 钱学森. 1991 年 4 月 27 日给鲍世行的信 [M]//论城市学与山水城市. 北京：中国建筑业出版社，1994.
[28] 钱学森. 1991 年 12 月 16 日给梅保华的信 [M]//论城市学与山水域市. 北京：中国建筑工业出版社，1994.
[29] 鲍世行，顾孟潮，涂元季. 钱学森建筑科学思想的由来与发展 [M]//论宏观建筑与微观建筑. 杭

州：杭州出版社，2001.
[30] 钱学森. 1997 年 1 月 12 日给顾孟潮的信 [M]//论山水城市与建筑科学. 北京：中国建筑工业出版社，1999.
[31] 钱学森. 1999 年 6 月 12 日给鲍世行的信 [M]//论宏观建筑与微观建筑. 杭州：杭州出版社，2001.
[32] 钱学森. 1996 年 3 月 10 日给鲍世行的信 [M]//论山水城市与建筑科学. 北京：中国建筑工业出版社，1999.
[33] 钱学森. 社会主义中国应建山水城市 [M]//论城市学与山水城市. 北京：中国建筑工业出版社，1994.
[34] 顾孟潮. 钱老的山水城市构想与城市建筑发展趋势 [M]//论城市学与山水城市. 北京：中国建筑工业出版社，1994.
[35] 顾孟潮. 山水城市——知识经济时代的城市建设模式 [J]. 南方建筑，2001.

# 钱学森建筑哲学理论研究

我作为一名科技工作者，活着的目的就是为人民服务。如果人民最后对我一生所做的工作表示满意的话，那才是最高的奖赏。

——钱学森

在这篇研究系列文章中，将重点探讨钱学森建筑哲学理论。

建筑哲学理论是建筑科学的最高台阶。关于“最高台阶”的说法，钱学森曾有一段很有味道的议论。

那是在1993年元宵节国内举办的科学家和文学艺术家的联谊会上，钱学森在元宵节寄语中谈到“最高台阶”时说：“最高的台阶是表达哲理的，是陈述世界观的”，是“重要的文学艺术”。并以宋代女诗人李清照《夏日绝句》的诗句“生当作人杰，死亦为鬼雄，至今思项羽，不肯过江东”为例，说明“在这四句中也有她的人生观、宇宙观”，“最高台阶”是“诗词里面就有的嘛”。

谈到钱学森的建筑哲学思想，我想从他十几年前写给我的一封信说起。

1994年10月前后，我将拙文“关于城镇规划与建设优化的思考”寄给了钱学森先生，希望钱老能给予指点。拙文中我简略地分析了古代思想家老子对哲学的思考，又谈到当时分管建设的万里委员长对中国城市建设史的反思。文中表达了对钱学森城市建筑文化思想的赞赏，也写了自己对中国城市建设的一些看法。

文中引用了老子的话：“知人者智，自知者明，胜人者有力，胜己者强”（见老子《道德经》第33章，安徽人民出版社，1990年版，93页）。我认为，生于两千多年前的思想家老子的这些哲学思想，可以被今天我们的城市规划者与城市建设实践者借鉴。从事城市规划与建设同其他事情一样，也要知人、知己、胜人、胜己。有些人工作水平之所以不高，甚至还会出现失误，常常就是因为在这四个环节的某一环节上出了问题。

万里对新中国城市建设的分析也十分中肯，万里认为，新中国城市建设曲折历史过程的出现与我们缺乏对城市的性质、规律的正确认识有关。他说：“1949年全国解放，我们进了城，但当时不知道怎样管理城市……经过十几年的学习和研究，我们对城市的建设有了点头绪，正在想把老城市改建研究一下，把现代化城市建设问题，包括供热问题，环境生态平衡问题解决一下，但是，‘文化大革命’来了……我们落后了。”万里强调：“城市科学研究工作非常重要，希望科学工作者和领导者高度重视。”

钱学森对怎样解决中国建筑文化道路问题提出了看法，他说：“1978年到现在，我国建筑界真的找到了我国要走的中国新时期建筑文化道路吗？我看似乎还在求索之中……贝聿铭先生关于中国未来建筑道路指出：‘应走中国的路，与欧美不同。如高层建筑要到美国去看，而基本的东西要看中国习惯、生活。’这是完全正确的。”对什么是新时期中国建筑应有的特征他有自己的看法，他说：“什么是新时期中国建筑应有的特征？香港建筑师李允鉌认为中国建筑精神（即华夏意匠）表现在群体之中，没有群体，中国建筑将失去异彩。我很同意，我的‘山水城市’就有此意。”

以上是拙文中的主要观点。

钱学森于 1994 年 11 月就这封信亲笔给我回了信，在信中他不仅肯定了我的一些想法，而且还高屋建瓴地向我指明：“您谈的实是建筑哲学问题。”他的点拨使我深受震动。

此后的十多年中，在钱学森的鼓励下我兼任了大学建筑系的建筑哲学课教学工作，边学边教，受益匪浅。当然，比之钱学森博大精深的建筑哲学理论思想，我的学习和研究是极其肤浅的，但这些对我本人在建筑哲学思想上的升华却是至关重要的。

在学习中，我体会到钱学森的建筑哲学思想有几个基本概念是必须要搞清楚的。

## 一、为什么要研究建筑哲学？

搞清这个问题，就会知道研究建筑哲学的重要性和必要性，这也是学习建筑哲学的动力。

现在还有相当一部分人，认为有没有建筑哲学无所谓，他们只在建筑应用技术的范围里打转转，只看重一些技术细节，而看不到建筑的环境本质，满足于只知其一，不知其二，更谈不到建立科学的建筑观宇宙观。因此，多年来建筑业发展缓慢，出现了为数众多的建筑垃圾，建筑实践缺乏科学的评价标准，建筑评论也经常停留在众说纷纭之中，水平上不去。

可以看到，钱学森呼吁重视建筑哲学的建议是十分重要的和及时的。钱学森对这个问题从现代科学技术体系的角度有过许多的论述。他强调，“要坚定不移地用马克思主义哲学指导我们的工作”（见《哲学·建筑·民主——1996 年钱学森会见建筑界人士时讲的一些意见》，载于《中国建设报》2006 年 11 月 24 日），他具体提出“我国规划师、建筑师要学习哲学、唯物论、辩证法，要研究科学的方法论”。

钱学森认为，马克思主义是人类科学知识的最高概括，每个科学部门都必须用马克思主义哲学作指导。他指出，从这些科学部门到马克思主义哲学之间都应有各自的桥梁，什么是桥梁呢？他解释道：“桥梁就是核心结构下面更基础的、联系各部门科学技术的更直接的那一部分。整个桥梁加核心都是马克思主义哲学，就是马克思主义哲学本身也是有结构的，有层次的。”

钱学森认为，建筑哲学就是建筑科学通向马克思主义哲学的桥梁，它是马克思主义哲学下面更基础的、联系建筑科学技术部门的“更直接的那一部分”，他同时认为，建筑哲学是马克思主义的哲学大厦的组成部分，也就因此，建筑哲学是建筑科学的领头学科。

钱学森建议我国高等院校的建筑学专业开设建筑哲学课，用建筑哲学指导建筑科学是用马克思主义哲学指导建筑科学发展的必由之路。

## 二、什么是建筑哲学？

钱学森为建筑哲学定位，他认为建筑哲学是建筑科学的领头学科，是建筑科学技术体系中最高的哲学概括和最高的台阶。

从钱学森的现代科学技术体系构想图中可以看得很清楚，他把建筑哲学与军事哲学、地理哲学、数学哲学、自然辩证法、唯物史观并列在同一高度，表明了建筑哲学与建筑科学的相对关系。又把建筑哲学横向定位于美学和人学之间，表明了建筑哲学既是科学技术哲学，又是社会哲学、艺术哲学的性质。

建筑哲学的具体内容是什么呢？它是指人对建筑本质的认识、人对建筑的价值取向以及建筑的科学方法论等内容，由此我们可以感觉到建筑哲学绝不是简单的教条，它的内容是十分丰富与深刻的。

建筑哲学的观念是发展变化的，是不断深化的。建筑之树的根本来就生长在地理、气象、宗教、社会、历史、文化的沃土之中。然而，这一点却在现实中往往被许多从事建筑业的人士忘记了，把建筑简单化、庸俗化了，有人甚至把建筑简化为“玻璃与钢的构成”。

20世纪以来历次世界建筑师大会发布的宣言、宪章、纲领等，都是对建筑现状与建筑未来的高层次的哲学思考。

## 三、建筑科学层次的划分也是建筑哲学的内容。

钱学森说，现实中不能纳入现代科学技术体系的知识很多，具体来说，一切从实际总结出来的经验，即经过整理的材料，都属于这一大类。钱学森将它们称之为“前科学”，说它们是有待进入科学技术体系的知识。

钱学森在谈到它们的作用时说：“人认识客观世界的过程是：实践—前科学—科学技术体系。所以我们决不能轻视前科学(经验科学)，没有它就没有科学的进步。但也决不能满足于经验总结出来的科学而沾沾自喜，看不到科学技术体系还要改造和深化，因此，要研究如何使前科学进入科学技术体系。”

他的这番话对我们认识建筑科学现状的层次结构具有启示作用。

对照钱学森的分析，我们会发现我国建筑科学领域以及建筑业基础理论和技术科学之匮乏，它们主要依靠的是一些“前科学”的东西在做工作，有些已经成为我们前进中的主要障碍。我这样说一点也没有轻视应用工程技术的意思，而是说目前急需把建筑业“前科学”的东西提升到建筑技术科学、建筑基础理论乃至建筑哲学的高度。

建筑科学和建筑业必须改变过去以工程项目和建筑设计(包括城市规划)为中心的思路与做法。工程项目和建筑设计主要是操作性内容，关键是要加强对建筑理论与建筑决策科学性的层面的思考。

## 四、宏观建筑与微观建筑的概念是建筑科学思想的深化与升华。

钱学森说：“我近日想到一个问题，如何把建筑和城市科学统归于我们所说的‘建筑科学’，我建议将城市科学改称为宏观建筑，而现在通称的建筑是微观建筑。”

理顺建筑科学内部林立的兄弟学科之间的关系有利于建筑学科整体的发展，这个决心是早晚要下的，早下比晚下强。我们有不少好的建筑却难得有好的城市，也说明城市与建筑学科之间确有联合的必要。

回顾建筑历史，每一个时代都有其代表性的建筑哲学。钱学森关于建筑科学的思考是当代的建筑哲学思考，它代表了当代水平的建筑哲学思想和理论。作为建筑工作者，我们不可以等闲视之。

# 钱学森建筑科学定位理论研究

*我作为一名科技工作者，活着的目的就是为人民服务。如果人民最后对我一生所做的工作表示满意的话，那才是最高的奖赏。*

——钱学森

在这篇文章中，我将重点探讨钱学森建筑科学定位理论产生的背景和意义。

在钱学森半个多世纪的社会实践和科学研究中，他在应用力学、工程控制论、航天科技、系统工程、思维科学、管理科学、系统科学、地理科学、建筑科学、人体科学、社会科学、技术美学和哲学等领域都进行了开创性的工作；钱学森创造性地建构了现代科学技术体系，其中包括11个大科学门类。除文艺理论外，每个科学门类又涵盖基础理论、技术科学、应用技术三个层次。同时，钱学森还开拓并创立了许多交叉科学，如首次提出了“开放的复杂巨系统”概念以及处理这类系统的从定性到定量综合集成法和大成智慧工程。

实践表明，钱学森是一位高瞻远瞩、涉猎广博、洞察深邃的战略科学家，他对推进现代科学事业的发展作出了卓越贡献。

还是在20世纪50年代，美国海军次长丹·金波尔就曾说过，钱学森无论在哪里，他都值五个师。

如果这位美国海军次长还活着，那么，钱学森的昨天、今天和明天的业绩，当使他为对钱学森的评价不足而感到后悔。钱学森的卓越贡献，何止值五个师！

两弹一星功勋科学家钱学森不仅在这些领域做了世界一流的工作，而且他不断扩大视野，在众多学科中提出令人耳目一新的新思路、新观点，并从整体上把握现代科学技术体系，最终凝结出“大成智慧”的思想。

钱学森为建筑科学的定位理论就是在这样的“大成智慧”的思想背景下形成的。他是从现代科学技术体系的整体开始思考建筑科学的定位问题的。

1956年，钱学森曾在“论技术科学”一文中阐述了科学技术体系有三个层次，即基础理论层次、技术科学层次、工程技术层次的观点，从而精辟地揭示了科学技术体系结构的纵深层次。

1979年10月，钱学森在“大力发展系统工程，尽早建立系统科学体系”一文中，阐述了从马克思主义哲学经自然辩证法和社会辩证法(历史唯物主义)到自然科学、数学科学、社会科学等基础理论层次，再到技术科学层次，最后是工程技术即应用技术的层次。

这五个层次的排列建立了现代科学技术体系的雏形。

1982～1983年间，钱学森又先后三次谈到现代科学技术体系，提出现代科学技术体系有自然科学、社会科学、数学科学、系统科学、思维科学、人体科学六大部门。

1985年8月，钱学森发表“关于建立城市学的设想”一文。就在这一年，他将其构想的现代科学技术体系发展到九大部门。

1985年9月23日，钱学森在一次演讲中曾指出：“……我讲的九大部门、九架桥梁和一个马克思主义哲学最高概括。这就是现代科学技术。一切不能纳入这个体系的知识就不能算是现代意义上的科学。”又说：“我们也要清楚地认识到，不能纳入现代科学技术体系的知识是很多很多的，一切从实际总结出来的经验，即经过整理的材料，都属于这一大类。我称之为‘前科学’，即待进入科学技术体系的知识。”

钱学森强调：“科学技术的体系绝不是一成不变的，马克思主义哲学也在不断充实、发展、深化……人认识客观世界的过程，是实践——前科学——科学技术体系。所以我们绝不能轻视前科学(经验科学)，没有它就没有科学的进步；但也绝不能满足于经验总结出来的科学而沾沾自喜，看不到科学技术体系还要改造和深化，因此要研究如何使前科学进入科学技术体系。”

由此我们可以清晰地看到，钱学森建筑科学定位思想的脉络是怎样不断深入、不断创新、不断发展的。

钱学森还强调：“一定要用历史的观点看问题，要看到人以及人所需要的建筑。建立一个大的科学部门，不只是一两门学科。这样看来，我原来建议建立十大部门，现在是第11大部门了。这些部门请大家考虑。”

钱学森深感此事意义重大，因此在已多年闭门谢客的85岁高龄时，于1996年6月4日破格会见了建筑界人士，郑重提出了要迅速建立建筑科学大部门、建立又一门现代科学技术——广义的建筑科学大部门的问题。

钱学森说：“各位考虑，我们是不是可以建立一门科学，就是真正的建筑科学，它要包括第一层次是真正的建筑学，第二层次是建筑技术性理论包括城市学，然后第三层次是工程技术包括城市规划。三个层次，最后是哲学的概括。这一大部门学问是把艺术和科学揉在一起的，建筑是科学的艺术，也是艺术的科学。”

钱学森关于建立建筑科学大部门思路的提出，是他对现代建筑理论的升华。从1956年开始论述科学技术的三个层次，到40年后的1996年他全面论述建筑科学的三个层次，这是他总览建筑科学历史文化多年来进行研究与思考的结果。

钱学森建筑科学定位理论的提出，在建筑科学发展史上具有里程碑的意义。

**1. 钱学森是在构建了现代科学技术体系之后才提出的建筑科学技术体系问题。**

他多次向建筑界提出要重视现代科学技术体系，并且推荐“科学革命与社会革命”一文供大家学习。可以说，钱学森是从现代科学技术体系整体及科技革命、社会革命的发展规律出发，审视和界定建筑科学的地位和性质的。因此，他认为应当像重视自然科学、社会科学那样重视建筑科学，应当把建筑科学列为第11个大科学部门。

**2. 钱学森在不同的场合多次阐明他的如下观点：**

(1)“建筑真正的科学基础要讲环境等”；

(2)“建筑与人的关系，实际上是讲建筑科学技术的基础理论，即真正的建筑学”；

(3)“真正的建筑哲学应该研究建筑与人、建筑与社会的关系”；

(4)“建筑是科学技术”；

(5)“这一大部门学问是把艺术和科学揉在一起的，建筑是科学的艺术，也是艺术的科学”；

（6）“我们中国人要把这个搞清楚了，也是对人类的贡献”。

这些思想是他提出建立建筑科学大部门学说的理论根据。

**3. 钱学森认为，马克思主义是人类科学知识的最高概括，每个科学大部门都必须用马克思主义哲学作指导。建筑哲学是建筑科学大部门通向马克思主义哲学的桥梁。**

他同时还认为，从这些科学部门到马克思主义哲学之间都应有各自的桥梁，而所有这些桥梁都是马克思主义哲学的基础构成部分。它们与马克思主义的核心——辩证唯物主义一起，组成了马克思主义的哲学大厦，作为建筑科学大部门的桥梁就是建筑哲学。因此，钱学森在提出建筑科学大部门的同时强调一定要研究建筑哲学。

**4. 钱学森用宏观建筑与微观建筑的概念阐明建筑科学理论与实践的内涵问题。**

1998 年 5 月 5 日，钱学森在给建筑界人士的一封信中谈到：“我近日想到的一个问题是如何把建筑和城市科学统归于我们所说的‘建筑科学’，同时又提高山水城市概念到不只是利用自然的地形、依山傍水，而是人造山和水，这才是高级的山水城市。我建议将‘城市科学’，改称为‘宏观建筑(Macroarchitecture)’，而把现在通称的‘建筑’改称为‘微观建筑(Microarchitecture)’。”显然，这一思路是他在为建立建筑科学大部门理顺建筑科学内的层次关系，具体界定建筑科学技术体系之中的建筑科学定义的内涵和外延，值得引起建筑界朋友足够的重视和研究。

建筑科学定位理论是钱学森建筑科学思想和建筑理论宝库之中的瑰宝，是其最核心的理论、最重要的纲领性内容。随着建筑科学事业的发展，钱学森建筑科学定位理论会愈来愈显示出其强大的生命力。

# 钱学森城市学理论研究

我作为一名科技工作者，活着的目的就是为人民服务。如果人民最后对我一生所做的工作表示满意的话，那才是最高的奖赏。

——钱学森

在这篇研究系列文章中，我将重点探讨钱学森城市学理论。

如同钱学森其他方面的理论一样，建立城市学的理论只是钱学森宏大理论的一部分，但这一部分理论在指导城市规划建设方面却有着极大的理论意义。

1978 年 12 月 9 日《人民日报》发表了钱学森的长篇文章“现代科学技术”，为我国“科学的科学”的研究奠定了基础。

1979 年 1 月，《哲学研究》发表了钱学森“科学学、科学技术体系学、马克思主义哲学”专门论述科学学的文章。钱学森从科学学的角度，提出建立军事科学、地理科学等大科学部门，提出建立园林学、城市学等理论设想。

1985 年 3 月 18 日，钱学森在《光明日报》提出：“城市学是城市规划的理论基础”。钱学森认为，城市学研究的对象不是一个城市，而是一个国家的城市体系。这是他出席在北京召开的“科技发展战略讨论会”时呼吁“开展城市学的研究”，即后来成为“关于建立城市学的设想”一文的雏形。

1985 年 8 月钱学森发表“关于建立城市学的设想”（《城市规划》1985 年第 4 期），文中论述了什么是城市学，为什么要研究城市学以及城市学的内容、研究方法等。该文是研究钱学森城市学理论的钥匙，1991 年 4 月钱学森对建立城市学谈了六点具体的意见：

（1）城市科学研究会要研究全部有关城市的科学。这里面学科繁多……各方面专家可以分头去研究，但应当有个牵头的理论学科，不然怎么汇总？

（2）这门理论学科是我以前提出的“城市学”，研究一个大城市、一个小城市，研究一个乡镇的整体功能和发展的学问。

（3）要认识：城市是变与不变的统一。

（4）“城市学”就要建立这种功能稳定与迅速发展相统一的理论。

（5）有了“城市学”才能有理有据地搞城市规划。

（6）认识到城市是变与不变的统一，那么对一座有特色的建筑就不是以拆了另建的方法去现代化，而是保护维修外部，同时改造内部功能设施，做到现代化。

以上可以看出，钱学森不仅从科学、系统工程角度强调建立城市学这门牵头学科的重要，同时还从实践角度总结我国城市规划与建设的经验，强调加强我国城市体系的研究，加强城市总体设计。他非常重视当前最先进的高科技的现代化的城市设计技术与城市管理策略。

他积极支持媒体和建筑界发起的立交桥设计、轿车文明、山水城市、城市学等讨论。他还专门寄来国外的剪报资料《有知觉的城市》(The Sensual City)、《库里蒂巴的城市规划》(Urban Planning in Curitiba)供大家学习参考。如《有知觉的城市》介绍的是高新技术在建筑中的应用,《库里蒂巴的城市规划》则介绍了巴西库里蒂巴市向传统思路挑战、发挥适用技术,提高城市生活质量的先进经验,这些经验包括结合自然设计城市、公交优先原则的贯彻、鼓励市民回收垃圾等措施,取得了非常好的效果。

钱学森还是城市科学研究会主要发起人和支持者之一。在钱学森的推动下,1982年底,中国自然辩证法研究会召开了“全国城市发展战略学术讨论会”,明确提出:①城市是一定区域政治、经济、文化的中心,是建设两个文明的重要基地,对城市在国家经济社会发展的重要地位和主导作用,应从总体上进行研究。②新中国成立以来,我国城市在发展中积累了正反两方面的经验,需要认真总结。③当前我国城市发展中存在的大量问题,需要认真解决。④今后随着经济、社会、科技的发展,城市将肩负更为艰巨的任务。城市发展需要科学的指导。

会议呼吁建立城市科学,开展城市科学研究。

1984年1月17日,中国城市科学研究会在北京正式成立,这是一个多学科的学术团体,也是政府部门城市开发和治理的咨询机构。钱学森任研究会顾问。

在这一背景下,1985年钱学森在《城市规划》第4期上发表了“关于建立城市学的设想”。同年11月,又发表了“为2000年,我想到的两件事——致《新建筑》编辑部的信”。提出的第一件事是发展工业化的建筑体系,发展建筑构配件和制品的专业化、社会化生产;第二件事是倡导构建园林式的城市。

钱学森多次从地理学的角度强调研究城市学的必要性。1985年2月14日,钱学森在关于创立“数量地理学”问题的信中说:“我近来想结合国土规划、经济区域规划、城市规划等,似有必要创立用数学方法的数量地理学。”而且说,“数量地理学比城市理论的层次就更高一些,属于城市问题方面的一门基础科学”。描述了从城市规划这个直接改造客观的工程技术,到城市规划的理论基础即城市学,再提高到城市学的理论基础即数量地理学。

拙文“论钱学森建筑科学五大理论”(见《中国建设报》2006年10月27日)中,将钱学森研究城市学理论归纳为五个强调:

(1) 强调要关注城市学理论的研究、讨论与建设问题。

(2)强调马克思主义哲学指导城市学研究,即用辩证唯物主义和历史唯物主义的观点看待城市问题。

(3) 强调用系统科学的观点和方法研究城市问题。

(4) 强调总结经验,研究城市发展中出现的新事物和新问题。

(5) 强调重视对未来的探索。

# 钱学森园林学理论研究

我作为一个科技工作者，活着的目的就是为人民服务。如果人们最后对我的一生所做的工作表示满意的话，那才是最高的奖赏。

——钱学森

在这篇研究系列文章中，我将重点探讨钱学森园林学理论。

拙文“论钱学森建筑科学五大理论”（见《中国建设报》2006年10月27日）之中，我曾将钱学森园林学理论贡献归纳为以下几个方面：

（1）科学地界定了中国园林艺术的概念；

（2）科学地提出了中国园林学是与建筑学占有同等地位的一门美术学科；

（3）科学地界定了定性定量研究园林学、分析园林空间的方法；

（4）科学地提出并论证了中国园林是中国创立的独特艺术部门；

（5）科学地界定了建筑学与园林学这两个学科的相同与不同之处；

（6）科学地提出了“山水城市”的未来城市发展模式。

本文中由于篇幅所限，我仅重点分析钱学森是怎样科学地界定了定性、定量研究园林学以及分析园林空间的方法，同时也想借此谈谈我在学习钱学森园林学理论方面的一些想法。

钱学森园林学理论与钱学森建筑思想体系中的其他理论一样，有着现代科学技术体系、系统科学、大成智慧学这一共同的理论源头和思想背景。因此，钱学森建筑科学的五个理论是相互联系、密不可分的，如果只就事论事地以其中的某一理论来论述这一理论，是无法理清其思想理论源头与背景的。

钱学森认为，如果单独提到园林知识，它是属于“前科学”知识。长时期以来，钱学森一直在思索如何使处于“前科学”阶段的园林知识进入科学技术体系的问题。

什么是“前科学”呢？

钱学森认为，“一切不能纳入这个体系（现代科学技术体系）的知识就不能算是现代意义上的科学”。因此，中国园林艺术很大程度上是属于“前科学”的范畴。

1958年，钱学森发表了“不到园林，怎知春色如许——谈园林学”的文章。此文章的构思可看成是钱学森对园林学进行思考的起步。

1982年，钱学森在《我看文艺学》（《艺术世界》1982年第5期）的文章中，谈到建筑艺术时说：“我想不宜只包含土木构筑，还应把环境包括在内，也就是园林艺术，它们本来是一个整体，不能分割。在这个领域里，小可以缩到盆景，大可以到几十公里的名山风景区，再大可以扩为上百公里的国家保护游览区。因此这个部门应该称为建筑园林。”

1983 年，钱学森在全国市长研究班所作的报告——“园林艺术是我国创立的独特艺术部门”中，完善了他对园林学的定性、定量分析。

钱学森说：“要明确园林和园林艺术是更高一层的概念，landscape，gardening，horticulture 都不等于中国的园林，中国的‘园林’是它们三个方面的综合，而且是经过扬弃，达到更高一级的艺术产物。”他认为：“外国的 landscape，gardening，horticulture 三个词，都不是‘园林’的相对字眼，我们不能把外国的东西与中国的‘园林’混在一起。”

在这篇报告中，钱学森还用定性、定量的科学方法分析了园林景观的不同层次、不同尺度及其感受特征。他具体地把园林景观分成盆景、园林里的窗景、庭院园林、宫苑园林、风景名胜区、风景旅游区六个层次，综合性地讲述了各个层次的观赏内容、景观尺度以及观赏特征。

学习钱学森园林学思想，我常常在想，中国的园林佳作成百上千，喜欢逛公园的人也成千上万，研究中国园林的专家学者为数不少，为什么偏偏是作为导弹卫星专家、空气动力学专家的钱学森能够让具有两千多年历史的中国传统园林艺术进入现代科学技术体系？又为什么偏偏是钱学森，能够对中国园林作出科学的定性分析，对中国园林艺术景观作出科学的定量分析，使中国园林成为现代科学技术知识呢？

追溯其中的原因，不仅具有解谜的意义，更会对我们有所启发。我们的建筑领域，是多么需要这样全面、及时地吸取最前沿的人类文明成果、站在俯视世界高度的大师级人物啊！

通过研究钱学森园林学理论，我更进一步体会到哲学和基础理论对我们的启示作用，在这方面我是有实际体会的。

如在钱学森关于园林景观空间六个层次的定量定性分析的启发下，我就想，中国的园林景观可不可以有第七个、第八个观赏层次呢？于是，我冒昧地提出了“零层次”（零距离体验园林景观的层次）——我将它称之为“脚底板的层次”（footprint）。

我的理由是，中国古代建筑、园林都十分重视铺地材料的选择，重视地面的做法以及地面的位置给予人脚底板不同的感觉，如当你踏上天坛（或地坛）神道上的大青石板时，一种神圣的感觉就会从你的脚底板油然而生；而天安门前的石头栏杆，北海大桥的石头栏杆，远看有美丽的轮廓，近看有精美的雕刻，当你零距离靠上去的时候，你会感到可依可靠，它上面都是圆润的线脚。

在此思索的基础上，我又提出第八个层次，即无限大的层次、联想的层次。因为中国的园林是十分讲究诗情画意、浮想联翩的意境的。零与无限大似乎既是定量分析，又有定性分析的味道。

不知各位以为如何？

# 钱学森山水城市建设理论研究

我作为一名科技工作者，活着的目的就是为人民服务。如果人民最后对我的一生所做的工作表示满意的话，那才是最高的奖赏。

——钱学森

在这篇研究系列文章中，我将重点探讨钱学森山水城市概念的形成及其理论的发展。

钱学森山水城市建设理论与实践是钱学森建筑科学思想宝库中备受世人关注的部分，也是其建筑科学思想的重要组成部分。钱学森著《宏观建筑与微观建筑》中的文章和书信近200篇，其中有近100封书信和文章谈到山水城市问题。钱学森本人及其建筑科学思想研究者、认同者也对这一课题格外感兴趣、格外重视，因为这不仅仅是一个重要的城市建设理论问题，也是一个需要操作的未来和现实的社会主义城市建设模式问题。

山水城市建设理论实际讲的是一种思想理念，是城市的一种形态模式，就是要建设具有中国特色的跟自然环境相结合的具有高度文明水准的城市。因为它是一种思想，一种学术观点，不是政策，不是千篇一律的，所以它不强求统一，恰恰相反，它要求的是因地制宜，各有不同。

山水城市的思想是钱学森建筑科学思想这一整体的有机组成部分，有其形成和发展的过程，我们研究山水城市理论不应当只限于就山水城市论山水城市，有必要对其前因、后果、背景、形成过程进行针对性的解读。

研究钱学森构建山水城市理论的朋友们，常常是从1990年7月31日钱学森给吴良镛的一封信说起。那封信是这样说的："我近年来一直在想一个问题：能不能把中国的山水诗词、中国古典园林和中国的山水画融合在一起，创立'山水城市'的概念？人离开自然又返回自然。"

很多人将这次讲话当成是钱学森形成山水城市概念的第一时间，这是一种误解，实际上在此讲话20多年前钱学森就开始考虑建设山水城市的问题了，只不过当时是从园林城市谈起。因此，钱学森关于山水城市建设理论与模式是从研究园林城市开始，并逐渐形成和发展的。

1984年11月21日，钱学森致《新建筑》编辑部信，标题是"为了2000年，我想到的两件事"，信的开头是这样写的："陶世龙同志……要我向编辑部讲讲对建筑学问题的意见。已经过了一段时间了，讲什么呢？现在想到的两件事，都是关系到2000年我国建筑事业的，关系到21世纪我国建筑事业的，但我想我们现在就动手，不然就晚了，会误事。”这两件事中的第二件事是构建“园林城市”。

1992年10月，钱学森收到《奔向21世纪的中国城市——城市科学纵横谈》一书后，在给编者的回信中再次表达了他对社会主义中国要建山水城市的迫切愿望，他说，“现在我看到，北京兴起的一座座方形高楼，外表如积木块，进去到房间则外望一片灰黄，见不到绿色，连一点点蓝天也淡淡无光。难道这是中国21世纪的城市吗?”

他再次呼吁，“把整个城市建成一座大型园林。我称之为‘山水城市’。人造的山水!”

他建议建筑界，“何不以此为题，开个‘山水城市’讨论会?”

在钱学森的感召下，1993年2月，建设部山水城市讨论会正式召开。在这次会议上钱学森郑重发表了“社会主义中国应该建山水城市”的书面讲话，他的讲话引起建设部领导的高度重视，也引起国内外极大反响。

国际学术界对此给予了高度的评价。1995年世界公园大会宣言中强调需要建设山水城市的观点，法国、意大利等国召开的有关城市学的国际会议上介绍山水城市的理念受到与会者的热烈欢迎，著名德国城市生态专家弗雷德里克·韦斯特(Frederic Vester)教授认为，“‘山水城市’不仅在生态、社会、文化方面有巨大的效益，而且还有巨大的经济效益”。

20世纪90年代，《杰出科学家钱学森论：城市学与山水城市》(1994年6月)、《杰出科学家钱学森论：城市学与山水城市》(二版增补本，1996年5月)、《杰出科学家钱学森论：山水城市与建筑科学》(1999年6月)、《钱学森论宏观建筑与微观建筑》(2001年6月)，四本专著陆续问世。这四本有关山水城市的专著，受到中外读者和学术界的普遍欢迎。关于山水城市的讨论会、论坛十多年来几乎接连不断。有些建筑高等院校还把山水城市列为培养硕士生博士生的研究专题。

钱学森关于山水城市的构想和全国性的山水城市讨论，对我国城市规划建设理论与实践产生极大影响。北京、上海、广州、武汉、重庆、自贡等城市远景和近期规划的修订上，普遍重视了规划对经济、社会、文化、生态协调和谐发展的重要作用。不少城市还明确地把建设山水园林城市、生态城市作为自己的奋斗目标。1992年，建设部在全国范围内开展了创建“国家园林城市”的活动，据2000年统计，已有北京、合肥、珠海、杭州、深圳、中山、威海、马鞍山、大连、南京、厦门、南宁12个城市获此殊荣。这些城市中有些后来又获得联合国颁发的适合人类居住的“宜居城市”的称号。

钱学森关注国内20多个城市的山水城市的规划，关注有关山水城市理论的讨论与实践。

钱学森说：“我设想的山水城市是把微观传统园林思想与整个城市结合起来，同整个城市的自然山水结合起来。要让每个市民生活在园林之中，而不是要市民去找园林绿地、风景名胜。所以我不用‘山水园林城市’，而用‘山水城市’。建山水城市就要运用城市科学、建筑学、传统园林建筑的理论和经验，运用高新技术(包括生物技术)以及群众的创造。”

1998年，钱学森再一次强调：“要用辩证唯物主义和历史唯物主义的观点来考察我国的城市科学和建筑学。”他说：“提高山水城市概念倒不只是利用自然地形，依山傍水，而是人造的山和水，这才是高级的山水城市。”山水城市概念是从中国几千年的对人居环境的构筑与发展总结出来的，它也预示了21世纪中国的新城市。

钱学森指出建设山水城市要分三步走，“建国后城市发展的第一步是园林城市，如北京市、大连市……我们现在在计划设计中的是第二步：山水园林城市，如重庆市、武汉市……有了这些经验才能结合21世纪新文化，包括大大发展了的国民经济和信息时代的生活特点，并总结第一步园林城市和第二步山水园林城市的经验构筑第三步山水城市（在没有自然山水的地方也要建山水城市）。”

钱学森仍在不断地深化着和发展着山水城市建设理论。

# “大成智慧”与城乡建设的宏观经济研究

“大成智慧工程”(Metasynthetic Engineering)实质是把各方面有关专家的知识及才能、各种类型的信息及数据与计算机的软、硬件三者有机地结合起来构成一个系统。此方法的关键就在于发挥这个系统的整体优势和综合优势，为综合使用信息提供了有效的手段，按我国传统的说法，把一个非常复杂的事情各个方面综合起来，达到整体的认识。

采用此法始于20世纪80年代初，在经济学家马宾的具体指导下，当时的航天部710所，完成了财政补贴、价格、工资综合研究及国民经济发展预测工作——这些是当时经济体制改革中提出的热点和难点问题。事实表明，大成智慧工程方法对宏观经济研究的有效性。特别对于国土整治、区域规划、城市经济、房地产开发、新农村建设、农民、农业经济、工业经济等多方面属于开发的复杂巨系统的宏观经济问题，树立大成智慧学观念，采用“大成智慧工程”都可以研究解决。

1990年，钱学森、戴汝为和于景元三位合作发表了“一个新的科学领域——开放的复杂巨系统及其方法论”的重要文章。该文将作者20世纪80年代初对处理复杂系统所概括的“经验和专家判断力相结合的半经验半理论的方法”进一步地加以提高和系统化，提炼出“开放的复杂巨系统”的概念，进一步提出“开放的复杂巨系统的方法论”。他们认为，“大成智慧是古老的‘爱、智、慧’概念的更进一步，更具体化”。

钱学森提出的“大成智慧学”就是把人的思维、人的知识、智慧及各种资料和信息，用现代化的手段“集合”起来。

宏观经济研究如何才能有大智慧学的思路，采取大成智慧工程的做法，建立宏观经济学大学科，是我们极需要探讨的问题。

建立宏观经济学大学科，显然要有经济学科群、科学知识体系化与系统化的思路，要理清经济学科的研究对象、范畴，更要明晰相关经济学科所在学科体系中的层级位置，复杂性程度以及它们相互联系补充的关系。

例如，对于城市经济问题的研究，切入点、切入角度和目标，都应当从“保存—保护—创新—发展”的原则链进行综合集成研究，不能只从它的发展方面拓展。改革开放的30年来，在城市问题上，我们在量的追求上过重，而对保存、保护和创新的方面重视不够的教训是非常深刻的和严重的，现在科学发展观的指导下，相信会有大的改进和突破。

2006年11月，相差《鄂尔多斯新农村建设‘出轨’追踪》文章发表后(《中国经济时报》)引起社会各界的强烈反响，多位专家认为鄂尔多斯新农村建设模式，是我国新农村建设的必由之路：经济学家刘福垣说，鄂尔多斯市摒弃就地消化农民的旧模式，走上了破除城乡二元社会结构，转变农牧业生产方式的科学的城市化道路，充分显示了以人为本发展观的巨大威力。安徽社科院经济所孙自铎所长说，鄂尔多斯市在新农村建设中，把分散的农牧民分流到宜农(牧)区，或迁移到城镇就业安居。这是从实际出发的做法，也是为从根本上解决“三农”问题找到了最快最佳的路径，值得充分肯定。山东社科院经济所所长张卫同博士认为，新农村建设应有内容的系统性和模式选择的多元性，在建设社会主义新农村内容上的系统性和模式选择的多元性上这是一个很好的案例。

笔者认为，对于鄂尔多斯的“出轨”现象，就很值得作为宏观经济研究的典型案例，采用“大成智慧工程”的方法，认真总结经验，形成对全国新农村建设与规划指导性决策。

城市化的规划目标有着与农村建设类似的问题，全国广大地区 600 多个城市不应当采用同一模式，但共同点是都需要建设和谐城市实现人与自然、人与社会、历史与未来的和谐。从宏观经济角度如何实现这三个方面的和谐，也有许多重要的问题需要研究，希望能够纳入宏观经济研究者的视野。

区域规划、城市规划是宏观经济的重要载体，离开对区域经济和城市经济的宏观(整体)研究和把握，往往会做出许多局部(微观)上看是好的，但有损于整体发展的傻事。

宏观经济研究是从宏观角度对经济的研究，它有三个特点。

当代经济学科非常之多，我们面临的是一个庞大复杂的学科群。如何对待这个学科群？从那里入手，用大成智慧思路和方法，吸收相关学科的研究成果，借鉴其科学的研究方法，提高宏观经济研究的水平是颇值得研究的。这里我粗略地把几十个经济学科划分为三类，即宏观经济学类、中观经济学类和微观经济学类学科(表 1)。此表中可以看到宏观经济学研究的广博性和复杂性。

**经济学的学科分布** **表 1**

| 宏观经济学 | 中观经济学 | 微观经济学 |
|---|---|---|
| 1. 政治经济学 | 1. 比较经济学 | 1. 农业经济学 |
| 2. 社会经济学 | 2. 结构经济学 | 2. 工业经济学 |
| 3. 发展经济学 | 3. 信息经济学 | 3. 旅游经济学 |
| 4. 公共经济学 | 4. 生产力经济学 | 4. 金融经济学 |
| 5. 福利经济学 | 5. 国土经济学 | 5. 科学经济学 |
| 6. 贫困经济学 | 6. 生态经济学 | 6. 心理经济学 |
| 7. 短缺经济学 | 7. 能源经济学 | 7. 技术经济学 |
| 8. 和谐经济学 | 8. 海洋经济学 | 8. 劳务经济学 |
| 9. 发展中国家经济学 | 9. 农村经济学 | 9. 交通运输经济学 |
| 10. 不完全竞争经济学 | 10. 区域经济学 | 10. 邮电经济学 |
| 11. 纯粹经济学 | 11. 城市经济学 | 11. 基本建设经济学 |
| 12. 人口经济学 | 12. 军事经济学 | 12. 教育经济学 |
| 13. 劳动经济学 | 13. 市场经济学 | 13. 卫生经济学 |
| 14. 计划经济学 | 14. 管理经济学 | 14. 体育经济学 |
| 15. 决策经济学 | 15. 技术经济学 | 15. 文化经济学 |
| 16. 经济预测学 | 16. 经济计量学 | 16. 艺术经济学 |
| 17. 歧视经济学 | 17. 经营经济学 | 17. 家庭经济学 |
| 18. 非经济领域经济学 | 18. 投入产出经济学 | 18. 消费经济学 |
| 19. ……经济学 | 19. 城市经济学 | 19. 房地产经济学 |
| | 20. ……经济学 | 20. 建设经济学 |
| | | 21. 娱乐经济学 |
| | | 22. 住宅经济学 |
| | | 23. ……经济学 |

第二个特点是研究的空间非常广阔，涉及国民经济的五大建设，即政治文明建设、物质文明建设、精神文明建设、地理文明建设和国防建设，又可以细分为九类，即：民主建设、体制建设、法制建设、经济建设、人民体质建设、思想建设、文化建设、环境保护和生态建设基础设施建设等(图 1)。

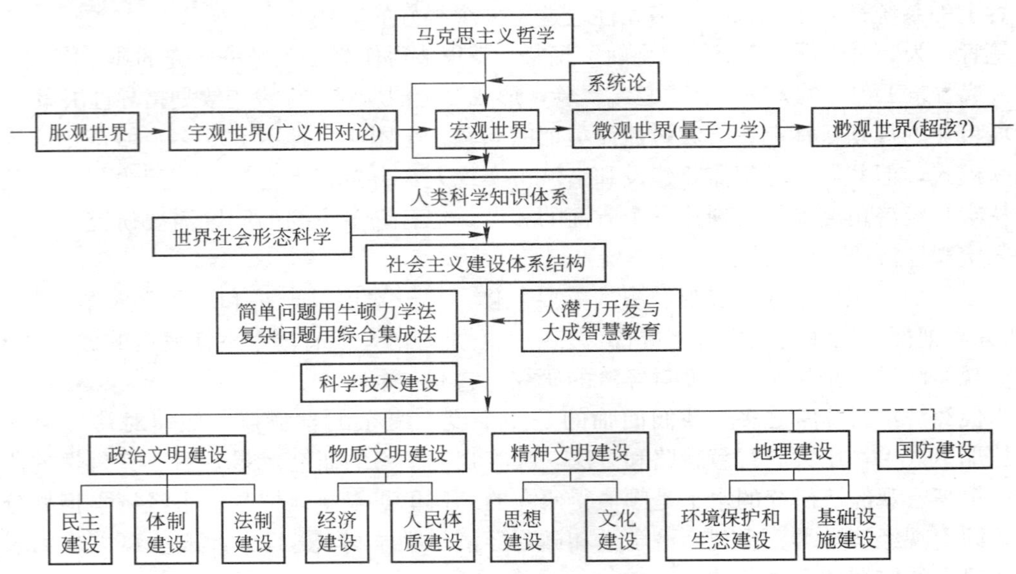


图 1　钱学森科学思想框架(林毓锜的推想)

资料来源：林毓锜“导致钱学森科学思想的结构框架的普及应用”之中的附用表。

第三个特点是宏观经济研究的历史时间的跨度是宏大的。针对中国这样一个历史悠久、地大物不博社会发展极为不平衡的国情，我们需要研究各种人类文明形式下的经济社会特征(表 2)。

**人类文明形式的特征**　　**表 2**

| | 狩猎文明 | 农业文明 | 工业文明 | 后工业文明 |
|---|---|---|---|---|
| 时段(年) | 公元前 200 万～前 1 万 | 公元前 1 万年至 18 世纪 | 18 世纪至今天 | 今天 |
| 社会结构 | 个体/部落 | 乡村/民族 | 城市/国家 | 宇宙/全球 |
| 活动范围 | 孤立 | 区域 | 洲际/大区 | 全球 |
| 经济形式 | 个体延续 | 自给型 | 商品型 | 持续型 |
| 能源特征 | 火、人力 | 畜力 | 化石燃料 | 信息 |
| 人地关系 | 依附自然 | 靠天吃饭 | 改天换地 | 人地和谐 |

资料来源：林毓锜，“刍议钱学森科学思想的结构框架和普及应用”文中所附表格。

从表 2 可以看出宏观经济所研究的时空结构、社会结构、活动范围、经济形式、能源、人地关系等内容都是与时俱进的，更加复杂，更加宽广。

研究城乡建设宏观经济的切入点、切入角度是什么呢？

“保存—保护—创新—发展”的原则链。过去常讲，中国“一穷二白”或者“从零开始”、“白手起家”云云，这是违反事实的。从人类文明形式的特征这个表上也可以看出，发展是一个历史过程，从量变到质变，只是存在形式变化了，从小到大，从少到多，所谓从没有到有是相对于同一现象而言，绝不是从零到有，是由历史的基础、自然的基础发展起来的。

如今，发达国家已进入后工业文明时期而我国还存在大量狩猎文明、农业文明和工业文明的经济社会现象和遗迹，怎么实现跨越式的发展或者能否跨越几个文明时期都是值得认真研究的问题。说到与国际接轨，世界今日已开始步入知识经济或信息经济时代，面对这种新的社会经济形势，我们要做点什么？又怎么做？从哪里入手？都是值得认真研究的问题(表 3)。

**知识经济的基本特征** **表 3**

| 序号 | 比较内容 | 工业经济 | 知识经济 |
|---|---|---|---|
| 1 | 动力 | 蒸汽机技术和电气技术 | 电子和信息革命 |
| 2 | 产业内容 | 制造业 | 知识和信息服务成主流 |
| 3 | 效率标准 | 劳动生产率 | 知识生产率 |
| 4 | 管理重点 | 生产 | 研究与开发，信息与培训 |
| 5 | 生产方式一 | 标准化 | 非标准化 |
| 6 | 生产方式二 | 集中化生产 | 分散化生产 |
| 7 | 劳动力结构 | 直接从事生产的工人占 80% | 从事知识生产和传播者占 80% |
| 8 | 社会主体 | 工人阶层 | 知识阶层 |
| 9 | 分配方式 | 岗位工资制 | 按业绩付酬制 |
| 10 | 经济学原理一 | 以物质为基础 | 以知识为基础 |
| 11 | 经济学原理二 | 收益递减原理 | 收益递增原理 |
| 12 | 经济学原理三 | 周期性 | 持续性 |

资料来源：顾孟潮据袁正光知识经济时代已经来临一文整理而成。

现在人们已经感觉到了，在新的世纪最大的问题是必须创新才有出路。但是，怎么创新？哪些方面需要创新？创新的主导力量和社会基础在哪里？也需要认真研究。

上面我对经济学科群的宏观中观微观的划分，实际上并不是很科学的分法，只是为了把宏观经济作一次梳理，以便明确各类经济学应当关注的重点。其实，各个研究对象(学科)只是我们研究的着眼点、看问题的角度不同，共同面对的都是整个客观世界，都有着学科本身要研究的宏观层次、中观层次和本身的微观层次问题。而且，这里划分的宏观、中观、微观不是绝对的，有时它们是互相转化的。如，房地产开发中的经济适用房问题，包括面积是 $90m^2$，还是 $120m^2$，本来属于一个非常专业的微观问题，现在则成为中观或宏观经济必须面对认真研究的问题。

总之，我认为有必要建立宏观经济学整个大学科，理清相关的经济学科学，构建其学科体系，明确其科学的研究对象、研究体系层次和相应的研究方法、研究的起点和终点。我上述的分法，无非是为了抛砖引玉，引起关心此事的学界朋友们重视，共同建设这一大学科。这是当务之急。

**【主要参考文献】**

[1] 杨国璋等. 当代新学科手册 [M]. 上海：上海人民出版社，1985.

[2] 林毓锜. 刍议钱学森科学思想的结构框架和普及应用 [J]. 西安交通大学学报（社会科学版），2006(4).

[3] 中国城市发展的科学问题——香山科学会议第201次学术讨论会简报 [R]. 2006-11-19～2006-11-29.

[4] 顾孟潮. 论城市与建筑的可持续发展 [J]. 华中建筑，1998(3).

[5] 顾孟潮. 知识经济时代的城市规划与建筑 [J]. 规划师

[6] 吴志强. 世博规划中关于'和谐城市'的哲学思考 [J]. 时代建筑，2005(5).

[7] 王晓红. 设计创造财富 [M]. 北京：中国轻工业出版社，2006.

[8] 周延云，李建群. 可持续发展制度实施的困难与制度范式构建 [J]. 西安交通大学学报（社会科学版），2006(5).

[9] 汝信. 世界百科著作辞典 [M]. 北京：中国工人出版社，1993.

[10] 戴汝为. 系统科学与思维科学交叉发展的硕果——大成智慧工程 [M]//90华诞钱学森. 上海：上海交通大学出版社，2003.

# 钱学森与建筑科学大事记

●1954年，钱学森著《工程控制论》(英文版)出版。

●1955年10月8日，钱学森回国。

●1955年，钱学森提出开展运筹学研究的设想。

●1956年，钱学森《论技术科学》一文发表，阐述了科学的三个层次。

●1956年5月10日，钱学森受命组建我国第一个火箭、导弹研究院——国防部第五研究院，担任首任院长，成为中国航天事业发起人、奠基人。

●1958年3月1日，《人民日报》发表钱学森《不到园林，怎知春色如许——谈园林学》文章。该文指出："我国的园林设计比建筑设计更带有综合性"，"我国的园林学是祖国文化遗产里的一颗明珠"，"在新的社会、新的环境、新的时代……把园林学的内容更加丰富起来"，"应该更广泛地和更深刻地来考虑发展我国园林学的问题"。

●1960年，根据钱学森创议，中国科学院成立运筹所，运筹学正式在中国创立。

●1963年11月，钱学森在论述科学技术的组织管理工作时阐明，现代科学技术的特点之一是分工细、专业多和研究工具的复杂化、大型化。他指出，在组织管理工作中应充分利用现代科学技术的成果。

●1979年10月，钱学森在《大力发展系统工程，尽早建立系统科学体系》一文中，建立了从马克思主义哲学，经自然辩证法和社会辩证法(历史唯物主义)到自然科学、数学、社会科学，再到技术科学，最后是工程技术的五个层次的现代科学技术体系的雏形。还提出十四门系统工程专业及相应的专业的特有学科基础，把工程系统工程、环境系统工程纳入他的科学技术体系。

●1980年1月20日，钱学森发表《谈园林艺术》一文，此文提出中国园林的六个层次，即盆景艺术—窗景—庭院园林—公园—风景区—大风景游览区。

●1980年，钱学森创导的中国系统工程学会成立。

●1982年3月，1983年3月3日，1983年3月28日，钱学森先后三次论述"现代科学的结构——再论科学技术体系学"，提出现代科学技术体系六大部门的学说，六大部门即自然科学、社会科学、数学科学、系统科学、思维科学、人体科学。

●1982年5期《艺术世界》载钱学森《我看文艺学》一文，该文说，"我想文学艺术也有六大部门"，建筑艺术是其中的一个文学艺术大部门，"我想这不宜只包含土木构筑，还应把环境包括在内，也就是园林艺术，它们本来是一个整体，不能分割"。

●1982年11月2日，钱学森在中共中央党校作"研究和创立社会主义现代化建设的科学"讲座时，强调"环境管理是国家的一个重要功能"，"环境管理非常重要，工作也很复杂、艰巨，是一次复杂的系统工程技术——环境系统工程技术”。

●1983年，钱学森提出：“我国需要建立国民经济和社会发展的总体设计部。”

●1983年6月出版的《园林与花卉》（1983年1期）发表了钱学森《再谈园林学》一文。

●1983年12月7日，钱学森发表《园林艺术是我国创立的独特艺术部门》（《城市规划》1984年1月），文中系统地论述了中国园林的不同的观赏尺度和层次，明确了中国园林是景观、园技、园艺三个方面的综合，经过扬弃，达到高一级的艺术产物，从理论上阐明了中国园林何以堪称“世界园林之母”。

●1984年1期《技术美学丛刊》中发表了钱学森《对技术美学和美学的一点认识》一文，该文讲到建立马克思主义的、科学的美学，要开展三个方面的工作：一是从部门艺术美学中提炼；二是从思维科学以至人体科学吸取营养；三是从文艺学，特别是从社会主义文艺学中找美的社会实践规律。

●1984年2月14日，钱学森在一次题为“生态经济学必须关心长远的环境”讲话中，认为：“真正关心我们的生活环境，只讲生物圈，讲人与生物圈，概念似乎不很确切。”“要考虑的问题，是整个地球的表层。”“研究生态经济学，我们要考虑现在和子孙后代，就是要考虑资源怎么不断为人类利用，做到永续利用的问题。”

●1984年11月21日，在《新建筑》1985年1期上，钱学森发表致《新建筑》编辑部的信，题目为《为了2000年，我想到的两件事》，其中“第二件事是构建园林式的城市”。信中还介绍了在市区发展立体农业的情况。

●1985年4月17日，中国科协在北京召开了“全国交叉科学讨论”，钱学森出席了讨论会，出席会议的还有钱三强、钱伟长、马洪等著名专家。

●1985年5月17日，钱学森在《交叉学科：理论和研究的展望》一文中指出：“所谓交叉学科是指自然科学和社会科学相互交叉地带生长出的一系列新生学科。有些人对交叉学科是有看法的，好像交叉学科总有点不正规。其实，就是一般公认的那些所谓正规学科也是交叉的，也是既有自然科学又有社会科学。”“各学科部门之间是不是有交叉？显然是有的。因为人类的知识、现代的科学是一个整体。如果说到九个科学的实际应用，那其中交叉就是更甚了，所以，交叉学科的发展是历史的必然，具有强大的生命力。”

●1985年8月，钱学森发表《关于建立城市学的设想》，他说：“我觉得要解决当前复杂的城市问题，首先得明确一个指导思想——理论。”有了城市学，城市的发展规划就可以有根据了。“建立城市规划—城市学—数量地理学这样一个城市的科学体系。”

●1985年9月23日，钱学森就曾指出：“……我讲的九大部门、九架桥梁和一个马克思主义哲学最高概括。这就是现代科学技术。一切不能纳入这个体系的知识就不能算是现代意义上的科学。”又说：“我们也要清楚地认识到：不能纳入现代科学技术体系的知识是很多很多的，一切从实际总结出来的经验，即经过整理的材料，都属于这一大类。我称之为‘前科学’，即待进入科学技术体系的知识。”“科学技术的体系绝不是一成不变的，马克思主义哲学也在不断充实、发展、深化。……人认识客观世界的过程：实践—前科学—科学技术体系。所以我们绝不能轻视前科学(经验科学)，没有它就没有科学的进步；但也绝不能满足于经验总结出来的科学而沾沾自喜，看不到科学技术体系还要改造和深化，因此要研究如何使前科学进入科学技术体系。”

●1986 年，《文艺研究》1 期载钱学森《关于马克思主义哲学和文艺学美学方法论的几个问题》的文章，他说，我不大赞成所谓“交叉科学”这个概念。所有学科都是交叉的，相互联系的。我也不赞成“边缘科学”的说法。有边缘，还有中心呢。你就是中心，他就是边缘？任何一门学科都是根据实际需要建立的。有的是老的，有的是新的。老的也可能经过换装变成新的。总之，各个科学部门是个整体。

●1988 年，钱学森作题为《社会主义建设的总体设计部——党和国家的咨询服务工作单位》的学术报告。

●1988 年 9 期，《求是》杂志刊载钱学森与孙凯飞的文章《建立意识的社会形态的科学体系》，文章最后指出，研究意识的社会形态的科学体系，在宏观高度上总揽全局的精神文明学。下面分两大部分，研究思想建设的行为科学，研究文化建设的文化科学。这就不只是一门学问，而是科学的一个部门。在文化科学中，综合全局的是文化学，作为文化学基础的有教育、科技、文艺、建筑园林、广播电视、新闻出版、体育、图书馆博物馆(展览馆科技馆等)、旅游、花鸟虫鱼、美食、群众团体和宗教十三个方面的学问。

●1990 年，钱学森提出开放的复杂系统概念，把系统分为简单系统和复杂系统，小系统和巨系统，提出研究开放的复杂巨系统的方法，应是定性定量相结合的综合集成方法。因为，“在科学发展的历史上，一切以定量研究为主要方法的科学，曾被称为‘精密科学’，而以思辨方法和定性描述为主的科学则被称为‘描述科学’。自然科学属于‘精密科学’，而社会科学则属于‘描述科学’”。

●1990 年 7 月 31 日，钱学森在给吴良镛的信中提出能否创立“山水城市”的概念。信中说“能不能把中国的山水诗词、中国古典园林建筑和中国的山水画融合在一起，创立‘山水城市’的概念？人离开自然又要返回自然。社会主义的中国，能建造山水城市式的居民区。”在此信中，“山水城市”的概念首次见诸文字。

●1991 年 4 月 27 日，继《城市规划》1985 年 4 期钱学森《关于建立城市学的设想》一文后，钱学森在给鲍世行的信中，再次谈建立城市学的问题。

●1991 年，钱学森向政治局常委作“关于建立国家总体设计部体系”的汇报。

●1991 年 12 月 16 日，钱学森给梅保华的信中，再次谈建立城市学问题。

●1992 年 3 月 14 日，钱学森给吴翼写信，提出把一个现代化城市建成一大座园林的想法。信中说：“在社会主义中国有没有可能发扬光大祖国传统园林，把一个现代化城市建成一大座园林？”

●1992 年 8 月 14 日，钱学森给王仲的信，提出开创一种以中国社会主义城市建筑为题材的“城市山水”画，促进现代中国的“山水城市”建设。

●1992 年 10 月 2 日，钱学森给顾孟潮的信，提出把整个城市建成一座超大型园林即山水城市的问题，并建议以此为题，开个山水城市讨论会。

●1993 年 2 月 27 日，中国城市科学研究会、中国城市规划学会、中建文协环境艺术委员会，根据钱学森建议，联合召开了“山水城市”讨论会。会上宣读了钱学森的书面发言“社会主义中国应该建山水城市”。由此开始一场研讨山水城市构想的热潮。

●1994 年 4 月，上海《文汇报》辟专栏讨论“中国应建山水城市”。

●1994 年 9 月，鲍世行、顾孟潮主编的《杰出科学家钱学森论：城市学与山水城市》一书由中国建筑工业出版社出版，全书 33 万字。

●1994年10月19日，在钱学森的提议下，“立交桥——现代城市一景”座谈会由中国城市科学研究会、中国城市规划学会和中国园林学会联合主办，在北京召开。会后，钱学森来信说：“‘立交桥——现代城市一景’座谈会，由周干峙院士主持，开得很成功！引起专家们的认真议论实一幸事。”

●1994年12月，人民出版社出版由钱学森著《科学的艺术与艺术的科学》一书，《社会主义中国应该建山水城市》、《不到园林，怎知春色如许——谈园林学》、《园林艺术是我国创立的独特艺术部门》等文章收入此书。

●1995年3月16日，中国城市科学研究会在京召开“轿车与城市发展”学术讨论会。钱学森来信说：“我近见报纸上对‘轿车文明’有热烈讨论，我读后也颇有感慨！”“但这是城市学的一个大课题，您的研究会不该考虑吗?”这次讨论会就是根据他的意见召开的。会后《瞭望》1995年18期报道了讨论会。

●1996年3月28日，重庆市城市科学研究会召开“创建山水园林城市学术研讨会”。钱学森在给重庆市城市科学研究会秘书长的信中说，重庆市开展建设重庆市山水园林城市的研究工作，这在我国是有始创性的！建“山水城市”将是社会主义中国的世纪性创造。

●1996年5月，鲍世行、顾孟潮主编的《杰出科学家钱学森论：城市学与山水城市》(第二版)由中国建筑工业出版社出版。该书设增补篇，比首版增加20余万字。

●1996年6月4日，钱学森会见鲍世行、顾孟潮、吴小亚，就哲学、建筑、民主讲了一些意见。钱学森提出，要坚定不移地用马克思主义哲学指导我们的工作，建议建立一个大科学部门——建筑科学，强调学术民主非常重要。

●1996年6月20日，中国建筑工业出版社组织了《杰出科学家钱学森论：城市学与山水城市》再版发行座谈会。邀集在京的中央和地方有关领导、专家和主要新闻单位进行座谈。建设部侯捷部长到会讲话，祝贺这一重要科学著作的再版问世。

●1996年6月，由湖南大学等29个单位共同发起的“建筑与文化”国际研讨会在长沙举行。会议把山水城市作为讨论的主题之一。钱学森对这次会议很重视，他在一封信中说，明年6月将举行的“建筑与文化国际学术讨论会”是一次有重要意义的会议。会上传达了钱学森1996年6月4日的讲话。

●1996年10月，中国城市规划学会风景环境规划学术委员会在成都举行以“山水城市和风景区规划”为主题的年会。会上传达了钱学森1996年6月4日的讲话。

●1997年11月中国城市规划学会风景环境规划学术委员会在厦门举行以“山水城市与城市山水”为主题的年会。

●1998年3月，武汉市城市规划设计院编制了《创建山水园林城市综合规划纲要》(1998～2002)，并与《长江日报·长江周末》举行“山水园林城市”专家研讨会。

●1998年10月，自贡市完成了《建设自贡山水城市研究》课题。

●1998年4月25日，《中国环境报》整版刊发有关山水城市、园林城市的报道。据统计，1992～1997年已获国家园林城市称号的城市有12个：北京、合肥、珠海、杭州(1992年)，深圳(1994年)，中山、威海、马鞍山(1996年)，大连、南京、厦门、南宁(1997年)。

●1998年5月5日，钱学森给顾孟潮、鲍世行的信中说，“我近日想到的一个问题是如何把建筑和城市科学统归于我们说的‘建筑科学’，同时又提高山水城市概念到不只是利用自然地形，依山傍水，而是人造山和水，这才是高级的山水城市。我建议将‘城市科学’改称为‘宏观建筑(Macroarchitecture)’，而现在通称的‘建筑’为‘微观建筑(Microarchitecture)’。这是提高一步，二位以为如何？(人造山即大型建筑)”

●1998年8月12日，钱学森给鲍世行的信中提出：要用马克思主义哲学的观点来考察我国的城市科学与建筑科学，并且认为建国后城市发展的第一步是园林城市，现在计划设计中的是第二步：山水园林城市，第三步是山水城市。

●1999年1月，陇海兰新城市建设联合会与郑州城市科学研究会编的《钱学森论山水城市》出版，全书共6万字。

●1999年6月，鲍世行、顾孟潮主编的《杰出科学家钱学森论：山水城市与建筑科学》一书，由中国建筑工业出版社出版，全书95万字。

●2000年8月，在成都举行的“建筑与文化”学术研讨会(第五次)，以“山水城市”作为会议的主题。

●2000年10月29日，“广州山水城市建设论坛”在广州举行。钱学森给论坛发来贺信。国内一批城市规划专家、建筑学家、社会学家、经济学家、环境及生态园林专家，围绕广州山水城市建设的主题进行研讨，为政府科学决策提供参考。两院院士吴良镛、周干峙，在穗的中国工程院院士莫伯治、容柏生、何镜堂等均在大会上发言。这次论坛由南方日报报业集团和中国城市科学研究会主办。

●2000年12月，广州市房地产业协会、房地产学会在广州举行以“山水城市·山水楼盘与广州房地产业发展”为主题的年会，探讨山水城市与房地产开发结合的问题。

# 试论钱学森建筑科学发展观的理论价值与实践意义（纲要）

2009 年 10 月 31 日 8 时 06 分，钱学森先生离开了我们，中国失去了一位恩格斯式的百科全书式的伟大科学家。

钱学森先生高瞻远瞩，他不仅是一位自然科学家，也是一位系统科学家，他对中国的科学事业作出了卓越的贡献。

钱学森是科学领域百年难遇的领军奇才。恩格斯的自然辩证法为科学发展观奠定了哲学理论基础，而钱学森先生为世界贡献的是一个现代科学技术体系，还有以其科学发展观为基础的众多重要的科学论述和众多重要的科学实践活动，钱学森贡献之伟大是难以估量的。他不仅在航天、航空、火箭等高科技领域作出了杰出的贡献，而且在关系国计民生的建筑科学技术领域作出了开拓性的贡献。本文重点论述的是钱学森建筑科学发展观的理论价值与实践意义。

## 一、钱学森建筑科学发展观的成因

钱学森建筑科学发展观是他潜心研究、吸收前人积累的理论成果，总结前人实践经验凝聚而成的。

钱学森系统思想是钱学森建筑科学发展观形成的主要因素。

钱学森系统思想的核心内容是什么呢？

钱学森系统思想认为，建筑科学的对象是一个具有复杂性、开放性和大科学性质的开放的复杂巨系统（open complex giant system）。从这一观点出发，钱学森指出，研究建筑科学不能只用还原论的思想，而要用还原论和整体论相结合的系统论的思想。钱学森提出研究建筑科学应从定性到定量。综合研讨厅体系（hall for workshop of metasynthetic engineering）是开启建筑科学这个开放的复杂巨系统的金钥匙。

钱学森在其建筑科学发展观形成的过程中，对那些看起来与建筑关系不大的学科都在他认真研究之列（如环境科学、环境心理学、生态学、语言学、社会学、技术美学、人体工程学、行为科学、图式理论等）。可以说，钱学森建筑科学思想是钱学森在 20 世纪大量新学科涌现出来、建筑科学长足前进的形势下，集大成深化提炼而成的。

笔者认为钱学森科学发展观的形成得益于四个“由于”：

由于他对马克思主义的深入研究、准确把握和科学发展——认为马克思主义是引领现代科学技术体系的总哲学、总科学；由于他把古往今来的自然科学、社会人文科学与艺术结合起来，构想了现代科学技术体系；由于他一生与数以千计的当代领先水平的科学技术专家、哲学家、社会科学家、政治家以及众多实际工作者的对话探讨；由于他对中国园林、中国古建筑的情有独钟和对人的身心状态的人本主义关怀。

## 二、钱学森建筑科学思想的主要内容

（1）倡议建立建筑科学大部门，并纳入现代科学技术体系中[1]。

（2）首次从理论上确立建筑哲学在建筑科学体系中的领头地位和通向马克思主义的桥梁作用[1~3]。

（3）创造性地把建筑科学总体概括为“宏观建筑”与“微观建筑”概念。

（4）科学地界定了中国园林艺术——园林学内涵的全面性和深刻性——是 Landscape，Gardenning，Horticulture 三个方面的组合[4]。

（5）指出建立作为城市科学的领头学科——城市学的必要性和紧迫性[4]。

（6）构想了一个未来城市发展模式——山水[1]。

顾孟潮同志、鲍世行同志：

鲍世行同志4月10日信早收到，近又得顾孟潮同志4月29日信（两信都有复制件），拜读后，我对出书事没有什么意见，因我并不了解建筑出版界的情况，请您二位定。

我近日想到的一个问题是如何把建筑和城市科学统归于我们说的“建筑科学”，同时又提高山水城市概念到不只是利用自然地形，依山傍水，而是人造山和水，这才是高级的山水城市。我建议将“城市科学”改称为“宏观建筑（Macroarchitecture）”，而现在通称的“建筑”为“微观建筑（Microarchitecture）”，这是提高一步，二位以为如何？（人造山即大型建筑

此致 敬礼！

钱学森

1998.5.5

钱学森先生书信手迹

## 三、钱学森建筑科学发展观的理论价值与实践意义

钱学森从马克思主义哲学出发，用复杂巨系统的思想剖析建筑科学问题，他不仅明确地为建筑科学大部门定性、定位，为建筑科学体系定位，并为建筑科学贡献了一种未来城市发展模式——山水城市。此外，他还为建筑科学确立了领头学科——建筑哲学、城市学、园林学。

钱学森运用开放的复杂巨系统，改变了建筑科学这个古老学科曾长期徘徊不前的局面，大大推动了建筑学科的发展。钱学森用来研究建筑科学的开放的复杂巨系统，是研究钱学森建筑科学发展观的思想源头，也是我们研究建筑科学的“开源、发流、探微、创新的思想源头”。

钱学森的建筑科学发展观的理论价值与实践意义体现在以下几个方面：

(1) 钱学森明确指出发展建筑科学，改进建筑现状的总的指导思想是马克思主义。

(2) 钱学森明确发展科学、推动实践活动的科学总方法和总对策是把还原论与整体论结合起来，采用大成智慧工程的现代方法。

(3) 钱学森明确对现代科学技术理论发展具有奠基意义的总的框架体系，目前总共包括 11 个大部门，划分为基础理论、技术科学、工程技术三个层次，提示我们不要只是就技术论技术，限于技术细节之中，不能见树不见林。

(4) 钱学森明确主张建立现有学科的领头学科，如城市科学中的城市学、建筑科学中的建筑哲学、园林艺术中的园林学，发挥领头学科对学科的理论创新(源头创新)带头作用。

(5) 钱学森明确建筑科学中的两个总概念——宏观建筑(城市)与微观建筑(建筑)，有助于改变长期徘徊停滞不前的局面，从而推动建筑科学整体向前发展。

**【主要参考文献】**


[1] 钱学森. 现代科学技术体系整体构想图 [N] 人民日报，1996-06-23(版次不详).

[2] 顾孟潮. 建筑哲学概论 [M]. 北京：中国建筑工业出版社，2010.

[3] 钱学森. 哲学·建筑·民主——钱学森会见鲍世行、顾孟潮、吴小亚时的一些意见 [N] 文汇报，1996-06-18(版次不详).

[4] 鲍世行，顾孟潮. 钱学森建筑科学思想探微 [M]. 北京：中国建筑工业出版社，2009.

# 附录　建筑哲学文献

## 一、文献与哲学

建筑哲学有三个基本组成部分，即本体论、价值论、方法论，建筑哲学是对建筑问题的哲学思考。这种思考不是凭空的，需要一系列可供思考的基础信息和资料，需要借鉴前人对建筑问题的哲学思考。这便是我感到要设文献篇的必要性。因为《建筑哲学概论》课讲完了，不等于你的建筑哲学观便建立起来了——你的建筑哲学观必须通过你自己的思考和努力才能形成你自己的自觉的建筑哲学。提供这些参考文献是入门必读的，它们有助于及早站在当代时空的高度上思考建筑哲学问题。一篇论文涉及如此广泛的内容，所以只能是提示性的评述，不可能展开讲。

需要指出，本文的“文献”含意是指具有建筑哲学思考价值的书或文章。不是随意引用的参考资料，即是 literature 而不是 reference，这点请注意。如《辞海》所释：文献指典籍与宿贤。今专指具有历史价值的图书文物资料。设“文献篇”为引起各位对这些文献中的建筑哲学思想结晶给予深刻的重视。

## 二、巴塞罗纳会的启示

1996 年 7 月 2 日～6 日在西班牙巴塞罗纳召开的国际建协第 19 届世界建筑师大会，是一次开得很好，很重要的会议。了解该会的情况，对于我们全面了解世界当今的建筑科技与文化的现状及发展趋势很有价值，对于我们所面临的挑战会有更清醒的认识。

国际建协第 19 次大会的主题是“试图理解在建筑文化与当代城市现实之间存在的分裂症”。用我们中国人习惯的说法便是，当代城市的现实表明，我们原有的许多建筑文化观念需要调整或者更新。这次大会的主报告题为：“现在与未来：城市中的建筑学”，不像以往的大会发布宣言和结论，而是提供五个平台，让人们可以看到、理解、提高和判断一个复杂网络内的相应作用，以便能够认识到最近时期建筑学的自身地位以及它在世界上任何地区的大城市多维网中进行干预的工具和能力。代表五个平台的关键词是变态(Mutation)、流动(Flow)、人居(Habitations)、容器(Containers)、模糊地段(Terrain Vague)。每个词都概括了大量的事实，是有着全新的丰富文化内涵的概念。这本身就是对我们文化的挑战，表明我们亟须了解新情况，学习新知识。

这次国际建协会议，通过了《国际建协关于建筑职业实践标准的初步协议》、《国际建协为全球建筑师未来的一项相互依赖的政策报告》、《建筑教育宪章》三个重要文件(其中建筑职业实践标准是由美国、中国牵头起草的)。这些文件对于我们的实践，既有指导作用也具有“职业挑战”含意。

如文件二，《为全球建筑师未来的一项相互依赖的政策》中，认为当今的建筑学处于十字路口，直接受社会发展的五大要素影响。这五大要素是：人口的显著增加，城市化的主要趋势，城市社会与城市的世界性扩张，创新的技术，世界经济的发展。目前的世界变化与建筑师专业与实践有关的变化主要有四个方面：住房短缺、城市集中过程快、生态不可逆运行、竞争日益扩大。在此转变时期必须建立三个具体概念：持久性、相互依赖性、全球化，并强调，这些概念生成了一系列价值观，它们与建筑学作为一种职业活动密切相关，这促使人们去进一步理解这些活动并加大本职业的文化难度。针对这些情况，文件提出对建筑师素质的“六要”：要有全球观念；要成为高效益的专家，有能力承担各项目及直接性工作、各种规划、并能为人居空间创造新的形象；要成为能同时为业主和社会服务的职业人士；要成为文化价值的旗手和保卫者；要尊重和改善环境；要成为具有最低限度能力职业实践标准的协会的成员。

以上便是世界建筑文化的大背景，我们必须从建筑文化这个整体出发，才可能使中国建筑早日走向世界，在科学技术、建筑职业标准等方面与国际接轨。

## 三、重读刘秀峰的文章

1959年，当时任建筑工程部部长的刘秀峰同志，在上海召开的历时达半个月的“住宅标准及建筑艺术座谈会”上，作了题为《创造中国的社会主义的建筑新风格》的报告，全文发表在《建筑学报》1959年第10期上，引起了国内外较大反响，在相当长时间成为指导中国建筑发展方向的纲领性文件。我认为这次会议及会上形成的这个总报告，是新中国建筑发展史上理论建设和文化建设的里程碑的贡献。

刘秀峰部长的这个报告是值得关心中国建筑过去与未来的人认真读一读的。最近一次我重读的体会是：它有助于我们了解当代中国建筑的发展历程中极为辉煌的一段历史；知道建筑界有些什么好传统，对比之下更珍惜改革开放以来很好的建筑发展条件和趋势；有些历史教训为我们敲起警钟。

这个有关“新风格”的报告约23500字，共分六个部分：①研究建筑问题的几个基本观点；②建筑的特点及构成建筑的基本要素；③建筑艺术问题；④传统与革新、内容与形式问题；⑤学习与创造问题；⑥对建筑师的几点希望。从报告发表之日算，50年过去了，今天读这篇鸿文仍受到震撼，它的基本观点可以讲是正确的，除个别提法因时过境迁不宜再用。报告所表现出来的对建筑科学技术基本理论的认真研究态度、贯彻百花齐放百家争鸣方针的诚恳、批判错误和不良倾向的精神，以及提出“创造中国的社会主义的建筑新风格”的理论勇气都是令人感动和值得称道的。毋庸讳言，此报告发表后的半个世纪建筑界的许多学术研究或创作尚未达到报告要求的水平，某些时候，某些项目上重犯报告所批评的错误，这是很可惜又无奈的历史事实。当然，鉴于历史条件，报告中对于资本主义时期的建筑，对于学习苏联的一再强调，突出建筑的阶级性问题不尽全面，这是可以理解的。但此报告是在倾听众多建筑专家的不同意见，认真总结十年建筑历程的经验和教训的基础上完成的，所以才能达到这么高的水平。可惜50年过去了，建筑界再没出现如此全面、深刻、高屋建瓴的总结，因此理论水平的提高十分缓慢是意料之中的事情。

下面将几个基本观点和几点希望引述如下供同行思考。

1. 研究建筑问题的几个基本观点

①建筑是具有社会性的；②建筑在阶级社会里反映着阶级性；③研究建筑理论特别是研究建筑历史问题，还要从一个国家、一个民族的经济文化的发展来看问题；④研究新中国成立以来的建筑，总结十年来的设计施工经验的时候，还应该以党中央提出的“适用、经济、在可能条件下注意美观”的方针，作为准则；⑤研究建筑理论问题，和研究其他任何问题一样，都必须用唯物主义观点和辩证方法。

2. 对建筑师的几点希望

①展开学术上的百家争鸣，创作上的百花齐放；②提倡个人创作和集体创作相结合；③设计人员要有群众观点，要有劳动人民的思想感情；④从实际出发，从现实可能出发，从当时当地的具体条件出发来进行创作；⑤进一步学习马列主义理论，提高建筑师的政治思想水平和技术与艺术的素养。

从以上10条看，经过50年的实践证明其观点的正确性，对于今天的建筑创作和理论研究仍然有指导和借鉴的意义。

## 四、五部建筑经典著作

国内缺少像Engene P. Sheehy著的《参考书指南》(Guide to Reference Books)这种书，对于科研、教学这是极大的缺憾。因此常见的现象是：作为博士或硕士生的论文中所列的参考文献中往往有重要的遗漏——作为必须精读的经典著作没有读或没有认真读，二流、三流或者不入流的著作和文章倒引用了不少。其结果便是，不能“站在巨人肩膀上”作“接力式的思考”，而是“低水平的重复”，甚至重复错误的思路，结成苦果。因此明确哪些是代表时代水平的具有权威性的经典著作是非常重要的。我读论文或书籍，首先看它参考了哪些文献？参考的文献的水平在很大程度上决定着一篇论文或一本书的质量和水平。Sheehy的《参考书指南》写得很好，本身就是一本参考书，包括大约7500册图书，涉及专业学科时，列入该领域的学生所需要的一切主要参考书。我们很需要《建筑学参考书指南》这类书，如有，我这个书单也就不用列了。

开书单有导向作用，决定今后著述质量和水平的价值。所以我从研究学习建筑哲学的角度考虑了这几部经典著作：《建筑十书》、《走向新建筑》、《建筑空间论——如何品评建筑》、《建筑的复杂性与矛盾性》、《建成环境的意义》，这些是奠定当今建筑理论的基础性著作。下面我对五部书作一点扼要的介绍。

### 1.《建筑十书》

《建筑十书》(De Architectura Libri Decem)，古罗马维特鲁威(Marcus Vitruvills Pollio)著。作者是古罗马建筑师，约生活在公元前1世纪。本书大约写于公元前27～前23年间。本书分为10卷，体系完备，是世界上最著名的建筑经典著作，对后世影响极大。内容包括建筑科学的基本理论、建筑教育、城市规划原理、市政设施、建筑构图基本理论、西方古典建筑型制、各种建筑物的设计原理、建筑环境控制、建筑材料、建筑构造做法、施工工艺、施工机械和设备、建筑经济等内容。各卷内容依次为：①建筑师的教育、城市规划与建筑设计的基本原理；②建筑材料；③、④庙宇和柱式；⑤其他公共建筑物；⑥住宅；⑦室内装修及壁画；⑧供水工程；⑨天文学、日晷和水钟；⑩机构学和各种机械。这些内容对今天的建筑师仍有启发作用，对于建筑理论及建筑史研究人员、文物研究人员也很有参考价值，因此不断被译成各国文字，流传于世。

意大利文艺复兴时期，于1414年发现这本书的一个抄本，受到极大关注。1486年在罗马印行了拉丁文本；1511年在威尼斯出版了插图本；1512年出版了意大利文的译本，有插图和注释。以后多次印行，遍及欧洲，成为文艺复兴时期建筑学的金科玉律。学术界公认这部著作在西方建筑发展史上占有重要地位，并在四方面作出了卓越的贡献：

(1) 提出了建筑科学的基本内涵和基本理论，建立了建筑科学的基本体系；

(2) 提出了建筑师的教育方法和修养方法；

(3) 把建筑技术和建筑艺术结合起来，总结出古希腊、古罗马时代的建筑实践经验，又创立了城市规划和各种建筑物的设计原理；

(4) 介绍了当时的唯物主义哲学思想和自然科学成就，并把这些和建筑科学结合起来。

著者维特鲁威的生平情况不详，据分析他出身于富有的知识阶层，受过文化教育和工程技术教育，懂希腊语，能直接了解希腊文献；曾为当时两代统治者恺撒和奥古斯都服务过，官职为建筑师兼工程师、军事工程师，由于有功还得过奖金，主要是以建筑著作闻名而受到嘉奖。也有人认为，他曾经建造过罗马城的供水工程和法诺城的一所巴西利卡(长方形会堂)。其《建筑十书》是欧洲中世纪以前遗留下来的惟一的建筑学专著。

本书中文本由高履泰据1511年威尼斯版本译出，由中国建筑工业出版社出版。

2.《走向新建筑》

《走向新建筑》(Vers une Architecture Nouuelle)，法国柯布西耶(Le Corbusier. Saugnier，1887～1965年)著，1921年巴黎出版。全书7章，附图212幅。第一章：工程师的美学与建筑艺术。指出工程师的美学与建筑艺术的相互依赖，相互联系的关系，主张要重视经济法则，数学计算，反映机器时代的美学。第二章：向建筑师指出三个要点(体量、外观、平面布局)。强调建筑与传统的风格无关，应当从房屋的使用功能出发，所谓“房屋是住人的机器”。平面是根本，体量和外观不可忽视。第三章：视而不见的眼睛，指出一个伟大的时代正在开始，而我们的眼睛却分辨不出来。我们的时代每天都在决定自己的风格，他推崇机器的美，声称“一所房子是一个住人的机器”，建筑师应当向汽车、轮船学习设计。第四章：控制线。第五章：建筑。分析了一些古代罗马实例，介绍柯布西耶的体验。第六章：大量生产的房子。强调住宅的问题是一个时代的问题，今天的社会平衡靠它来维持，为了解决住宅问题，必须采取工业化方法，大量建造廉价住宅，为此他提出了工业化生产大批住宅的种种方案和设计。第七章：建筑与革命。把工业化建筑大量住宅的问题提到建筑界必须革命的高度来认识。该书在建筑理论上提出了许多革新和独特的见解，批评了看不到工业发展和建筑发展必然趋势的古典主义学派，因而对近几十年来世界现代建筑的形成和发展产生了极大影响。特别是当此书1923年译成英文后，其影响波及全世界，柯布西耶被尊为现代派建筑大师之一，本书被认为是现代主义建筑理论的奠基之作。勒·柯布西耶1887年生于瑞士一个钟表制造商家庭，后因旅居巴黎多年，且许多作品在法国境内，一般称之为法国建筑师。他的著名作品有巴黎近郊的萨伏依别墅、巴黎蒙疏利公园的瑞士学生宿舍、马赛公寓、莫斯科苏维埃宫、里约热内卢教育卫生部、朗香教堂等。他写了有关建筑理论、城市规划、雕塑绘画等方面的著作 20 余本，被译成各国文字。

本书中文本由吴景祥译，1981 年 4 月中国建筑工业出版社出版。1991 年 11 月天津科学技术出版社出版陈志华据 1924 年增订版的中译本。

3. 建筑空间论——如何品评建筑

《建筑空间论——如何品评建筑》(Architecture as Space，How to Look at Architecture)，意大利布鲁诺·赛维(Bruno zevi)著，1974 年纽约版，全书共 6 章：第一章，建筑——陌生的事物；第二章，空间——建筑的“主角”；第三章，空间的表现方法；第四章，历代的空间形式；第五章，对建筑的解释；第六章，为争取有现代意义的建筑历史研究而努力。布鲁诺·赛维，意大利罗马大学建筑历史教授。1918 年生于罗马一个古老犹太家庭。早年曾从事反法西斯斗争。1939 年离开意大利，1941 年在美国哈佛大学建筑学研究生院获文学硕士学位。1943 年返回意大利，后在威尼斯和罗马大学讲授建筑历史。此书为意大利有机建筑学派的建筑理论名著。作者在书中抨击了用绘画和雕塑等造型艺术的评价方法来品评建筑的现象，强调了空间是建筑的主角，运用“时间——空间”观念去观察全部建筑历史。该书已被译成 10 余种文字出版，并被列为许多国家建筑学课程的基本教材。

中文版由张似赞译，中国建筑工业出版社 1985 年出版。

4.《建筑的复杂性与矛盾性》

《建筑的复杂性与矛盾性》(Complexity and Contradiction in Architecture)，美国罗伯特·文丘里(Rober Venturi)著，1977 年由现代艺术博物馆出第二版。全书共 11 章。第 1 章错综复杂的建筑：一篇温和的宣言；第 2 章复杂和矛盾对简单化或唯美化；第 3 章建筑的不定性；第 4 章矛盾的层次；建筑中“两者兼顾”的现象；第 5 章矛盾的层次续篇：双重功能的要素；第 6 章法则的适应性和局限性：传统的要素；第 7 章适应矛盾；第 8 章矛盾并存；第 9 章室内和室外；第 10 章对困难的总体负责；第 11 章作品。文丘里 1925 年生于美国费城，曾就读于基督教主教派教会学院、普林斯顿大学。1950 年改读硕士学位。1954～1956 在罗马美国学院留学。先后在沙里宁、路易斯·康等大师的建筑事务所工作。1957 年以后在宾夕法尼亚大学、耶鲁大学任教，并与人合开建筑师事务所。文丘里是 20 世纪 60 年代反对功能主义美学的最引人注目而有影响力的理论家之一，被誉为后现代主义建筑派的先锋。他的代表作《建筑的矛盾性与复杂性》一书出版于 1966 年。作者认为，建筑具有不定性，出色的建筑作品必然是复杂的和矛盾的，而不是非此即彼的纯净的或简单的。意义的丰富胜于简明，甚至杂乱而有活力胜于明显的统一。他反对密斯“少即是多”的名言，认为“多并不是少”。

此书中文版由周卜颐译，中国建筑工业出版社，1991 年出版，142 页，附图 101 幅。

5.《建成环境的意义——非语言表达方法》

《建成环境的意义——非语言表达方法》(The Meaning of The Built Environment—A Nonverbal Communication Approach)，美国阿摩斯·拉普卜特(Amos Rapoport)著，圣哲出版社 1982 年版。全书共 7 章：第 1 章，意义的重要性；第 2 章，意义的研究；第 3 章，

环境的意义——非言语表达方法初探；第 4 章，非语言表达与环境的意义；第 5 章，小尺度的应用实例；第 6 章，城市应用实例；第 7 章，环境，意义和交流。阿摩斯·拉普卜特是威斯康星大学(密尔沃基)建筑城市规划系的著名教授。曾执教于墨尔本大学、悉尼大学、加利福尼亚大学(柏克利)和伦敦大学专修部。拉普卜特教授是环境行为学领域的奠基者之一，其代表作是《住宅形式与文化》(1969 年初版，后被译成 5 种语言)和《城市形式的人文方面》，同时他是《城市生态》杂志主编及 8 种国际学术，职业杂志的编辑顾问。1980 年获环境设计研究协会授予的卓越事业奖。本书系关于人与环境关系的理论专著。作者以使用者的意义(相对于建筑师或评论家的)和日常环境(相对于著名地称)为讨论焦点，对建成环境进行了多角度的分析研究，在人与环境关系这一日益延展的年轻领域提出了令人耳目一新的见解。本书涉及环境行为、环境心理学、社会学、符号学等学科，对建筑师、规划师、地理学及其他有志于对环境设计作人文研究者，都为必读之书。

此书中文版由黄兰谷等译、张良皋校，中国建筑工业出版社 1992 年出版，242 页，附图 28 幅。

## 五、关于建筑的宪章与宣言

为什么要把下列宪章与宣言列为学习建筑哲学的必读文献？我有以下考虑。

按照《辞海》和现代汉语词典的解释：宪章是某个国家的具有宪法作用的文件，或者是规定国际机构的宗旨、原则、组织的文件。

按《辞海》解释：宣言一般指国家、政府、政党、团体或其领导人为说明其政治纲领或对重大政治问题表明其基本立场和态度而发表的文件。由两个以上国家、政府、政党、团体或其领导人共同发表的叫“联合宣言”或“共同宣言”。某些宣言具有条约性质，也有以会议的名义发表的宣言。

本文所引并加评介的建筑宪章与宣言也是属于这类性质的文件，不同的只是主要涉及建筑学学术、科学技术内容，近年来由于政府首脑人物的参与(如《21 世纪议程》、《能源宣言》等)政治内容、社会内容比例才有所增加。因此使人们有一种误解，似乎“宪章”、“宣言”一类文件主要是讲“政治”，从以下分析 5 个建筑宪章和宣言的论述中，可以感觉到其学术价值起码体现在 5 个方面，即：①宪章、宣言是该领域当时最高水平的反映，既有思想性、哲理性，又体现对迫切需要解决问题的现实性和预见性；②宪章、宣言是高层次对话并取得认同的结果，它体现出各国间的理解和共同需要；③宪章、宣言体现出“对话”是效率最高的信息交流与共享的方式，文字简练，几种语言同时并举；④宪章、宣言的深刻内涵使其可开发潜力大，有的就成为规划设计原理、城市建筑有关法规、条例的原型。

以下对 5 个宪章(或宣言)逐一评介：

### 1.《雅典宪章》(Charter of Athens)

《雅典宪章》，是 1933 年现代建筑国际会议(国际建筑师协会的前身)于雅典拟订的，现代建筑大师勒·柯布西耶等参与了起草工作。全文共 8 个部分：①定义和引言；②城市的四大活动；③居住是城市的第一个活动；④工作；⑤游憩；⑥交通；⑦有历史价值的建筑和地区；⑧总结。

宪章在四个方面的贡献是突出的，表现在《雅典宪章》的生命力。首先它界定了“城市”与“乡村”的定义——城市与乡村彼此融合为一体，而各为构成所谓区域单位的要素。并且指出“城市是构成一个地理的、经济的、社会的、文化的、政治的区域单位的一个部分、城市即依赖这些单位而发展。”第二大贡献是，明确了城市的四大活动(居住、工作、游憩、交通)，抓住了城市最基本的功能内涵，并强调“居住是城市的第一个活动”，作了定性定量的分析。第三大贡献，提出对“有历史价值的建筑和地区”应妥为保存的观念和原则。第四，指出“最急切的需要，是每个城市都应该有一个城市计划方案与区域计划—国家计划”、“必须制定必要的法律以保证其实现”，并告诉从事城市规划的工作者“人的需要和以人为出发点的价值衡量是一切建设工作成功的关键”。

2.《马丘比丘宪章》(Charter of Machu Picchu)

《马丘比丘宪章》，1977 年 12 月，一些城市规划设计师聚集于利马，以《雅典宪章》为出发点，进行了为时一周的讨论，用四种语言提出来的，包含着若干要求和宣言。全文共 12 个部分：①城市与区域；②城市增长；③分区概念；④住房问题；⑤城市运输；⑥城市土地使用；⑦自然环境与环境污染；⑧论文物和历史遗产的保存和保护；⑨工业技术；⑩设计与实施；⑪城市与建筑设计；⑫结束语。

1933 年现代国际会议(简称 CIAM)通过的《雅典宪章》多少年来一直是欧美高等建筑教育的指针。近 45 年后的 1977 年由国际建协(UIA)组织制定的《马丘比丘宪章》，以《雅典宪章》为出发点，是《雅典宪章》的继续、补充、深化、突破与超越，今天读起来仍能感到它对现实的指导意义。

该宪章的贡献与突破是重大的，也是多方面的。

首先，它对《雅典宪章》有许多重大突破。《马丘比丘宪章》由《雅典宪章》出发但未受其局限，对于《雅典宪章》中过时、不当和错误的方面旗帜鲜明地指出，又保护和补充、深化其正确的方面。如该宪章体现了对科学理性的反思，一开始便声明，“雅典代表的是亚里士多德和柏拉图学说中的理性主义”，而马丘比丘代表的却都是单凭逻辑所不能分类的一切。又如在分区概念上，它反对《雅典宪章》设想造成的，“为了追求分区清楚牺牲了城市的有机构成”错误，使城市生活患了贫血症，城里的建筑物成了孤立的单元，否认人类活动要求流动的、连续的空间这一事实。在住房问题一节强调，“我们深信人的相互作用与交往是城市存在的基本根据”等根本分歧。

第二，它对《雅典宪章》的补充不仅是枝节技术性，而有许多体现新观念、新情况、新动向的重要补充和发展。如：①宪章明确，“规划过程包括经济计划、城市规划、城市设计和建筑设计，它必须对人类的各种需求作出解释和反应”；②指出“宏观经济计划与实际的城市发展规划之间普遍脱节，已经浪费掉为数不多的资源，并降低了两者的效用”的严峻现实；③呼吁重视“三个重要方面造成的严重危机，即生态学、能源和食物供应”以及相应出现的“城市衰退、住房缺乏、公共服务设施以及生活质量的普遍恶化”的后果；④反对交通取决于私人汽车的观点，主张“应当是使私人汽车从属于公共运输系统的发展”；⑤指出当前最严重的问题之一是环境污染的迅速加剧，现在已经到了空前的具有潜在的灾难性的程度，这是无计划的爆炸性的城市化和地球自然资源滥加开发的直接后果；⑥认为某些地区，工业技术的发展是爆炸性的，技术的扩散与有效应用是我们时代的重大问题之一等等。

第三，特别应当指出，《马丘比丘宪章》用了超过1/3的篇幅，补充了《雅典宪章》没有涉及的建筑设计，即第十一节城市与建筑设计。该节义正严词地批评了以勒·柯布西耶为代表的现代主义建筑观念、城市观念。他们认为建筑是在光照下的体量的巧妙组合和壮丽表演。勒·柯布西耶的太阳城就是由这样的体量组成的，他的建筑语言是与立体派艺术相联系的，也是与把城市按功能分隔成不同的元素那种思想完全一致的。该宪章主张“在我们的时代，现代建筑的主要问题已不再是纯体积的视觉表演，而是创造人们能在其中生活的空间。要强调的已不是外壳而是内容，不再是孤立的建筑(不管它有多美、多讲究)，而是城市组织结构的连续性。”目标应当是，“把那些失掉了它们的相互依赖性和相互联系性，并已经推动活力的含义的组成部分重新统一起来。……走向现代运动新的成熟时期”。认为“新的城市化概念追求的是建成环境的连续性”。并提出建筑形象“持续原则”，“用户参与”，“摆脱一切老框框，诸如维特鲁威柱式或巴黎美术学院传统以及勒·柯布西耶的5条设计原理”等，具有革命意义的主张。

3.《华沙宣言》(Warsaw Declaration of Architects)

《华沙宣言》，是1981年6月15～21日在波兰举行的国际建筑师协会第14次世界建筑师大会通过的文件。宣言集中反映了会上各种学术报告、论文的主要观点，大会的主题是：建筑—人—环境。全文共5部分：①我们承认人民的基本需要和权利；②我们必须面对现代世界的挑战；③我们号召各国、各国代表和当局保持对发展的控制；④必须承担更大范围的专业责任；⑤我们接受在差别和变动中的世界上工作的挑战。

该文件主要内容是反映会议三方面的成果，即：认识到为人类居住生活质量有关的建筑活动提供指导和理论基础的义务，并认识到人类—建筑—环境三者之间有密切的相关性，需要向世界全体建筑师、舆论界和所有掌握开发进程的人们宣传我们的认识和主张。因此“宣言”表现出与会建筑师的责任感、敬业精神，和建筑观念上的巨大进步。我称该宣言为环境建筑学观念形成的重要标志。

该文献最突出的贡献集中在第四部分，我们必须承担更大范围的专业责任这一节的18条论述中，包括对建筑学观念和建筑师的专业责任论述均强调了改善环境、协调环境、提高环境质量这个核心内容。现将有关内容扼要引述如后。

(1) 建筑学是为人类建立生活环境的综合艺术和科学。建筑师的责任是要把已有的和新建的、自然的和人造的因素结合起来，并通过设计符合人类尺度的空间来提高城市面貌的质量。建筑师应保护和发展社会遗产，为社会创造新的形式并保持文化发展的连续性……建筑师应该把自己看成社会的公仆。

(2) 设计专业的职责在于最有效地利用各种不同制度下所拥有的手段去改善人造环境。

(3) 规划必须在当前城市化进程范围内，反映出城市和其周围地区主要的动态的统一体，并在邻里单元、居住区和城市结构的其他组成部分之间确立它们的功能关系。

(4) 人类居住建筑的设计应提供这样一个生活环境，即能保持个人、家庭、社会的特点，有足够的手段保持互相不受干扰，又能进行面对面的交往。

(5) 规划和建筑应力求创造出一个完整的、多功能的环境，把每一建筑视为综合体中的一个组成部分，在和其他组成部分的呼应下完成其形象。

(6) 交通方针应赞助公共交通工具，以减少机动车的拥挤和污染。

(7) 缺乏连续不断的研究工作会严重限制建筑的发展。当前的专业科研力量应予扩充。

(8) 建筑师和规划师的作用能否有效发挥，取决于每个社会中政治领导的质量和对于人类居住建设正式承担多少义务。

1/4 世纪过去了，仅从摘下的这几条可以看出，实现它们尚需要做多少艰苦的工作。

### 4.《蒙特利尔宣言》(Montreal Declaration) ——走向制定建筑国策

《蒙特利尔宣言》，是于 1990 年 5 月 27 日至 6 月 2 日的国际建协(UIA)第 17 次大会和第 18 次代表大会上通过的。参加大会的代表有来自世界各国和地区的建筑师、专家、学生等近 4000 人。

宣言中提出保护和改善建筑与自然环境质量，提高建筑师地位与作用，关心人口、住房、文化遗产保护，促进建筑设计水平的提高，建立和加强建筑研究和教育事业等方面的努力目标。会议希望各国政府支持这个宣言，将宣言中的目标列为国家政策。这次大会的学术讨论主题是“文化与技术”。

简短的宣言共分四个部分：①考虑 4 条——声明基本观念部分；②注意 4 条——指出新情况、新问题；③建议——提出国家建筑政策的总目标；④第四部分提出国家政策的具体目标。这里引述与建筑哲学关系最密切的第一部分：

(1) 建筑是文化的表现，它反映了一个社会的形象；

(2) 建筑设计、建筑质量，建筑与环境的结合，对自然与城市景观和我们传统的尊重，以上都为公众所关怀；

(3) 人们对有足够的住房以及各种适应不同生活方式的社会设施的需要，构成了一种基本目标，这一目标必须在适当尊重个人的权利、习惯、传统以及自由的条件下实现；

(4) 建筑师把自己的智力与职业活动视为对地方、民族和国际社会的发展所提供的一种服务。

### 5.《芝加哥宣言》(Chicago Declaration)——为争取持久未来的相互依赖

1993 年 6 月 17 日～21 日，国际建协(UIA)第 18 届大会和 19 次代表大会在芝加哥召开。大会主题为“建筑在十字路口——为持久的未来设计”。大会根据联合国环境与发展会议的精神，全面探讨了世界在发展中面临的环境问题，探索既保证全球发展，又保护人类环境的建筑设计方向以及相关措施。

代表大会通过了以《为争取持久未来的相互依赖》为题的芝加哥宣言，号召各国建筑师加强合作，为世界持久的发展作出贡献。我国代表团在会上提出，以“21 世纪的建筑学”为 1999 年大会的主题，得到与会者的赞同。

宣言共 14 条分三个部分，其中：关于观念、认识的 6 条，关于持久设计 3 条，关于建筑师义务的内容 5 条。鉴于其重要性且文字又不长，这里引前 9 条：

(1) 一个持久的社会为了所有的生灵(现在的和未来的)的利益而恢复、保护并改善自然及文化；

(2) 对一个健康的社会而言，一种多样化及健康的环境具有内在的价值而且是必不可少的；

(3) 我们今日之社会却在严重地破坏环境，因而是不能持久的；

(4) 我们与整个自然环境在生态上是相互依赖的；

(5) 我们与整个人类在社会上、文化上、经济上是相互依赖的；

(6) 这种相互依赖的语境(context)下的持久性，要求所有方面建立伙伴的、平等的以及平衡的关系；

(7) 建筑物与建成环境在人类对自然环境及生活质量的影响中起着重要的作用；

(8) 持久性的设计应当综合考虑到资源和能源利用率，健康建筑与材料，对生态及社会敏感反应的土地利用，以及一种能起到鼓舞、肯定及培育作用的美学灵敏性；

(9) 持久性的设计可从一方面大幅度地减少人类对自然环境的消极影响，又可以同时改善生活质量及生活水平。

显然，《芝加哥宣言》有关人类与自然环境在生态上是相互依赖的认识以及持久设计观念的提出是其最为重要的贡献。

## 六、钱学森论建筑哲学与建筑科学

钱学森现代科学技术体系的整体构想。

此构想创造性地把建筑科学列为第 11 个大科学部门，与自然科学、社会科学等十大部门并列，并加上建筑科学通向马克思主义的桥梁——建筑哲学。这一体系构想图，有着十分深刻的内涵，对于作为支柱产业的建筑业、建筑科学技术领域，更有着极大的理论与实践价值和启示意义。

需要说明的是，钱老关于建立建筑科学大部门的思路，首先是在 1996 年 6 月 4 日接见《城市学与山水城市》一书编辑人员谈话中提出的。因此，为了加深对思路的认识必须结合对此次谈话有关内容的理解(见钱学森：《哲学・建筑・民主》一文，载于《钱学森论建筑科学》)。

建筑是科学的艺术，也是艺术的科学。

因此钱学森把建筑科学列在自然科学和文艺理论之间，既考虑到科学兼有性智和量智的性质，也说明这一思考成果是科学思维和艺术思维的结晶。同时体现出，他“把自然科学、社会科学联系起来，从整个科学技术体系角度来看问题”，整体系统把握研究对象的科学方法。

要坚定不移地用马克思主义哲学指导我们工作，要重视建筑哲学问题。

他认为，建筑哲学是连接建筑科学与马克思主义哲学的桥梁。并说，“在今天的中国讲‘建筑哲学’意义重大，它与我们提倡‘山水城市’有关，我们要用哲学来开拓我们的视野，把一个城市作为一座整体建筑来考虑。”(《钱学森建筑科学思想探微》)

真正的建筑科学包括三个层次。

第一层次属于基础理论是真正的建筑学；第二层次是建筑技术理论，包括现在的建筑学、城市学；第三层次是工程技术，包括现在的建筑设计、城市规划。三个层次，最后是哲学的概括。对建筑用什么指导思想，唯心主义？唯物主义？辩证唯物主义？历史唯心主义？历史唯物主义？这个学问才是真正的建筑哲学。真正的建筑哲学应该研究建筑与人、建筑与社会的关系。

*另一个文学艺术的大部门是建筑艺术。*

我想这不宜只包含土木构筑，还应把环境包括在内，也就是园林艺术，它们本来是一个整体，不能分割(钱学森：《我看文艺学》，载于《艺术界》1982年第5期)。1980年钱学森指出“科学技术现代化一定要带动文学艺术的现代化”(见《科学文艺》1980年2期，钱学森文)。又说“因为园林艺术是一种改造生活环境的艺术，比建筑艺术综合性更高”，把园林艺术列为文学艺术的第八个大部门(钱学森：《对技术美学的一点认识》，载于《技术美学丛刊》，1984年第1卷)。由此可以看出钱老关于建筑的认识不断发展的轨迹。1994年时钱老已明确指出：“建筑这门学问是横跨自然科学、社会科学和艺术的，老一套体制是无法办好的。幸而现在党中央在邓小平建设有中国特色的社会主义思想指导下，破旧立新，建筑科学将大有可为了!”(《钱学森建筑科学思想探微》)

*建立一个建筑科学学科群体系。*

这符合飞速发展的现代科学技术不断涌现出新学科的总趋向。粗略统计，属于建筑科学技术类的新学科，现在已有人居环境学、建筑心理学、生活方式学、城市建设经济学、城市社会学等几十种。我把它们概括为五大类，即：人类居住学、建筑经济学、建筑文化学、建筑社会学、建筑科技学。当然我的这种概括是否适当尚需进一步研究。

*建筑的真正的建筑科学基础要讲环境。*

不久前召开的联合国第二次人类住区大会(简称“人居二”)便证实了这一论断。出席此次大会的中国政府代表团团长，建设部长侯捷在大会上发言，呼吁国际社会对关注人类住区，并指出，“人居是人类生存最基本的权利。在人类迈进下世纪之前，如何实现‘人人享有适当的住房，和日益城市化世界的人类住区可持续发展’两大目标，已成为国际社会面临的一项紧迫而又重大的问题，也是‘人居二’根本目的所在。”

以研究人的环境为主要内容的建筑科学，与最近几年世界上发生的大事基本上都有关系，如作为时代主题的环境与发展、持续发展、能源问题、生态问题、人口问题、城市化问题……无一不与建筑科学有着非常密切的联系，鉴于它的重要性，钱学森教授正式把建筑科学列为第十一大科学部门，此举堪称对世界建筑文化宝库的一大贡献，对于早日确立建筑业、建筑科学的支柱产业和支柱学科的地位有着极大的促进作用。

**【主要参考文献】**

［1］ (古罗马)维特鲁威著．建筑十书［M］．高履泰译．北京：中国建筑工业出版社，1986.
［2］ 刘秀峰．创造中国的社会主义的建筑新风格［J］．建筑学报，1959，(10)：3～12.
［3］ ［法］柯布西耶．走向新建筑［M］．吴景祥译．北京：中国建筑工业出版社，1981.
［4］ ［意］布鲁诺·赛维．建筑空间论——如何品评建筑［M］．张似赞译．北京：中国建筑工业出版

社，1985.
[5] 雅典宪章(1933年6月)［M］//中国建筑学会手册编委会．建筑师学术·职业·信息手册．郑州：河南科学技术出版社，1993，10：725～732.
[6] 马丘比丘宪章(1977年12月)［M］//建筑师学术·职业·信息手册．郑州：河南科学技术出版社，1993，10：733～743.
[7] 建筑师的华沙宣言(1981年)［M］//建筑师学术·职业·信息手册．郑州：河南科学技术出版社，1993，10：743～748.
[8] 蒙特利尔宣言——走向制定国策(1990年)［M］//建筑师学术·职业·信息手册．郑州：河南科学技术出版社，1993，10：749～751.
[9] 芝加哥宣言——为争取持久未来的相互依赖(1993年)［J］．建筑学报，1993，(9).
[10] 巴塞罗那(1996年)现在与未来：城市中的建筑学［J］．建筑学报，1996，(10).
[11] 钱学森．社会主义中国应该建山水城市［J］．建筑学报．1993，(6).
[12] 钱学森．关于哲学、建筑科学、学术民主的思考［N］．科技日报，1996-7-14(2).
[13] 鲍世行，顾孟潮主编．城市学与山水城市［M］．第二版．北京：中国建筑工业出版社，1996.
[14] 钱学敏．钱学森论科学思维与艺术思维［N］．人民日报，1996-11-6(10).
[15] 顾孟潮．迎接建筑文化建设的新高潮［N］．建筑报，1996-10-22(3).
[16] 汝信主编．世界百科著作辞典．中国工人出版社，1993.
[17] 国际建筑师协会(UIA)第20届代表大会通过的三个文件：1. 建筑教育宪章；2. 关于建筑师实践推荐国际职业标准的认同书；3. 为全球建筑师未来的一项相互依赖的政策(张钦楠译稿)。
[18] 顾孟潮编．钱学森论建筑科学［M］．北京：中国建筑工业出版社，2010.
[19] 鲍世行．顾孟潮编著．钱学森建筑科学思想探微［M］．北京：中国建筑工业出版社，2009.

# 后　记：我的建筑哲学观念的生成

《建筑哲学概论》几百页的书稿，是我几十年学习建筑哲学的读书笔记，也是我在不同时期思考建筑哲学问题的答卷，这个答卷将最后送到读者您的手中，接受您的审阅和打分。

通过这一书稿的写作，我回顾了探索建筑哲学之路。

德国哲学家黑格尔说过，他不愿意只是有一个塞满东西的头脑，而希望有一个能想通问题的头脑。

艾思奇的《大众哲学》、车尔尼雪夫斯基的《为什么》以及介绍中国古代哲学家先秦诸子百家思想的著作等，使我在中学时代接受了建筑哲学的启蒙教育。

黑格尔的话解放了我的头脑，令我重新解读自己的知识结构和记忆对象。促使我遇到问题努力重新思考，从正面、反面，从宏观、微观的不同角度去思考。对于别人的结论愿意“接着说”和“想着说”而不愿意“照着说”，不愿意“人云亦云”。这使我对有丰富思想内容的艰深的哲学理论著作产生了浓厚的兴趣。这促使我读了很多书，思考不少问题，在比较之中疏通着我的头脑。

20 世纪 50、60 年代，我在上大学建筑系时开始系统地阅读了一些哲学、美学、建筑学的理论著作。如读苏联专家讲的《辩证唯物主义和历史唯物主义的若干问题》一书，就开始接触“研究对象”、“范畴”、“矛盾”、“实践”等纯正的哲学术语；读普列汉诺夫的《艺术论——没有留下地址的通信集》，对唯物主义和唯心主义加深了认识；读《矛盾论》和《实践论》，深深体会到“只有理解了的东西才能更好地感觉它”的思想。

1961 年，我着手翻译苏联建筑科学院编的《建筑构图概论》（俄文版），一边翻译一边给同学讲解，使我对建筑构图理论中的研究对象、范畴，如空间体量组合、构造学等这些建筑学术语的丰富内涵和建筑艺术手法——对称与不对称、对比与微差、韵律与节奏、模数、比例、尺度等有了深一步的理解，尝到了学习理论的甜头，更加深了我对建筑理论的兴趣。这大概就是我探索建筑哲学奥秘的开端。

经历了漫长的中学、大学时代，一直到工作后多年，我并未意识到我已经踏上探索建筑哲学之路，直到 20 世纪 90 年代才体会到这一点，也才知道《建筑构图概论》一书在我探索建筑哲学道路上的重要意义。

《建筑构图概论》出版半个世纪以来，证明它是一部由建筑科学专家们集体完成的经典著作，它集空间建筑学观念、理论和技巧手法和建筑科学基础理论之大成。它把综合性的建筑构图理论阐述和具体的可操作性构图技巧两者较好地结合起来。该书兼有美国哈木林《20世纪建筑形式与功能》(《Hamlin. T Form and Functions of Twentieth Architecture》)和意大利布鲁诺·赛维的《建筑空间论》(《Bruno Zevi Architecture as Space》)两部名著的优点(详见台湾田园阐述文化事业有限公司出版《建筑构图概论》序言)。

改革开放，使大量介绍国外建筑理论、美学、建筑流派的书籍、期刊以影印版进来，吸引我常常节假日泡在外文书店选购有用的资料，或者借阅国立北京图书馆(今国家图书馆)的原版书，复印有关章节甚至全书，这使得我的建筑观念又上了一个新台阶。我开始加强对环境建筑学、生态建筑学、城市生态学、环境艺术和环境设计理论与实践的研究，减轻对有关建筑形式美、建筑流派的关注程度。

20世纪80～90年代，我陆续完成了一批主要论文，如《从香山饭店探讨贝聿铭的设计思想》(1982年)、《系统理论与建筑设计创新》(1985年)、《学习信息海洋中的游泳术》(1986年)、《建筑风格无定格议》(1986年)、《建筑学观念的变迁》(1986年)、《未来的世纪是生态建筑学时代》(1987年)、《当代环境艺术观念与建筑创作构思》(1987年)、《关于城镇规划与建设优化的思考》(1994年)。

这一时期完成的学术专著有:《建筑构图概论》(1983年)、《世界建筑艺术史》(1988年)、《建筑·社会·文化》(1991年)、《当代建筑文化与美学》(1989年)、《中国建筑评析与展望》(1989年)、《现代住宅的科学与艺术》(1989年)、《建筑师学术、职业、信息手册》(1992年)、《奔向21世纪的中国城市——城市科学纵横谈》(1992年)、《世界建设科技发展水平与趋势——城市·建筑·园林·高新技术》(1995年)、《20世纪的中国建筑》(1999年)、《城市学与山水城市》(1994年)、《山水城市与建筑科学》(1996年)、《宏观建筑与微观建筑》(2001年)和《钱学森建筑科学思想探微》(2009年)、《钱学森论建筑科学》(2010年)。

在这些论文和著作中我都力图将新学习到的系统论、信息论、控制论、生态论这些新观念、新理论、新方法运用到建筑理论、设计、评论的实践中去。力图从这些理论和思想的高度研究探讨有关问题，加之后来开设建筑哲学课的需要，撰写专门的建筑哲学论文……逐渐在头脑中才形成了比较明确的建筑哲学观念。

建筑哲学观念上的转变是建筑行业和学术起飞的起点和归宿。

当我校阅《建筑哲学概论》一书时，不无遗憾地发现，拙著中多次提到的如中国建筑艺术危机(114页)，纪念性建筑设计的误区(178页)、城市特色的危机(185页)等不少问题至今依然存在。这在最近的“中国十大丑陋建筑”的评选过程中暴露无遗。国内的丑陋建筑竟然数量如此之多、规模如此之大，让我们不能不震惊和醒悟——新中国已经建立60多年的今天，现在正进入第十二个五年计划的历史新阶段，我们太需要哲学层次的思考了！希望本书对此能有所禅益。

探寻建筑哲学真谛之路是没有止境的，我寄希望于今后有更多的同好出现。

**顾孟潮 2011年2月6日于北京**